普通高等教育"十二五"规划教材

机械电气控制及自动化

主　编　江桂云
副主编　王勇勤
参　编　熊桂武　朱朝宽
　　　　罗天洪　罗远新
主　审　严兴春

机械工业出版社

机械电气控制及自动化课程是机械设计制造及其自动化专业的一门必修专业主干课程。本书对电气控制的基础知识、常用低压电器与检测元件、继电器接触器控制电路、电动机调速控制系统及调速方式、电气控制系统设计、电动机功率选择、PLC控制系统及机械设备电气控制实例分析等内容进行了系统的介绍。

本书可作为本科院校、高职高专院校、成人高校等电气类、机械类专业的授课教材，也可供从事机械、电气方面设计的相关工程技术人员参考。

图书在版编目（CIP）数据

机械电气控制及自动化/江桂云主编. —北京：机械工业出版社，2014.5（2025.8重印）

普通高等教育"十二五"规划教材

ISBN 978-7-111-46513-3

Ⅰ.①机… Ⅱ.①江… Ⅲ.①机械设备-电气控制-自动控制-高等学校-教材 Ⅳ.①TH-39

中国版本图书馆 CIP 数据核字（2014）第 082910 号

机械工业出版社（北京市百万庄大街22号 邮政编码100037）
策划编辑：余 皞　责任编辑：余 皞　韩 静　版式设计：赵颖喆
责任校对：杜雨霏　封面设计：陈 沛　责任印制：常天培
河北虎彩印刷有限公司印刷
2025年8月第1版第7次印刷
184mm×260mm・11 印张・268 千字
标准书号：ISBN 978-7-111-46513-3
定价：35.00 元

电话服务　　　　　　　　　　网络服务
客服电话：010-88361066　　　机　工　官　网：www.cmpbook.com
　　　　　010-88379833　　　机　工　官　博：weibo.com/cmp1952
　　　　　010-68326294　　　金　书　网：www.golden-book.com
封底无防伪标均为盗版　　机工教育服务网：www.cmpedu.com

前　言

随着科学技术的发展，现代机械设备越来越向着机电一体化相结合的方向发展，各种机械设备中广泛采用电气控制组成的自动控制系统，使机械设备控制更加稳定，加工精度更高，同时大大简化了机械结构和电气线路。学习电气控制方法在机械设备中的应用是培养机械工程技术人才的必需要求。

机械电气控制及自动化课程是机械设计制造及其自动化专业的一门主干专业课程，它有机地实现了机械、电气控制的结合。通过本课程的学习，可以系统地培养学生机电相结合的知识和技能。具体来讲，通过学习由常用低压电器元件（如按钮、开关、接触器、控制器）组成的自动控制电路来实现如电动机的正转、反转、顺序起制动、多地点起停控制、互锁控制、生产机械设备的行程往复控制、各种机械设备的运作控制；学习使用可编程序控制器（PLC）实现生产机械的各种控制、学习 PLC 的程序编制方法、外部接线等。学习电动机的调速控制方法及电路分析。上述内容以电气控制的方法实现机械设备的自动化，对于机械类学生来讲，一方面，扩展了知识，实现了机电一体化的有机结合；另一方面，为参加工作奠定了基础，使机械类专业学生的能力更全面。

全书共分八章。第一章主要介绍电力拖动及电气控制系统的发展过程、机械电气控制在现代生产中的地位和作用；第二章介绍自动控制基本概念、组成、工作原理、控制方法分类、电气自动控制的工程应用实例；第三章介绍常用低压电器及常用检测元件；第四章介绍机械电气原理图的画法规则，重点介绍异步电动机起动、正反转、制动电路，其他基本控制电路及常用电气控制的基本原则；第五章介绍电气调速系统（电气调速概述、晶闸管-直流电动机无级调速系统、交流调速系统）；第六章介绍机械设备控制电路设计、电动机选型，重点介绍电动机功率的选择；第七章介绍可编程序控制器（PLC）的概念、结构、工作原理、技术性能及分类，PLC 的编程语言及指令系统，重点介绍 PLC 的八大编程元件、基本逻辑指令，机械设备 PLC 控制的常用编程环节实例分析；第八章介绍机械设备电气控制的应用实例。

本书由江桂云副教授担任主编，王勇勤教授担任副主编，严兴春副教授担任主审。其中第一章、第二章由王勇勤编写；第三章由熊桂武、罗天洪合作编写；第四章、第五章、第六章由江桂云编写；第七章由罗远新编写。第八章由江桂云、朱朝宽合作编写。全书由江桂云整理定稿。

由于编者水平有限，书中难免会有错漏之处，敬请广大读者批评指正。

编　者

目 录

前言
第一章 绪论 ………………………………… 1
  1.1 概述 …………………………………… 1
  1.2 机械设备的组成与机械电气控制的
      特点 …………………………………… 2
  1.3 机械电力拖动与电气控制发展概况 …… 2

第二章 自动控制的基本原理 ……………… 6
  2.1 自动控制的任务 ……………………… 6
  2.2 自动控制系统的组成 ………………… 6
  2.3 自动控制的基本方式 ………………… 8
  2.4 自动控制系统示例 …………………… 12
  2.5 自动控制系统的衡量指标 …………… 15

第三章 常用低压电器与检测元件 ………… 17
  3.1 概述 ………………………………… 17
  3.2 主令电器 …………………………… 17
  3.3 开关电器 …………………………… 21
  3.4 熔断器 ……………………………… 24
  3.5 接触器 ……………………………… 24
  3.6 继电器 ……………………………… 27
  3.7 自动开关 …………………………… 34
  3.8 线位移传感器 ……………………… 36
  3.9 角位移传感器 ……………………… 39
  3.10 转速传感器 ………………………… 44

第四章 电气控制电路 ……………………… 46
  4.1 概述 ………………………………… 46
  4.2 电气控制电路的绘制原则 …………… 46
  4.3 电气控制电路基本控制规律 ………… 50
  4.4 电气控制系统常用的保护环节 ……… 56
  4.5 电动机常用控制电路 ………………… 58

第五章 电动机无级调速系统 ……………… 70
  5.1 概述 ………………………………… 70
  5.2 直流调速方式 ……………………… 73
  5.3 晶闸管直流调速系统 ………………… 75
  5.4 交流调速系统 ……………………… 85

第六章 电气控制系统设计 ………………… 93
  6.1 生产机械电气设备设计的基本原则和
      内容 ………………………………… 93
  6.2 电力拖动方案确定原则 ……………… 93
  6.3 电动机结构形式、类型及转速的选择 … 94
  6.4 电动机功率的选择 …………………… 95
  6.5 继电接触式控制系统的设计 ………… 105
  6.6 机械设备电气元件的选择 …………… 110

第七章 可编程序控制器 …………………… 118
  7.1 PLC 概述 …………………………… 118
  7.2 PLC 的编程语言及指令系统 ………… 123
  7.3 梯形图程序设计的规则及方法 ……… 133
  7.4 机床 PLC 的常用编程环节 …………… 135
  7.5 梯形图的顺序控制设计法 …………… 139
  7.6 PLC 在机械控制中的应用 …………… 141

第八章 机械设备电气控制实例 …………… 147
  8.1 C650 车床电气控制与 PLC 控制分析 … 147
  8.2 Z3040 摇臂钻床的电气控制和 PLC
      控制 ………………………………… 151
  8.3 M1432A 万能外圆磨床电气控制与 PLC
      控制分析 …………………………… 155
  8.4 X62W 电气控制与 PLC 控制分析 …… 159
  8.5 机械手电气控制电路分析 …………… 164
  8.6 钻孔动力头的控制分析 ……………… 170

参考文献 …………………………………… 172

第一章 绪 论

1.1 概述

传统观点认为，生产机械由原动机、传动装置、工作机构三部分组成。但伴随着自动控制理论与技术的发展，各种电气控制元件与计算机广泛应用于机械领域，现代化的生产机械已包含着第四个组成部分——以电气控制为主的自动控制系统（当然还有气、液控制等）。它使得机器的性能特别是自动化程度不断提高，使传动装置、工作机构的结构大为简化。

现代化的生产机械绝大多数以电动机作为原动机。传动装置的速度调节、工作机构的动作控制及工作循环的控制与操作等都离不开电气、电子元件和由它们组成的系统，机械电气控制系统已成为现代生产机械的重要组成部分。纵观机械的发展过程，其结构不断改进，性能不断提高，在很大程度上取决于电力拖动和电气控制技术的发展及其系统的更新。

电力拖动在速度调节等许多方面具有其他传动方式无可比拟的优越性。采用直流或交流无级调速电动机驱动生产机械使结构复杂的变速箱变得十分简单。从电力拖动的发展趋势看，一些向来采用恒速传动的场合，从节能的角度或从运动控制的新工艺要求或配合生产过程自动化发展的需要出发，将逐步改用调速传动，而且将重点发展高性能的交流电动机调速系统来取代各种直流电动机调速系统。如占工业用电量约一半的恒速的风机、泵、压缩机等设备的流量调节将会更多地通过电动机调速的方式来取代挡板、闸阀、放空、回流等传统的耗能调节方式。一些恒速传动的轧机为了改善轧件的咬入条件以取得较佳的轧制效率，也会更多地采用调速传动。起重运输机械为了实现轻起轻放、准确到位，也会逐步增加调速控制方式。

电气控制技术在机械上的应用是许多先进科技成果综合应用的结果，这些技术包括：自动控制理论、电气技术、电子技术、计算机技术、现代检测技术等。特别是随着计算机技术的飞速发展，电子计算机在机械设备上也得到广泛应用。从 20 世纪 40 年代末期产生的数控技术，到现在发展为主要由微机控制的数控机床与数显装置；由各种单片机、单板机、微型机及可编程序控制器参加控制的冶金机械（如轧机）、工程机械（如高级程控电梯）、自动化生产线（如汽车总装线）、轻工机械（如饮料灌装线）、家用电器（如全自动洗衣机）等正越来越多地得到使用和推广。这些新技术的应用，使机械电气设备不断现代化，从而大大提高了机械设备的自动化程度和生产率，扩大了产品范围，提高了产品质量，降低了产品成本，改善了劳动条件。

总之，电力拖动和电气控制在机械设备中占有重要地位，构成了机械电气自动化的主要内容。

1.2 机械设备的组成与机械电气控制的特点

1.2.1 机械设备的组成

现在人们以为,机械设备不只是由原动机、传动装置和工作机构这三个部分组成,而是由以下四个部分组成,即主机部分、驱动部分、检测显示部分和控制部分,如图1-1所示。

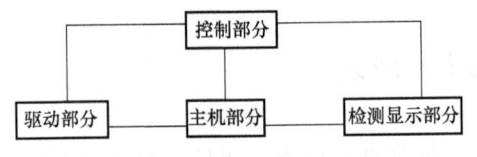

图1-1 机械设备组成框图

主机部分——工作机械的本体。如金属切削机床、机械手、锻压机和起重机。

驱动部分——依照所完成功能不同,具体结构相差很大。但对一般的机械来讲,驱动部分通常包括原动机和传动机构等。

另外,原动机一般有电动机、液压装置和气动装置,但最主要的动力设备仍然是各种类型的电动机(如交流电动机和直流电动机等)。由电动机通过传动机构带动主机中的工作机构进行工作时,这种拖动方式称为电力拖动。驱动部分实际上是一个能量变换装置,在电力拖动中,它能将电能转变为机械能或是其他形式的能量。

检测显示部分——近代机械设备上才有的装置,主要由电气元件构成。

控制部分——使系统中的驱动、主机和检测显示部分按照给定的要求协调地工作的装置。例如,采用继电接触式控制方式的装置,采用单板机、单片机和工业控制机、可编程序控制器PLC等组成的控制装置。

1.2.2 机械电气控制的特点

机械设备控制系统所应有的控制方法很多,具体可归结为以下几类:电气控制方式、液压控制方式、气动控制方式、机械控制方式及综合配用。

电气控制方式与其他的控制方式相比有其独特的优点:

1)控制功能多、灵活性强。它可借助各种电气元件,对液压、气动或者机械装置实行自动及远距离控制。

2)设备制造周期短,易于维护,经济效益高。

3)可直接利用电能工作,对环境污染少。

4)控制装置结构紧凑,占用空间与工作面积小,操作方便。

1.3 机械电力拖动与电气控制发展概况

1.3.1 电力拖动的发展过程

电力拖动系统的发展经历了一个比较长的过程。20世纪初期,由于电动机的发明,使得拖动系统发生了巨大变化,用电动机代替了蒸汽机和水力拖动,当时由于电动机刚刚发明,价格很贵、数量少,所以电动机拖动生产机械的方式是通过"天轴"实现的,称为"成组拖动"。

(1) 成组拖动(见图1-2) 即由一台电动机拖动一组生产机械,从电动机控制到各个生产机械的能量传递以及各生产机械之间的能量分配完全采用机械方法,一台电动机经过一根天轴由带传动带动若干台生产机械工作。这种拖动方式由于传动路线长,故能量传递损耗大，效率低，可靠性差。特别是，如果电动机发生故障，则成组的生产机械将停车，甚至整个生产可能停顿，这是一种陈旧落后的生产方式。另外，从电气控制上看，由于一台电动机拖动一组生产机械，对电动机的控制电路比较单一，只考虑起动、停止、保护等少数几种功能。

（2）单独拖动　单电动机拖动系统——单独拖动：即这一系统中，一台生产机械用一台单独的电动机拖动。这样一来，电动机与生产机械在结构上配合密切，可以用电气方法调节每台生产机械的转速，从而进一步简化了机械结构，而且易于实现生产机械运转的全部自动化。

（3）多电动机拖动（分离拖动）　多电动机拖动系统：即每个工作机构用单独的电动机拖动，这样生产机械的结构可大为简化。如具有三个主轴的龙门铣床用三台电动机拖动。又如轧钢设备中的钳式吊具有五个运动，每个运动均由一台单独的电动机拖动等。

值得注意的是，在只有一个工作机构的生产机械上有时也采用多电动机拖动系统，并非是有多个工作机构才能采用多电动机拖动，这样做的主要原因是：

1）传动性能的需要（如为减少传动系统飞轮力矩，采用两个小电动机代替一个大电动机）（见图1-3）。

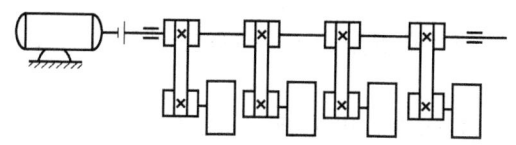

图1-2　成组拖动示意图

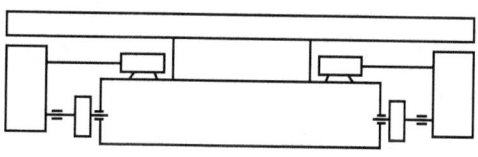

图1-3　均热炉揭盖机行走机构

2）安装调整的需要（如轧机压下装置，采用两个电动机能分别进行调整，又能一起工作，如图1-4所示）。

3）受力状况的需要（如轧钢车间的链式拖运机、拔钢机、移送机等，如图1-5所示。采用两个电动机两边驱动，这样轴上的转矩要小一半，如图1-6所示）。

（4）自动化电力拖动系统　随着工业生产的不断发展，无论对单电动机拖动系统还是对多电动机拖动系统都提出了更高的要求，具体要求是：

1）提高加工精度与工作速度。

2）快速起动、制动及反转。

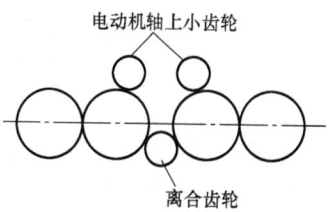

图1-4　立式电动机的初轧机压下俯视图

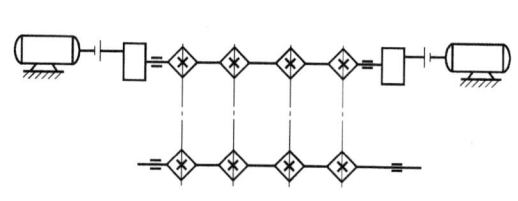

图1-5　链式拖运机传动简图

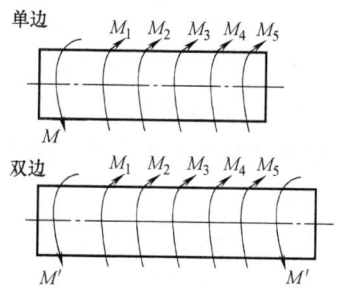

图1-6　单、双电动机驱动分析

3) 实现很宽范围内的调速。
4) 生产过程的自动化。

因此，为完成这些任务，除了电动机外，还必须有自动控制设备，以组成自动化电力拖动系统。自动化电力拖动系统的含义是：能对生产机械进行自动控制，如实现自动控制起动、制动、调速、同步，自动维持转速、转矩或功率为恒定值，按给定的程序或事先不知道的规律改变转速、转向和工作机构的位置，使工作循环自动化。

1.3.2 电力拖动控制系统的发展过程

（1）最初：继电器-接触器型断续控制（有触头、断续控制）　这种控制系统的控制电路由各种有触头的接触器、继电器、按钮、行程开关等组成。如电动机的起动、制动控制电路等。

（2）30年代初：发电机-直流电动机组连续控制　这使得调速性能优异的直流电动机得到了广泛应用。但其缺点是体积大、噪声大、效率低。

（3）交磁放大机-直流电动机连续控制　交磁放大机实质上是一种放大倍数很高的发电机，用它来控制直流电动机的电枢电压，能使电动机的转速随交磁放大机的输入信号变化而变化。

（4）磁放大器-直流电动机连续控制　磁放大器也是一种功率放大元件，但它无旋转部分，工作可靠性高，制造工艺简单，维修也方便。但其缺点是构成可逆系统电路复杂，故采用得不多。

（5）晶闸管整流器-直流电动机连续控制　综合来看，电力拖动系统的发展过程如图1-7所示。

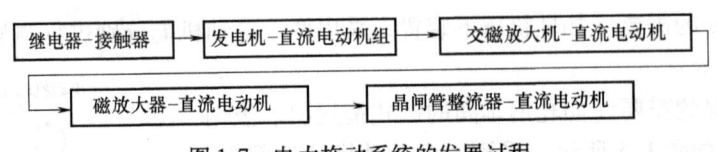

图1-7　电力拖动系统的发展过程

直流电动机因具有良好的起动、制动特性及很宽范围的平滑调速等优点，一直被认为是工业调速的原动机，但是交流电动机尤其是笼型异步电动机与直流电动机相比有以下一些明显的特点：

①成本低；②重量轻；③惯性小；④效率高；⑤坚固耐用；⑥维护方便；⑦没有换向器；⑧可用于多尘、易爆等场合；⑨单机容量大（直流14000kW，交流远大于此值）；⑩工作电压高（直流1000V（因换向限制）、交流10000V以上）；⑪最高转速高（直流3000r/min，交流几万~几十万r/min）。

但是由于交流电动机调速系统的经济技术指标较低，控制系统复杂，故交流调速方案在以前只能作为直流调速的一个补充。

1.3.3 电气控制系统的发展与分类

1. 发展

电气控制系统的发展可以用下面几句话来概括：
1) 从控制方法上看，手动→自动。
2) 从控制功能上看，简单→复杂。

3）从操作上看，笨重→轻巧。

2. 分类

（1）断续控制系统 断续控制系统又称开关量控制系统、开环控制系统、逻辑控制系统等。它是采用两个稳定工作状态的各种电气和电子元件构成的开环控制系统。按自动化程度不同分为以下几种：

1）手动控制。大都采用电气开关对电动机制动、起动、停止、反转进行手动控制。如砂轮机、台式钻床等。

2）自动控制。按其控制原理与采用电气元件的不同分为下列三种：

① 继电接触器自动控制系统。由继电器、接触器、按钮等电气元件组成的自动控制系统。它具有直观、易掌握、易维修等优点，但功耗大、体积大，工作循环的改变较为困难。

② 顺序控制。由集成电路组成的顺序控制器具有程序变更容易、程序存储量大、通用性强等优点，广泛用于组合机床、自动线。20世纪60年代末又出现了具有运算和大功率输出能力的可编程序控制器（Programmable Controller，PC）。它是由大规模集成电路、电子开关、晶闸管等组成的专用微型计算机，用它可代替大量的继电器，且功耗小、重量轻。

③ 数字控制。由电子计算机按照预先编好的程序（以数字和符号表示），对机床、机械手或机器人等实行自动数字控制。数控机床既有专用机床生产率高的优点，又兼有通用机床工艺范围广、使用灵活的特点，并且还具有能自动加工复杂的成形表面、精度高等优点，因而它具有强大的生命力，发展前景广阔。

数控机床的控制系统，最初是由硬件逻辑电路构成的专用数控装置NC（Numerical Control），其成本昂贵、工作可靠性差、逻辑功能固定。随着计算机技术的发展，又出现了CNC（Computer Numerical Control）、MNC（Microcomputer Numerical Control），以及DNC（Direct Numerical Control）、AC（Adaptive Control）。

为实现机械加工和生产的全面自动化，具有与数控机床控制系统相类似的工业机器人诞生。机器人在机械制造业中担负焊接、喷、搬运、装配、装卸工件等工作，以代替人去从事繁重的劳动，它能在有毒、有污染、有危险的地方工作，能长期从事频繁而简单的劳动，效率高，工作可靠，不需休息。在发达工业国家，工业机器人正以很快的速度增长。

由数控机床、工业机器人、自动搬运车等组成的统一由中央计算机控制的机械加工自动化生产线称为柔性制造系统FMS，它是自动化车间和自动化工厂的重要组成部分和基础。较之专用自动线，它具有能同时加工多种工件、能适应产品多变、使用灵活等优点。

（2）连续控制系统 这类系统一般是具有负反馈的闭环控制系统．又称模拟控制系统，它能对很多参量（如电压、位移、转速等）进行连续自动控制，具有控制精度高、功率大、抗干扰能力强等优点。

（3）混合控制系统 同时采用数字控制和模拟控制的系统称为混合控制系统。连轧机、数控机床、机器人的控制驱动系统多属于这种类型。如在高速板带热连轧机控制系统中，由机架出口端的射线测厚仪与速度传感器分别检测出成品板的厚度和出口速度。该检测信号一般为数字量，通过D-A转换器和功率放大器等装置输入中央控制微机进行计算、比较、判断和分配，再由中央微机通过下位机分别控制各个机架的轧辊的转速和压下量。

第二章 自动控制的基本原理

工业生产设备的自动化，特别是生产机械的电气自动化，可以改善劳动条件，增加产量，提高质量，提高企业的设备水平和经济效益。本章将从自动控制的任务、方式及过程等方面介绍一般自动控制系统的基本特点。

2.1 自动控制的任务

任何机械和生产过程，都必须按照预定的要求运行。例如，要使发电机正常供电，就必须保持其输出电压恒定，尽量不受负荷变化和原动机转速波动的影响；要使数控机床加工出高精度零件，就必须保证其工作台或刀架的位置，准确地跟随给定指令进给；要使载人自动电梯安全准确，平稳舒适，就必须严格控制其每层停止的准确位置及起动、制动过程中的加速度。

其中，发电机、机床、电梯就是工作的生产机械；电压、刀架位置、停止位置和加速度是表征这些机器装备工作状态的物理参量；而额定电压、进给指令、规定位置等，就是在运行过程中对这些状态参量的要求。按照要求来操纵状态参量，这就是生产机械工作的实质。如果将工作机器、装备称作受控对象，将表征其工作状态的物理参量（或状态参量）称作被控量，而将要求这些物理量应保持的数值称作给定值（或参考输入），则操纵的任务又可概括为：使受控对象的被控量等于给定值。

这个任务如果不是由人直接完成，而是靠自动装置承担，即在没有人的直接参与下，利用控制装置操纵受控对象，使被控量等于给定值，则称为自动控制或自动化。给定值以时间函数 $r(t)$ 表示，被控量以 $c(t)$ 表示，则使受控对象满足 $c(t)=r(t)$ 就是自动控制的任务的数学表示。

各种控制装置的具体任务虽不同，但究其性质不外乎是对受控对象的某些物理参量进行控制，自动保持其应有的规律性。

2.2 自动控制系统的组成

2.2.1 引例

为了更好地理解后面所讲的问题，下面先列举一个简单的例子。这是一个水池水位控制系统，如图2-1所示。

水经由进水阀门源源不断地流入水池，而由出水管道流出供用户使用。要求：在出水量随意改变的情况下，保持水池中水池高度不变。

我们先看一下，如果用人工操作来实现水位控制，需要经历一些什么过程。首先操作人员要通过标尺观察实际水位，这是第一步。把实际水位与要求水位相比较，得到偏差，这是第二步。根据偏差的大小转动阀门，如水位低了要开大阀门，高了要关小阀门，这是第三步；以后重复上述步骤，循环往复，便可实施对水位的控制。

2.2.2 人工职能图与自动控制框图

水池水位控制是一个实际的具体的例子，如果将其抽象、提升，从特殊性中寻求普遍性，便可以得到一些普遍的规律，比如一个人要完成某一件事情，通常要经历如图2-2所示的过程。

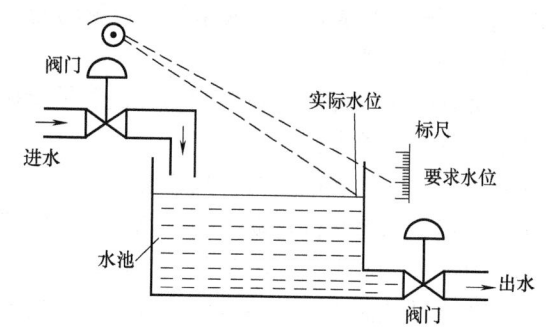

图2-1 水池水位控制

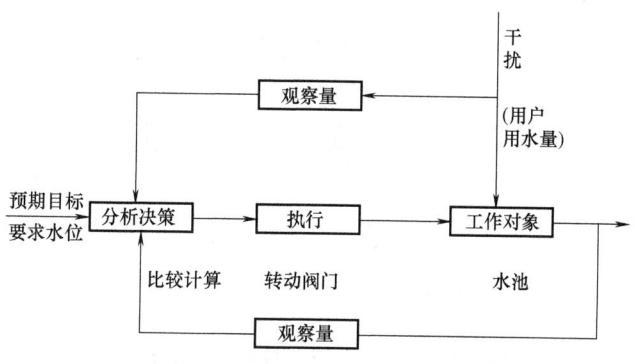

图2-2 水池水位人工职能图

对于任一件事情（工作对象），然后进行总有一个具体目标，首先，通过调查研究、分析决策，制订一个计划；然后进行实施（执行）；接着观察实际结果，看看与预期目标有无偏差，若有再分析决策，制订新的计划或修改方案再实施，这样反复下去。另外，外界的一些因素可能会对工作对象产生影响，因此，也有必要对其进行观察，并作为分析决策时的影响因素加以考虑。

为了进一步说明上述问题，下面仍然以水池水位控制为例进行说明，采用图2-3所示的自动控制图。

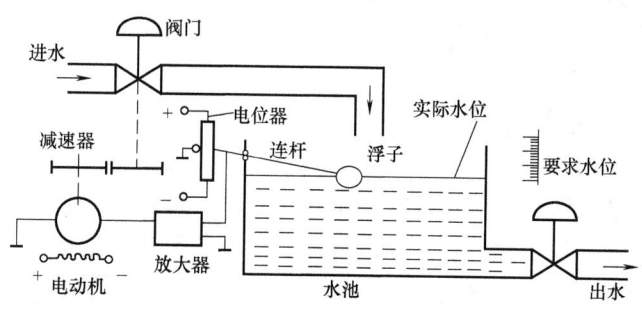

图2-3 水池水位自动控制图

用浮子测量水位的高低，连杆作为比较元件与浮子相连。连杆水平表示实际水位等于要求水位，电位器无输出；连杆偏斜表示实际水位不符合要求水位，此时电位器有输出。电位器输出信号经放大器放大，然后去控制伺服电动机，通过减速装置旋转阀门开度，直至实际水位达到要求位置。

从这个例子可以看出，组成本控制装置的元件有：

测量元件——浮子

比较元件——连杆（电位器起物理量能量转换作用）

调节元件——放大器

执行元件——伺服电动机、减速装置

可以看出，水池水位自动控制系统是一个比较完整的控制系统，它包含了一个自动控制系统的所有元件，或者说它具备了一个自动控制系统的所有功能。

如果用自动控制中的一些术语代替人工职能图，则得到图2-4。

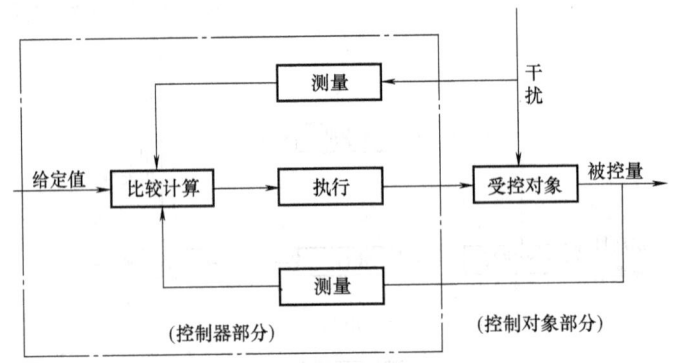

图 2-4 应用自动控制的水池水位框图

2.2.3 自动控制装置的组成与自动控制系统的定义

（1）自动控制装置的组成 控制器部分主要完成三种功能：即测量功能、比较计算功能和调节执行功能，也就是说，一个自动控制装置按职能划分应该由以下几个部分组成。

测量元件——完成测量功能（即各种传感器、测量装置）

比较元件——完成比较计算功能（即比较器、计算机）

调节元件、执行元件——完成调节、执行功能

（2）自动控制系统的定义 由图2-4可以看出：控制器和控制对象构成了一个完整的自动控制系统。换句话说，一个自动控制系统就是由被控对象与自动控制装置按一定方式联结起来完成一定自动控制任务的总体。

2.3 自动控制的基本方式

以上是我们对自动控制系统应具备的功能的分析，下面分析一个自动控制系统中参与控制的信号来自哪些通道，通过分析便可以得到自动控制系统的基本方式。

根据自动控制框图（见图2-5），一个控制系统参与控制的信号来自三个通道：给定值、干扰、被控量（经测量后回送到前端）。对应这三种参与控制的信号就形成了自动控制的三种基本方式，即按给定值操纵、按干扰补偿控制和按偏差调节。

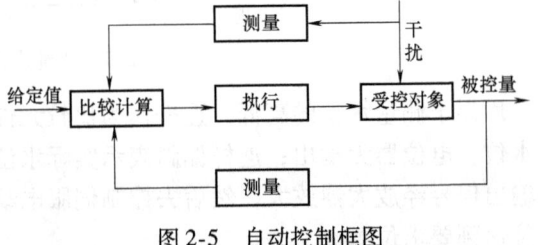

图 2-5 自动控制框图

2.3.1 开环控制之一：按给定值操纵

图 2-6 为他励直流电动机调速系统开环控制原理图。

U_0 是直流电源输出电压，通过电位器分压后，得到给定电压 U_g，输入到功率放大器的输入端，经过功率放大器放大以后作为直流电动机的电枢电压 U_a。

当励磁电压恒定时，改变电位器上滑动触头的位置，可以得到不同的给定电压 U_g，从而得到不同的电枢电压 U_a，最终得到不同的电动机转速 n，即 U_g 与 n 间具有一一对应关系，如 $U_g = U_{g1}$，则 $n = n_1$。

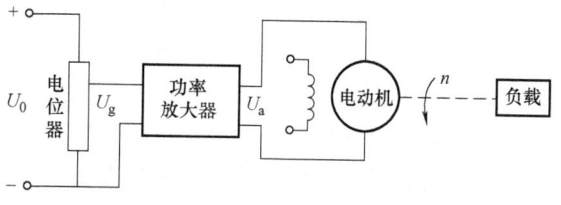

图 2-6 他励直流电动机调速系统开环控制原理图

如果把电动机转速 n 视为被控量，给定电压 U_g 为给定值，则对于不同的给定值 U_g，可以得到相应不同的被控量 n。因此，本例是一个典型的"按给定值操纵"的例子。

通过对本例的分析，可以得出按给定值操纵这种控制方式的几点结论：
1）工作原理：由给定值控制被控量。
2）系统原理框图：如图 2-7 所示。
3）信号由给定值到被控量单向传递，属于开环控制。
4）优点：控制方式简单；缺点：控制精度低（因为它不考虑干扰及工作过程中其他参数的变化对被控量的影响）。
5）通常适合于系统结构参数比较稳定、干扰很小和精度要求不高的场合。

这种控制较简单，但存在较大的缺陷。当对象或控制装置受到干扰，或工作过程中特性参数发生变化时，会直接波及被控量，而无法自动补偿。因此系统的控制精度难于保证，但在系统结构参数稳定、干扰很弱、控制精度要求不高的情况下，该控制方式可用。

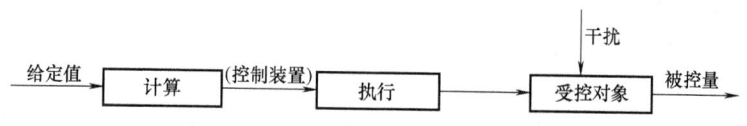

图 2-7 按给定值操纵的系统原理框图

2.3.2 开环控制之二：按干扰补偿

再回看上面的例子：当负载变化时，转速要发生变化，但这种控制系统不能补偿转速，即不能自动地将由于负载变化引起的转速变化纠正。

为了解决这一问题，将图 2-7 中的控制电路稍加改动，得到图 2-8。

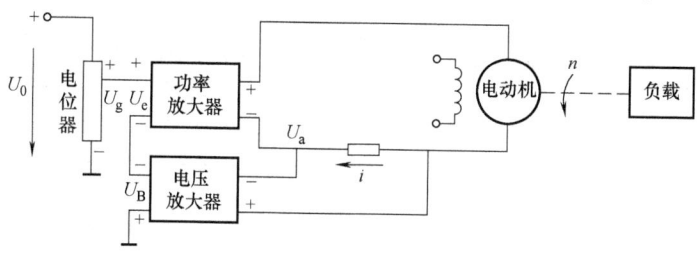

图 2-8 电动机按干扰补偿控制原理图

由图 2-8 知：

$$M = C_M \Phi I_a \tag{2-1}$$

式中 I_a——电枢绕组总电流；

C_M——转矩常数，与电动机结构尺寸有关。

当负载变化时，该系统中电动机调速工作过程如下：

$$负载\ T\downarrow \to n\uparrow \to i\downarrow \to U_B\downarrow \to U_e\downarrow \to U_a\downarrow \to n\downarrow$$

$$负载\ T\uparrow \to n\downarrow \to i\uparrow \to U_B\uparrow \to U_e\uparrow \to U_a\uparrow \to n\uparrow$$

因此，本系统可自动补偿由于负载变化而引起的转速变化。

如果将负载视为干扰，转速视为被控量。实际上本系统就成为一个按干扰补偿的控制系统。那么，通过本例，可以得出"按干扰补偿"控制的下述结论：

1) 工作原理：只测干扰，并弥补干扰对被控量的影响。

2) 系统原理框图：如图 2-9 所示。

3) 因为只测量干扰，由干扰产生控制信号到被控量仍属单向传递，故也为开环控制。

4) 优点：对可测干扰，能进行抗干扰补偿；缺点：控制精度仍然较低（因为对不可测干扰及系统内部参数变化对被控量影响未考虑，这是开环控制的共同问题）。

5) 适用于干扰可测、控制精度要求不高的场合，如稳压电源、工作机械恒速控制等。

这种控制方式需要控制的是受控对象的被控量，而测量的是破坏系统正常运行的干扰，利用干扰信号产生控制作用，以补偿干扰对被控量的影响，故称抗干扰补偿。

由于测量的是干扰，故只能对可测干扰进行补偿，不可测干扰以及对象、各功能部件内部参数变化给被控量造成的影响，系统自身无法控制。因此，控制精度仍然较低。工作机械的恒速控制（如稳定刀具转速）以及电源系统的稳压、稳频控制常用这种补偿方式。

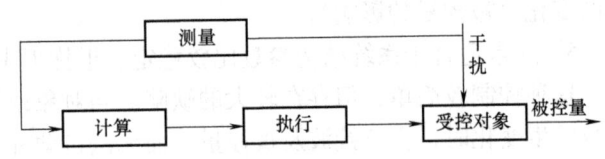

图 2-9　抗干扰补偿的系统原理框图

2.3.3　闭环（反馈）控制：按偏差调节

按给定值和按干扰补偿的共同缺点是对系统内部结构参数变化引起被控量的变化不能补偿，这就是开环控制的共同缺点。

为了克服开环控制这一缺点，在自动控制领域广泛采用了一种所谓闭环反馈控制-即按偏差调节。下面介绍这种控制方式的原理特点及应用范围，仍以他励直流电动机转速控制为例，如图 2-10 所示。

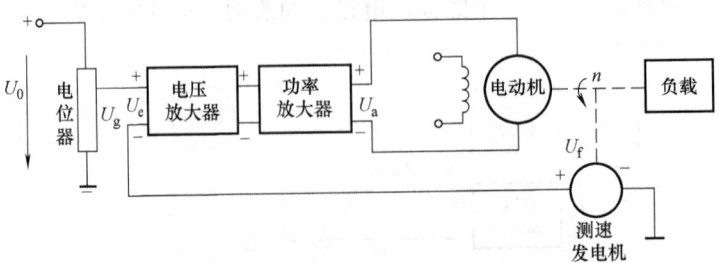

图 2-10　按偏差调节的电动机调速

偏差电压:$U_e = U_g - U_f$ (2-2)

不论什么原因使电动机转速发生变化时,控制系统均能按以下方式工作:
$$n\uparrow \to U_f\uparrow \to U_e\downarrow \to U_a\downarrow \to n\downarrow$$
即不管由于什么因素引起转速变化,系统均能进行自动补偿。

如果把转速视为被控量,对应额定转速时电压视为给定值,那么当实际转速偏离额定转速时,系统都能自动纠偏,实行控制。结合本例,便可得出按偏差调节这种控制方式的以下结论:

1) 工作原理:测量被控量,按被控量与给定值的偏差控制被控量。

2) 控制信号由被控量与给定值的偏差产生,沿前向通道和反馈通道闭合传递,故属闭环(反馈)控制。

3) 优点:对于无论是干扰还是系统内部参数变化引起被控量与给定值的偏差能自行纠偏(消除偏差和减小偏差)。

4) 缺点:控制电路比较复杂,系统存在稳定性问题。

系统能否"自行纠偏",即能否完全纠正偏差,取决于控制系统本身,对有些控制系统可以完全纠正,有些则只能部分纠偏。这种系统在电路调速系统中,称为有差调速(即静差的调速),产生静差的根本原因在于,转速的维持和调节是基于偏差电压 U_e。

假设 $U_e = U_g - U_f = 0$,则转速不能维持,更说不上调节。若将本系统的电路加以修改,使偏差电压 $U_e = U_g - U_f = 0$ 时,电动机转速为要求转速,因此,当干扰变化时,转速变化 $U_e \neq 0$,系统能自动调节使 $U_e = 0$,则可实现无差调速,使转速变化得到完全补偿。

5) 适用于较高精度控制场合,但在系统有强干扰作用的情况下,被控量可能波动很大,此时采用复合控制系统,即按干扰补偿和按偏差调节的开、闭环控制系统比较适宜。

以下仍以直流电动机转速控制为例说明,将按干扰补偿的开环控制与按偏差调节的闭环控制进行组合,如图 2-11 所示。

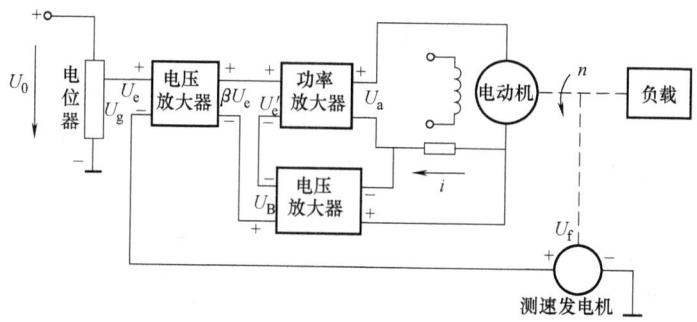

图 2-11 按干扰补偿和按偏差调节的电动机调速

当系统受强干扰作用,即负载转矩增加很多,电动机转速下降很大,此时用二者联合作用产生足够大的控制信号,进行补偿。在这种情况下,如果仅是按偏差调节,由于前述原因,不能完全补偿干扰,即转速不能回到原来值,而且转速波动太大。

6) 系统原理框图:如图 2-12 所示,系统中控制信号往复循环,沿前向通道和反馈通道闭路传递,故又称闭环控制和反馈控制,反馈控制是自动控制系统中最基本的控制方式,在工程中获得广泛的应用。

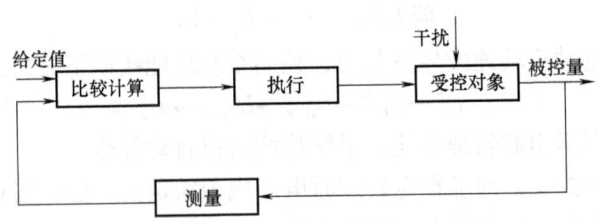

图 2-12 按偏差调节的系统原理框图

2.4 自动控制系统示例

分析自动控制系统时，首先明确如下问题：

1) 受控对象是什么？哪些状态量需要控制（被控量是什么）？作用在对象上的主要干扰有哪些？
2) 依靠操纵哪个机构来改变被控量？
3) 有哪些测量元件？测量的是被控量还是干扰？
4) 给定值或参考输入或指令由哪个装置提供？
5) 如何实现各信号的综合计算和判断偏差？
6) 控制作用通过什么部件去执行？

2.4.1 恒值控制系统

在自动控制系统方法中，按照输入作用的变化情况可将反馈控制系统分为恒值控制系统和随动系统两大类。

在恒值控制系统中，给定值是不变的，但由于干扰的存在，将使被控量偏离给定值，控制系统能根据偏差产生控制作用，使被控量回复到给定值，以克服扰动的影响。例如：水池水位自动控制系统和按偏差调节的直流电动机转速控制系统都是恒值控制系统。

图 2-13 是烘烤炉温度控制系统原理图。

控制的任务是保持炉温恒定，而炉温既受工件数量以及环境温度的影响，又受由混合器与输出的煤气流量的控制，故调整煤气流量便可控制炉温。

首先确定下列问题：

1) 受控对象——烘炉。
2) 被控量——炉温 T。
3) 干扰——工件、环境温度、煤气压力等。
4) 依靠调节煤气管道上的阀门，改变炉温。
5) 测量元件——热电偶，它将炉温转变成相应的电压 u_T。
6) 给定装置——即给定电位计。其输入电压 u_r 相当于要求的炉温。
7) 计算——u_T、u_r 两电压反接，即完成了减法运算。输出电压 $\Delta u = u_r - u_T$，相当于炉温的偏差量。

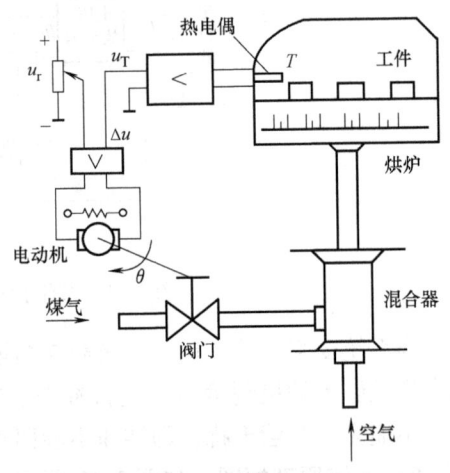

图 2-13 烘烤炉温度控制系统原理图

8)执行机构——电动机及传动装置。

系统的控制原理:假定炉温恰好等于给定值,经事先整定,$u_r = u_T$,即 $\Delta u = 0$,故电动机连同调节阀门静止不动,煤气流量一定,烘炉处于规定的恒温状态。

如果增加工件,烘炉的负荷增大,而煤气流量一时没变,则炉温下降。T 减小将导致 u_T 减小,$\Delta u > 0$,故电动机将阀门开大,增加煤气供给量,从而使炉温回升,直至重新等于给定值(即 $u_r = u_T$)为止。在负荷增大的情况下仍然保持了规定的温度。

如果负荷减小或煤气压力突然加大,则炉温升高。T 增大,u_T 随之增大,$\Delta u < 0$,故电动机反转关小阀门,减少供气量,从而使炉温回降,直至等于给定值为止。

由此看出,系统通过测量炉温(对给定值的偏差)来控制炉温,所以是按偏差调节的自动控制系统。系统中除烘炉及供气设备外,统称温度控制装置或温度调节器。系统各功能元部件相互联系的框图如图 2-14 所示。

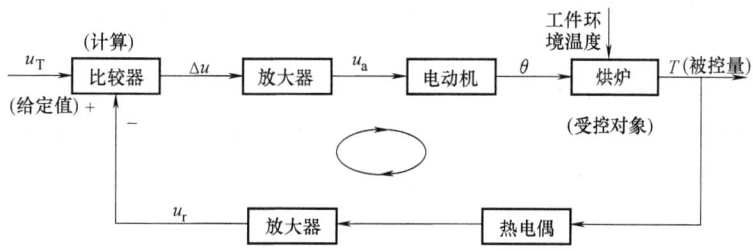

图 2-14 烘炉温度控制系统功能框图

图 2-14 按照在系统中的工作顺序,将每个功能部件用一个方框表示,箭头线段表示信号的输入、输出通道,最右边的方框一般表示受控对象,其输出信号即被控量,而系统的总输入量为给定值和外干扰。

系统中存在着一个闭合的作用回路,信号经调节器、烘炉之后又反馈到调节器,由于系统是按偏差调节原则设计的,必须测量炉温,所以反馈联系和闭合回路是必然存在的,而且反馈信号应和给定值相减,图中以负号表示,以便得到偏差信号,故这种反馈又称为负反馈。

2.4.2 位置随动系统

图 2-15 是位置随动系统原理图。

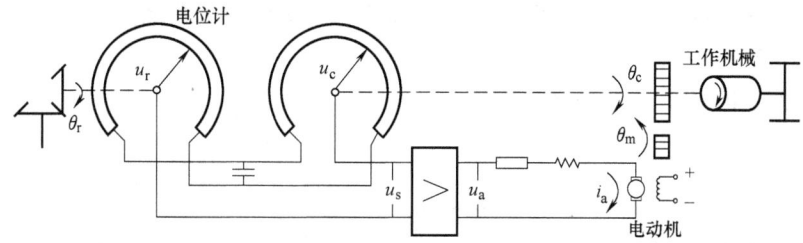

图 2-15 位置随动系统原理图

控制的任务是使工作机械跟随指令机构同步转动,即要求工作机械的角位置 θ_c 跟踪指令转角 θ_r,亦即 $\theta_c(t) = \theta_r(t)$。

首先明确如下问题:

1)受控对象——工作机械。

2) 被控量——角位置 θ_c。

3) 给定值——指令转角 θ_r。

4) 测量元件——转角 θ_c 及 θ_r：通过两个相同的电位计，测量并转换为相应的电压 u_c 及 u_r。

5) 计算比较——两个测量电位计的桥式连接，即完成了减法运算 $u_r - u_c$。两电刷之间的电压 u_s 代表了被控量 θ_c 对给定值 θ_r 的误差。

6) 执行机构——电动机及减速装置。系统的控制原理：如果工作机械转角 θ_c 等于指令转角 θ_r，则事先整定，$u_r = u_c$，$u_s = 0$，电动机不动，系统处于平衡工作状态。

如果指令转角 θ_r 变化了，而工作机械仍处于原位，$\theta_c \neq \theta_r$，$u_r \neq u_c$，$u_s \neq 0$，从而使电动机拖动工作机械朝 θ_r 所要求的方向快速偏转。直至 $\theta_c = \theta_r$，电动机停转。系统在新的位置上又处于与指令同步的平衡工作状态，即完成了跟随的任务。

由此看出，系统通过测量 θ_c（对 θ_r 的偏差）来控制 θ_c，所以也是按偏差调节的自动控制系统。

系统的功能框图如图 2-16 所示，同样也存在着一个负反馈的闭合回路。工程技术中，需要某个机构（如船闸、轧机、刀架、雷达天线、货车前轮等）的位置能快速精确地跟随一个指令信号动作时，都可以仿照这种随动原理来实现。

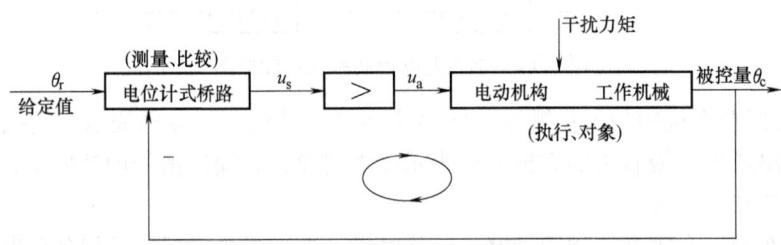

图 2-16 位置随动系统功能框图

这种系统的突出特点是：受控对象比较简单，只相当于执行机构直接拖动的一个纯机械负荷；指令信号根据工作需要经常变化，而且事先无法完全确定；可以用功率很小的指令信号操纵功率很大的工作机械（只要选用大功率的功放装置和电动机即可）；可以进行远距离控制。

这种能够任意操纵和跟踪的特殊系统，常称随动系统或伺服系统。

2.4.3 调速系统

调速系统原理图如图 2-17 所示。

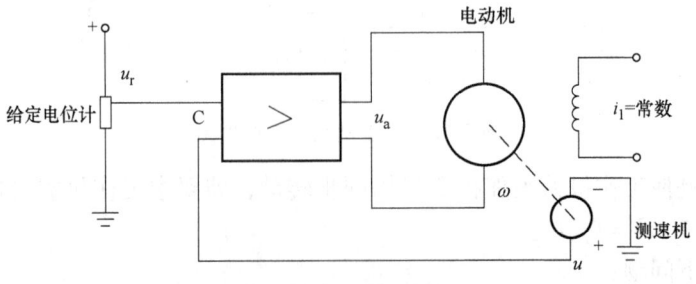

图 2-17 调速系统原理图

第二章 自动控制的基本原理

调速系统的控制任务是保持工作机械恒速运行。其控制原理如下：测速发电机将电动机的实际转速 ω 测量出来，并转换为相应的电压 u，然后与给定电位计的输入电压 u_r 相比较，其输出信号再经放大装置控制电动机。而电压 u_r 即代表了所要求的转速。

如果工作机械的载荷加大，则电动机转速下降、测速机输出电压 u 减小，与给定电压 u_r 比较，偏差 e 增大，故电源电压相应加大，从而使电动机转速得到补偿，工作机械则可基本恒速运行。

系统通过测量转速（对给定转速的偏差）来控制转速，因此调速系统也称为按偏差调节的自动控制系统，其功能框图如图 2-18 所示。

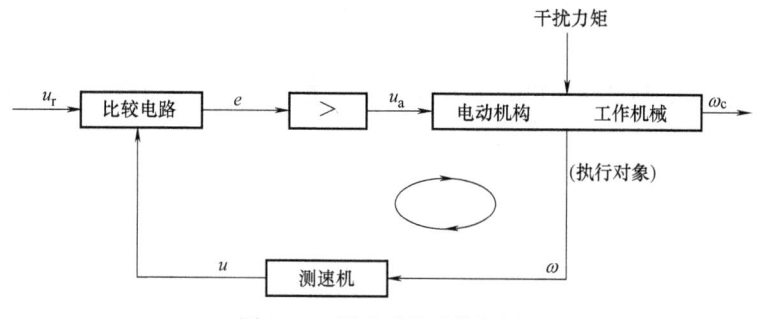

图 2-18 调速系统功能框图

2.5 自动控制系统的衡量指标

工程上常用稳、快、准三个方面的指标来衡量一个自动控制系统的优劣。

2.5.1 稳

稳是指动态过程的振荡倾向和系统重新恢复平衡工作状态的能力。如系统受扰后偏离了原工作状态，而控制装置再也不能使系统恢复到原状态，并且越偏越远，如图 2-19b 中过程③；或当指令变化以后，控制装置再也无法使受控对象跟随指令运行，并且也是越差越多，如图 2-19a 中过程③。这样的系统称为不稳定系统，显然这种系统是根本不能完成控制任务的。

在有可能达到平衡的条件下，要求系统动态过程的振荡要小，对被控量的振幅和频率应有所限制。过大的波动将使运动部件超载，而导致松动和破坏。

2.5.2 快

快是指动态过程进行的时间较短。过程时间持续很长，将使系统长久地出现大偏差；同时也说明系统响应很迟钝，难以适应快速变化的指令信号，如图 2-19a 中过程①。

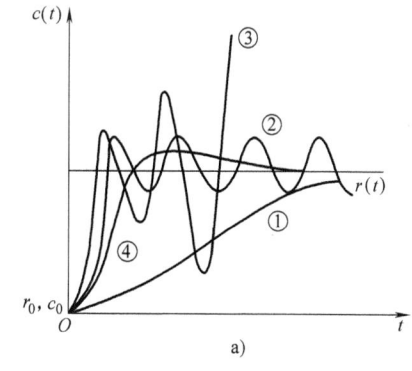

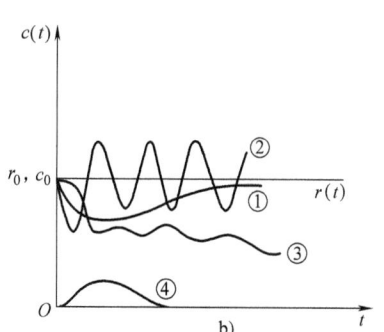

图 2-19 控制系统的随动过程和抗扰过程

稳和快反映了系统在控制过程中的性能，既快又稳，则过程中被控量偏离给定值小，偏离的时间很短，系统的动态精度高，如图 2-19a 中的过程④。

2.5.3 准

准是指系统过渡到新的平衡工作状态以后，或系统受扰重新恢复平衡之后，最终保持的精度。准反映了动态过程后期的性能。这时系统的被控量对给定值的偏差一般应该是很小的，如数控机床的加工误差小于 0.02mm。一般恒速、恒温控制系统的静态误差都在给定值的 1% 以内。

由于受控对象的具体情况不同，各种系统对稳、快、准的要求是有所侧重的。例如，随动系统对快要求较高，而调速系统则对稳限制严格。

同一系统，稳、快、准是相互制约的。提高过程的快速性，可能会引起系统的强烈振动；改善了平稳性，控制过程又可能很迟缓，甚至使最终精度也很差。要提高自动控制系统的性能，就是要很好地分析和解决这些矛盾。

第三章 常用低压电器与检测元件

3.1 概述

电器是一种能根据外界的信号和要求,手动或自动地接通或断开电路,断续或连续地改变电路参数,以实现电路或非电对象的切换、控制、保护、检测、变换和调节的电气设备,简言之,电器就是一种能控制电的工具。它广泛用于电力输配系统、电力拖动和自动控制设备中,由这些电器组成的自动控制系统,称为电器控制系统(原称继电器—接触器控制系统)。

电器的种类很多,按其工作电压不同,以交直流电压1200V为界(有些书上是按照交流1000V以下,直流1200V以下来划分的),划分为高压电器与低压电器两大类。低压电器按其控制对象不同又可分为电器控制系统用电器和电力系统用电器。本章主要介绍电器控制系统用电器。

电器按其动作方式又可分为手动电器与自动电器两类,手动电器是用手动操作触头来切换电路的,常用的手动电器有刀开关、按钮、转换开关等,接触器、继电器等则属自动电器;按用途可分为控制电器和保护电器,熔断器即是线路短路时起保护作用的电器。

3.2 主令电器

主令电器是一种专门发出动作指令的电器,用于切换控制电路中的电流,可直接接通或断开控制电路,也可以通过继电器进行控制。常用的主令电器有按钮、主令控制器、行程开关、接近开关等。

3.2.1 按钮

按钮是一种结构简单、应用广泛的主令电器,在低压控制电路中,用于手动发出控制信号。按钮分常开触头(又称动合触头)、常闭触头(又称动断触头)、复合触头几种形式。按钮广泛用于交流500V,直流440V以下的控制电路中,其构造如图3-1所示。在按钮未受压时(常态),常闭触头闭合,常开触头断开。压下按钮帽,常闭触头断开,常开触头闭合接通,去掉压力后,靠弹簧作用复位。触头允许长期通过的电流为5~15V。常用型号有LA18、LA19、LA20及LA25等系列,LA20系列按钮技术数据见表3-1。按钮的图形符号与文字符号如图3-2所示。

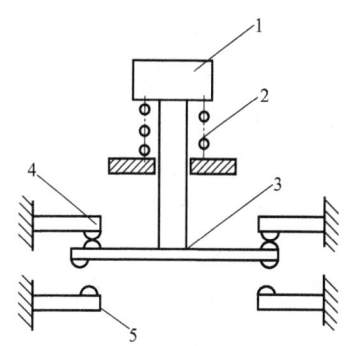

图3-1 按钮结构示意图
1—按钮帽 2—复位弹簧 3—动触头
4—常闭静触头 5—常开静触头

表 3-1 LA20 系列控制按钮技术数据

型号	触头数量		结构形式	按钮		指示灯	
	常开	常闭		按钮数	颜 色	电压/V	功率/W
LA20-11	1	1	揿钮式	1	红、绿、黄、蓝或白	—	—
LA20-11J	1	1	紧急式	1	红	—	—
LA20-11D	1	1	带灯揿钮式	1	红、绿、黄、蓝或白	6	<1
LA20-11DJ	1	1	带灯紧急式	1	红	6	<1
LA20-22	2	2	揿钮式	1	红、绿、黄、蓝或白	—	—
LA20-22J	2	2	紧急式	1	红	—	—
LA20-22D	2	2	带灯揿钮式	1	红、绿、黄、蓝或白	6	<1
LA20-22DJ	2	2	带灯紧急式	1	红	6	<1
LA20-2K	2	2	开启式	2	白红或绿红	—	—
LA20-3K	3	3	开启式	3	白、绿、红	—	—
LA20-2H	2	2	保护式	2	白红或绿红	—	—
LA20-3H	3	3	保护式	3	白、绿、红	—	—

3.2.2 主令控制器

主令控制器又称操作开关，是在控制线路中按预定程序可以频繁切换线路的一种手动主令电器，分为非调整式和调整式两种。图 3-3a 所示为非调整式主令控制器，凸轮片装在方轴上，转动方轴上的手柄，凸轮片也相应转动，凸轮角碰到装在杠杆上的滚轮，使杠杆克服弹簧力绕轴转动，装在杠杆端部

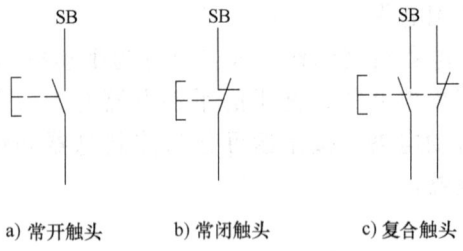

a) 常开触头　　b) 常闭触头　　c) 复合触头

图 3-2 按钮的图形和文字符号

的动触头离开静触头，使电路断开。当凸轮片转至凹部时，杠杆在弹簧力的作用下复位，触头闭合，所有的凸轮片都安装在方轴上，由于凸轮片形状各异或凸角位置不同，所以转动手柄可以使相应的触头断开或闭合，得到不同的触头状态。

调整式主令控制器的凸轮片上有孔和槽，它装在凸轮盘上的位置可以调整，因此其触头的开合次序也可调整，调整式主令控制器往往由伺服电动机传动。

主令控制器符号如图 3-3b 所示，用它也可以表示触头的分合情况，图中符号表示主令控制器向前和向后各有五个操作位置，用向前 1、2、3、4、5 和向后 1、2、3、4、5 表示，0 表示手柄在中间位置（零位），小圆圈"°"表示手柄在此位置时触头闭合。常用型号有 LK4、LK15 和 LK16 等。

3.2.3 行程开关

行程开关又称限位开关，是一种利用生产机械的某运动部件碰撞触头，发出控制信号的主令电器，主要用来控制生产机械的运动方向、行程大小或实现位置保护。

行程开关按其结构可分为直动式（如 LX1 系列，见图 3-4）、滚轮式（如 LX2 系列）和微动式（如 LXW-11 系列）三类。滚轮式行程开关如图 3-5 所示，微动式行程开关如图 3-6 所示。

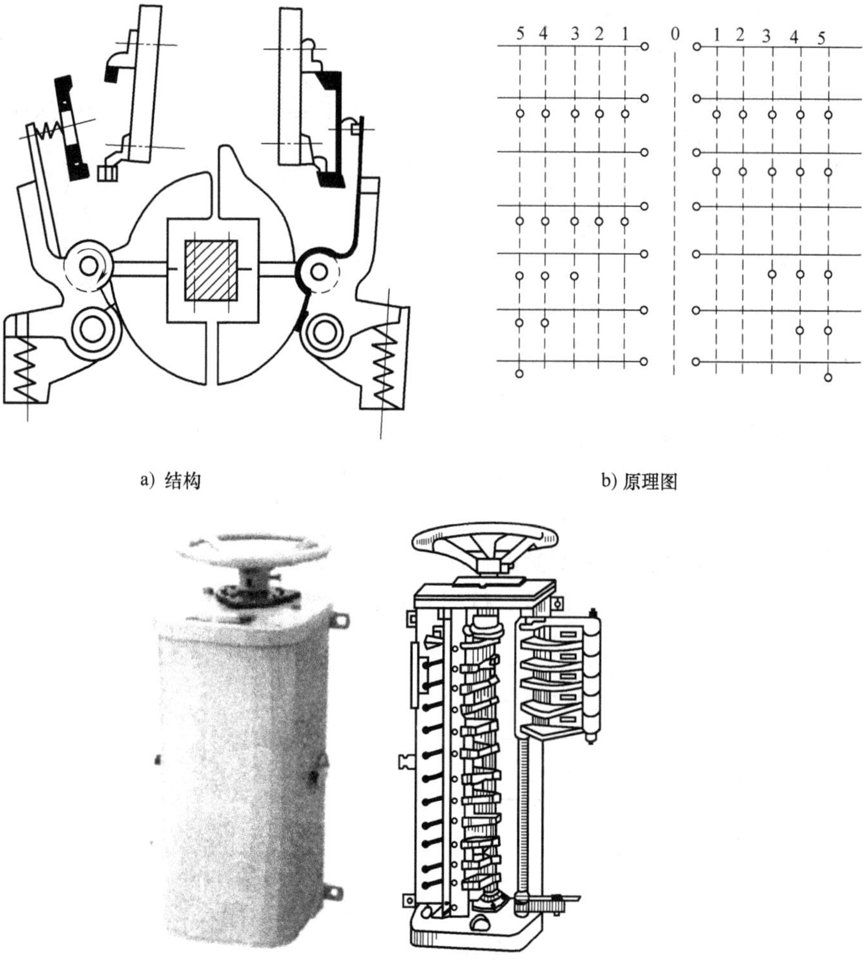

a) 结构　　　　　　　　　　　　　b) 原理图

c) 外观图

图 3-3　主令控制器

(1) 直动式行程开关　直动式行程开关结构简单,价格便宜,触头的分合速度取决于机械挡铁的移动速度。当挡铁的移动速度小于 0.47m/min 时,触头分合速度太慢,易产生电弧烧伤,影响动作的可靠性及行程控制的位置精度。

为克服这些缺点,行程开关一般都具有快速换接动作的瞬动触头,瞬动触头的触头动作速度与机械挡铁的运动速度无关,性能优于直动式。

(2) 滚轮式行程开关　采用盘形弹簧机械可以完成瞬时动作,弥补了直动式行程开关的不足。

当滚轮 1 受到向右的机械力作用时,上转臂 2 向右下方转动,推杆 8 向右转动,并压缩弹簧 5,同时下面的滚轮 10 也沿着推杆 8 向左滚动,滚轮滚动又压缩弹簧 5,当小滚轮 10 滚动越过推杆 8 的中点时,盘形弹簧

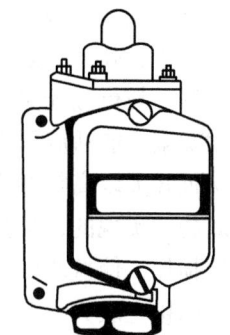

图 3-4　直动式行程开关

3和弹簧11都使推杆8迅速转动。从而使动触头迅速与左边静触头分开,并与右边静触头闭合,减少了电弧对触头的烧蚀,适用于低速动作的机械。

(3) 微动式行程开关 当生产机械的行程比较小而作用力也很小时,可采用具有瞬时动作和微小行程的微动式行程开关,简称微动开关。

微动开关采用了由弯形片状弹簧构成的瞬动机构,当开关推杆受机械作用压下时,弹簧片产生变形,储存能量并产生位移,当达到临界点时,弹簧片连同桥式动触头瞬时动作,当外力失去后,推杆在弹簧片作用下迅速复位,触头恢复原状。由于采用瞬动机构,触头换接速度不受推杆压下速度的影响。

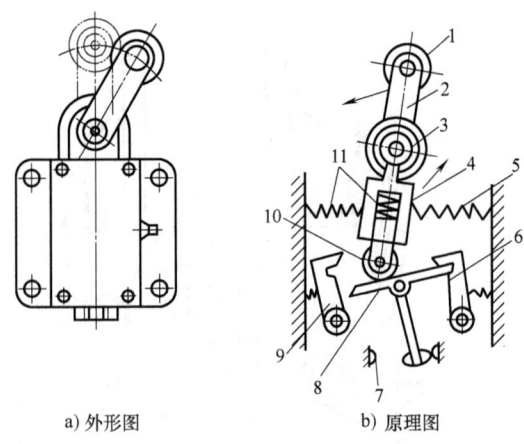

图 3-5 滚轮式行程开关
1—滚轮 2—上转臂 3、5、11—弹簧 4—套架
6、9—压板 7—触头 8—推杆 10—小滚轮

(4) 行程开关的图形和文字符号 行程开关的图形符号如图 3-7 所示。

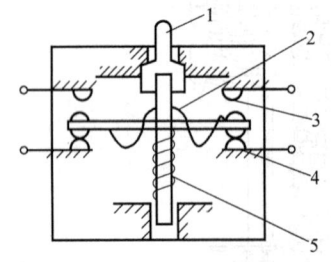

图 3-6 微动式行程开关原理图
1—推杆 2—弯形片状弹簧 3—常开触头
4—常闭触头 5—恢复弹簧

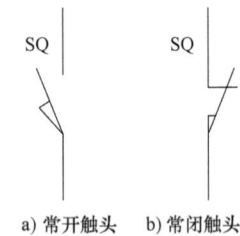

a) 常开触头 b) 常闭触头

图 3-7 行程开关图形符号

3.2.4 接近开关

接近开关(又称无触头位置开关)的用途除行程控制和限位保护外,还可作为检测金属体的存在、高速计数、测速、定位、变换运动方向、检测零件尺寸、液面控制及用作无触头按钮等。与行程开关比较,接近开关具有定位精度高、操作频率高、寿命长、耐冲击振荡、耐潮湿、能适应恶劣工作环境等优点。因此,在工业中应用较多。

接近开关以高频振荡型最常用,它不需要挡块的直接碰撞,而是由装在运动部件上的一个金属物体实现的,当金属物体进入以一定频率稳定振荡的线圈磁场时,由于该物体内部产生涡流损耗,使振荡回路电阻增大,能量损耗增加,以致振荡减弱直至终止。因此,在振荡电路后面接上放大电路与输出电路,就能检测出金属物体存在与否,并能给出相应的控制信号去控制继电器,以达到控制的目的。其电路原理图如图 3-8 所示。

图中 L 为磁头的电感,与电容器 C1、C2 组成了电容三点式振荡回路。正常情况下,晶体管 VT1 处于振荡状态,晶体管 VT2 导通,使集电极电位降低,VT3 基极电流减小,其集

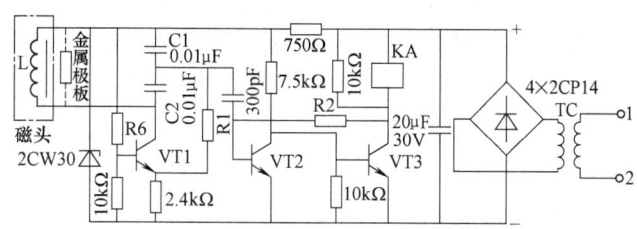

图 3-8 接近开关工作原理图

电极电位上升,通过 R2 电阻对 VT2 起正反馈,加速了 VT2 的导通和 VT3 的截止,继电器 KA 的线圈无电流通过,因此开关不动作。当金属物体接近线圈时,在金属体内产生涡流,此涡流将减小原振荡回路的品质因数 Q 值,使之停止振荡。此时 VT2 的基极无交流信号,VT2 在 R2 的作用下加速截止,VT3 迅速导通,继电器 KA 线圈有电流通过,继电器 KA 动作,其常闭触头断开,常开触头闭合。

3.3 开关电器

开关电器是指低压电器中作为不频繁地手动接通和断开电路的开关,或作为机械设备电路中电源的引入开关。它包括刀开关、组合开关、断路器等。

3.3.1 刀开关

刀开关(俗称闸刀开关、刀闸)一般用于切断或接通低压(不超过 500V)交直流电路。最简单的刀开关,如图 3-9a 所示,由瓷质或酚醛玻璃纤维底板、闸刀刀片(动触头)、手柄、刀夹(静触头)、接线端子组成。由于这种刀开关没有灭弧罩,不能用它来分断电动机电路和其他有载电路,只能在无负载电流的情况下进行操作,起电源隔离开关的作用,以保证维修人员的安全。

在最简单刀开关的静触头加上灭弧罩,就可以用来直接接通或断开不频繁起动的小容量电动机和电热电路。刀开关按其刀片(动触头)的数量,分为单极、两极和三极;按其接线方式分板前接线和板后接线。产品型号是 HD(单投)和 HS(双投),额定电压为交流 380V、直流 250V 和 440V,额定电流由 40A 至 3000A,如 40A,100A,200A,400A,600A,1000A 等。

开启式开关熔断器组(俗称胶盖闸刀开关,又称开启式负荷开关)由刀开关与熔丝串联组合而成,如图 3-9c 所示,其胶盖外壳有防止相间飞弧和防止人身触电的作用,它主要用于照明电路和电热电路,也可以用来直接起、停 7.5kW 以下不频繁操作的异步电动机,它的产品型号是 HK。

封闭式开关熔断器组(俗称铁壳开关,又称负荷开关)由带灭弧罩的刀开关与插入式熔断器串联组合而成,如图 3-9d 所示。内部有弹簧机构,可使刀开关快速通断,起到迅速断弧的作用。主要用于不频繁通、断的有载电路或起、停小容量异步电动机,产品型号是 HH。

开启式开关熔断器组和封闭式开关熔断器组中的刀开关既可以在正常工作时通、断电路,又可在维修时作为电源隔离开关,而熔丝(熔断器)起短路保护作用。

选择开启式开关熔断器组和封闭式开关熔断器组时,对照明和电热电路应按线路额定电压及负荷电流选用;对于笼型异步电动机电路,应按线路额定电压及笼型异步电动机额定电流的 3~5 倍来选择。刀开关的图形符号和文字符号如图 3-9b 所示,文字符号用 QS 表示。

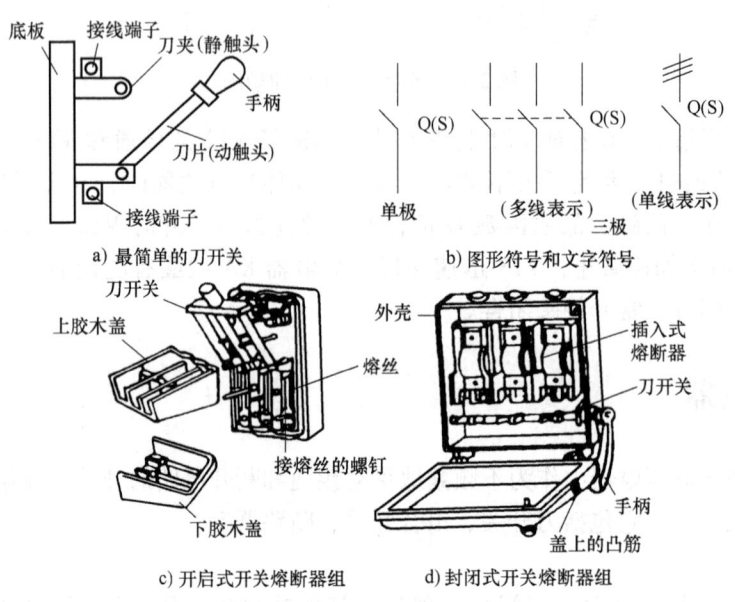

图 3-9 刀开关

3.3.2 转换开关

(1) 含义及用途 组合开关(又称转换开关,见图 3-10),实质上是一种特殊的刀开

图 3-10 常见的转换开关

关，常用来直接起动或停止小容量异步电动机，如砂轮机、切削液泵、通风机的电动机，也可作为照明、电热电路的电源引入开关。组合开关多用在机床电气控制电路中，也可以用作不频繁地接通和断开电路和负载及控制 5kW 的小容量电动机正反转的星形、三角形起动。

（2）工作原理　转换开关的基本原理结构如图 3-11 所示，有单极、两极、三极、四极等几种。

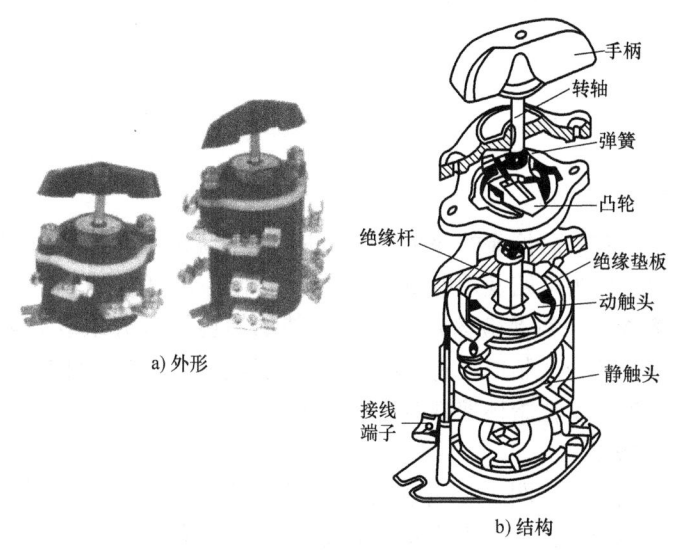

图 3-11　转换开关

转换开关实际上就是由多节触头组合而成的刀开关，与普通刀开关的区别是转换开关用动触头代替闸刀，操作手柄在平行于安装面的平面内可左右转动。开关的三对静触头分别装在三层绝缘垫板上，并附有接线柱，用于与电源及用电设备相接。动触头用磷铜片（或硬纯铜片）和具有良好灭弧性能的绝缘钢板纸板铆合而成，并和绝缘垫板一起套在附有手柄的方形绝缘转轴上。手柄和转轴能在平行于安装面的平面内沿顺时针或逆时针方向每次转动 90°，带动三个触头分别与三对静触头接触或分离，实现接通或断开电路的目的。开关的顶盖部分是由滑板、凸轮、弹簧和手柄等构成的操作结构。由于采用了弹簧储能，可使触头快速闭合或断开，从而提高了通电能力。

（3）转换开关的图形符号和文字符号（见图 3-12）

（4）型号及性能　转换开关的产品型号代号是 HZ，常用的有 HZ-10 系列，额定电流有 10A、25A、60A 和 100A 四种。适用于交流 380V 以下和直流 220V 以下的电路中。

转换开关结构紧凑、体积小、操作方便。由于动、静触头的分离速度很高，因此转换开关有一定的灭弧能力。

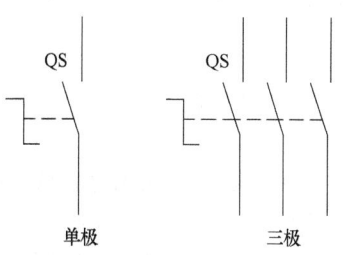

图 3-12　转换开关的图形符号与文字符号

型号：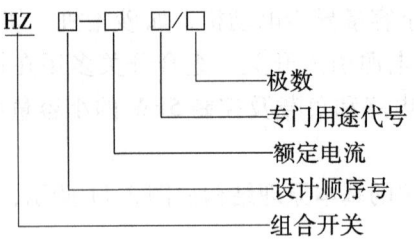

例如：HZ10-10/3 表示：HZ——组合开关，10——设计顺序号，10/3 中的 10——额定电流 10A，3——3 极。

3.4 熔断器

3.4.1 熔断器的定义

熔断器是一种简单有效而价廉的保护电器，是利用金属的熔化作用来切断电路的。它串接在所保护的电路中，作为电路及用电设备的短路或严重过载的保护元件。

熔断器主要由熔体（俗称保险丝）和安装熔体的熔座两部分组成。熔体是由易熔金属铅、锡、锌、铜、银及其合金制成，有丝状、片状及笼状等形式。有的熔体安装在陶瓷或胶木封闭管中，内充石英砂，在熔体熔断时有利于灭弧。

3.4.2 熔断器的结构形式

熔断器的结构形式很多，图 3-13 中是常用的插入式（瓷插式）熔断器（在家用电表箱中应用较多）、螺旋式熔断器（在机床中应用较多）、管式熔断器（在家用电器中应用较多）、有填料式熔断器。熔断器都有一定的热惯性，在短时间内流过熔体的电流（如笼型异步电动机的起动电流）比熔体额定电流大得多，熔体也不会熔断。熔体允许长期通过 1.2 倍额定电流。但当电路发生短路及严重过载时，熔体中产生的热量与通过电流的二次方及通过电流的时间成正比，即通过电流越大，熔体熔断的时间越短。这一特性称为熔断器的保护特性，又称安秒特性，熔体的熔断特性是反时限的（见图 3-13f），流过熔体的电流越小，熔断时间越长；反之，则越短。熔断器的图形符号和文字符号如图 3-13e 所示。

3.4.3 熔断器的产品型号

熔断器有多种产品型号，如 RC1A——插入式熔断器，RL5 和 RL1——螺旋式熔断器，RM——无填料封闭管式熔断器，RT——有填料封闭管式熔断器，RS——有填料封闭管式快速熔断器。有填料封闭管式熔断器内填充有石英砂，它能使熔体熔断时产生的电弧迅速熄灭。

3.5 接触器

接触器是一种利用电磁铁操作，频繁地接通或断开交、直流主电路及大容量控制电路的自动切换电器，主要用于控制电动机、电焊机、电热设备、电容器组等。当电磁铁线圈得电使电磁铁吸合时，带动接触器触头闭合，使电路接通；线圈失电时，电磁铁释放（在弹簧力作用下），接触器触头断开，使电路切断。它具有低电压（欠电压或失电压）释放的保护功能，并能实现远距离控制。

第三章 常用低压电器与检测元件 ·25·

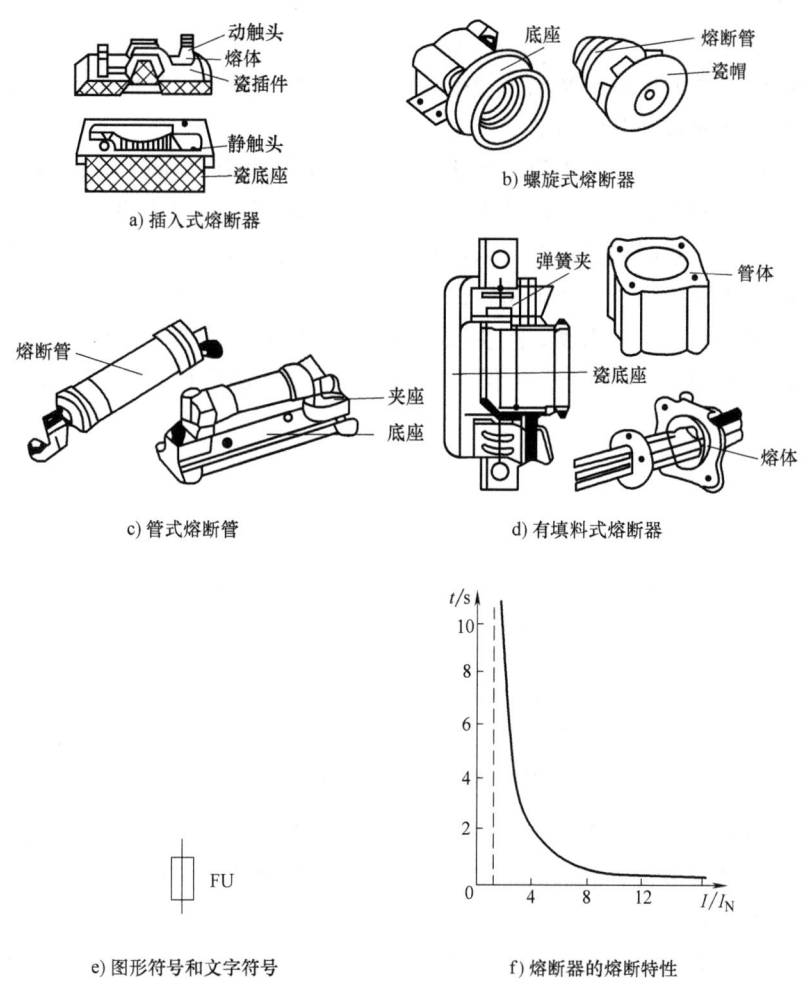

图 3-13 熔断器
I—实际电流　I_N—熔体额定电流
$I/I_N \leq 1.25$—熔体长期工作　$I/I_N > 10$—熔体瞬间熔断

接触器按其主触头通过电流的种类，可分为交流接触器（主触头所通过的电流为交流电）和直流接触器（主触头所通过的电流为直流电）两大类。其中交流接触器用来远距离控制电压在 380V 以下、电流在 600A 以下的交流电路以及频繁起动和控制的交流电动机。直流接触器用来远距离控制电压在 440V 以下、电流在 600A 以下的直流电路以及频繁操作的直流电动机。

交流接触器的结构如图 3-14 所示，主要包括电磁机构、触头系统、灭弧装置三个部分。

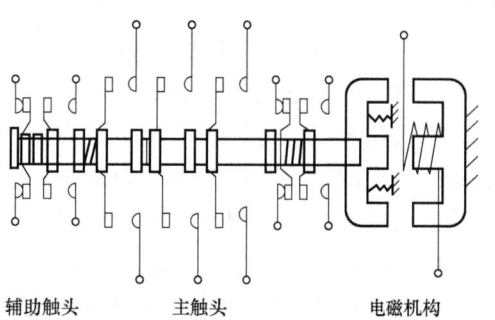

图 3-14 交流接触器结构原理图

3.5.1 电磁机构

交流接触器的电磁机构主要由线圈、铁心（静铁心）和衔铁（动铁心）三部分组成。其作用是利用电磁线圈的通电或断电，使衔铁和铁心吸合或释放，从而带动动触头与静触头闭合或分断，实现接通或断开的目的。

当线圈接上交流电时，磁路中建立的磁通在动、静铁心间产生吸力，使衔铁带动触头动作。由于线圈中流过的是交流电，因此铁心中的磁通也是随时间变化的。为了减少交变磁通在铁心中产生的涡流、磁滞损耗，铁心采用薄硅钢片叠成。另外，由交变磁通产生的吸力也是随时间变化的，当吸力大于释放弹簧作用于衔铁上的反作用力时，衔铁吸合，反之衔铁释放，这样会引起衔铁及触头的振动，产生很大的噪声及电弧，使接触器根本无法工作。解决这个问题的办法是在铁心端部开一个槽，槽内嵌入短路铜环（又称分磁环），如图 3-15 所示。

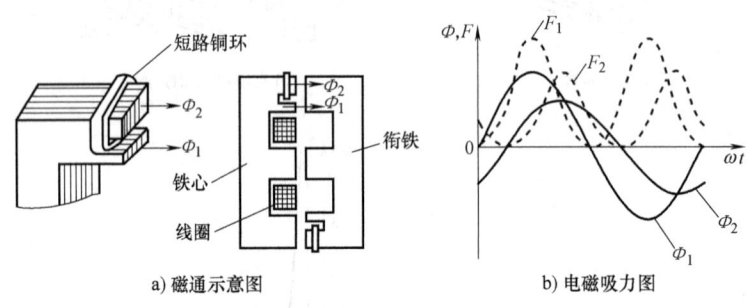

a) 磁通示意图　　　　b) 电磁吸力图

图 3-15　加短路铜环后的磁通和电磁吸力图

铁心装短路铜环后，当线圈通以交流电时，线圈电流产生磁通 Φ_1，Φ_1 一部分穿过短路铜环，在环中产生感应电流，进而会产生磁通 Φ_2，由电磁感应定律知，Φ_1 和 Φ_2 的相位不同，即 Φ_1 和 Φ_2 不同时为零，则由 Φ_1 和 Φ_2 产生的电磁吸力 F_1 和 F_2 不同时为零，如图 3-15b 所示。这就保证了铁心与衔铁在任何时刻都有吸力，衔铁将始终被吸住，振动和噪声会显著减少。

3.5.2 触头系统

交流接触器的触头一般包括三对常开（动合）主触头，用于控制主电路的通、断。另有两对常开、两对常闭（动断）辅助触头，用于控制电路中。所谓常开触头是指接触器线圈未通电时触头处于打开位置的触头；常闭触头是线圈未通电时已处于闭合位置的触头。

触头结构通常采用双断点桥式，如图 3-16 所示。图 3-16a 为两个点接触的桥式触头，它适用于电流不大而触头压力小的场合。图 3-16b 为面接触的桥式触头，它适用于大电流的场

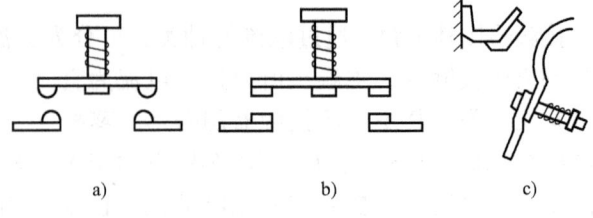

图 3-16　触头的结构形式

合。桥式触头的形式为两个触头串接于同一条电路中，电路的接通与断开由两个触头共同完成（称为一对触头），有利于触头通断过程中电弧的熄灭。

除桥式触头外，另有一种指形触头，如图 3-16c 所示。其接触区为一直线，触头接通或

断开时动、静触头间会产生滚动摩擦，有利于去除触头上的氧化膜。此种触头适用于接电次数较多，电流较大的场合。

3.5.3 灭弧装置

交流接触器在断开大电流或高电压电路时，在动、静点之间会产生很强的电弧。电弧的产生，一方面会灼伤触头，缩短触头的寿命；另一方面会使电路切断时间延长，甚至造成弧光短路或引起火灾事故。容量在10A以上的接触器都装有灭弧装置。在交流接触器中常用的灭弧方法有双断口灭弧、栅片灭弧等；直流接触器因直流电弧不存在自然过零点熄灭特性，因此只能靠拉长电弧和冷却电弧来灭弧，一般采取磁吹式灭弧装置来灭弧。

3.5.4 直流接触器

由于它的线圈采用直流电控制，磁通恒定不变，也不会产生涡流。因此，它与交流接触器在结构上的主要区别在于铁心用整块圆钢制成，且无短路铜环。常用的直流接触器有CZD、CZ5和CZ8系列。

3.5.5 接触器的图形及文字符号

接触器的触头、电磁线圈的图形符号与文字符号如图3-17所示。

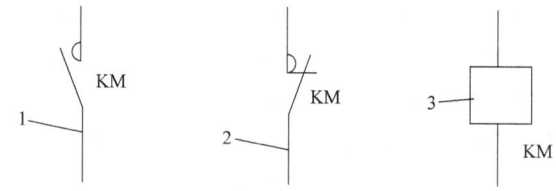

图3-17 接触器线圈和触头的图形符号与文字符号
1—常开主触头 2—常闭主触头 3—线圈

3.6 继电器

继电器是一种根据特定形式的输入信号动作的自动控制电器。它与接触器不同，主要用于反应控制信号，其触头通常接在控制电路中。

继电器的种类很多，常用的分类方法有：

按输入量的物理性质分为电压继电器、电流继电器、功率继电器、时间继电器、速度继电器等。

按动作原理分为电磁式继电器、感应式继电器、电动式继电器、热继电器、电子式继电器等。

按动作时间分为快速继电器、延时继电器、一般继电器。

按执行环节作用原理分为有触头继电器、无触头继电器。

按用途分为电器控制系统用继电器、电力系统用继电器。

继电器的主要特性是输入—输出特性，电磁式继电器的特性曲线如图3-18所示。这一矩形曲线统称为继电器特性曲线。

当继电器输入量 x 由零增至 x_1 以前，继电器输出量 y 为零。当输入量增加到 x_2 时，继电器吸合。通过其触头的输出量为 y_1，若 x 再增加，y 值不变，当 x 减小到 x_1 时，继电器释放，输出由 y_1 降到零，x 值再减小，y 值为零不变。x_2 称为继电器吸合值，欲使继电器动作，输入量必须大于此值。x_1 称为继电器释放值，欲使继电器释放，输入量必须小于此值。

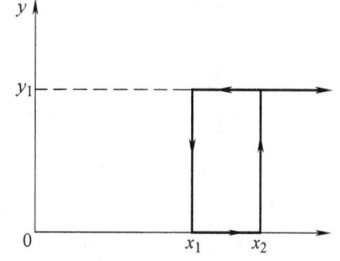

图3-18 继电器特性曲线

返回系数 $K = x_1/x_2$ 是继电器的主要参数,不同场合要求不同的 K 值,如一般继电器要求低返回系数,K 值在 0.1~0.4 之间,这样当继电器吸合后,输入值波动较大时不致引起误动作。欠电压继电器则要求高返回系数,K 值在 0.6 以上,设某继电器 $K = 0.66$,吸合电压为额定电压的 90%,则电压低于额定电压的 60% 时继电器释放,起到欠电压保护作用。K 值是可以调节的,具体方法随着继电器结构不同而有所差异。

另一重要参数是吸合时间和释放时间。吸合时间是从线圈接收电信号到衔铁完全吸合时所需的时间;释放时间是从线圈失电到衔铁完全释放时所需的时间。一般继电器的吸合时间与释放时间为 0.05~0.15s,快速继电器为 0.005~0.05s,它的值影响继电器的操作频率。

3.6.1 电磁式继电器的基本结构及分类

(1) 电磁式继电器的结构　电磁式继电器的结构和工作原理与电磁式接触器相似,如图 3-19 所示。由电磁机构和触头系统两部分组成,因继电器的触头均接在控制电路中,电流小,无需再设灭弧装置,但继电器为满足控制要求,需调节动作参数,故有调节装置。

1) 电磁机构。直流继电器的电磁机构均为 U 形拍合式,铁心和衔铁均由电工软铁制成,为了改变衔铁闭合后的气隙,在衔铁的内侧面上装有非磁性垫片,铁心铸在铝基座上。交流继电器的电磁机构有 U 形拍合式、E 形直动式、螺管式等结构形式。铁心与衔铁均由硅钢片叠制而成,且在铁心柱端面上嵌有短路铜环。

2) 触头系统。继电器的触头一般都为桥式触头,有常开和常闭两种形式,没有灭弧装置。

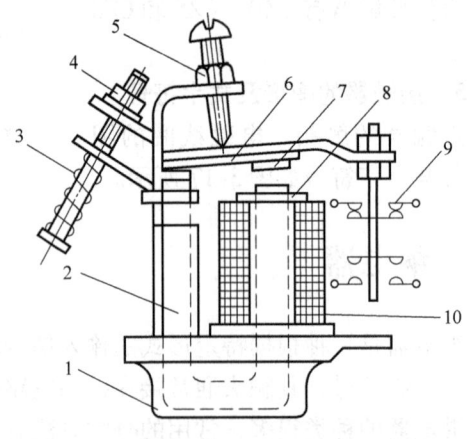

图 3-19　电磁式继电器的典型结构
1—底座　2—铁心　3—释放弹簧　4、5—调节螺母
6—衔铁　7—非磁性垫片　8—极靴
9—触头系统　10—线圈

3) 调节装置为改变继电器的动作参数,应设有改变继电器释放弹簧松紧程度的调节装置和改变衔铁释放时初始状态磁路气隙大小的调节装置,如调节螺母和非磁性垫片。

(2) 电磁式继电器的分类　电磁式继电器按输入信号不同有电压继电器、电流继电器、时间继电器、速度继电器和中间继电器;按线圈电流种类不同有交流继电器和直流继电器;按用途不同有控制继电器、保护继电器、信号继电器和安全继电器等。

3.6.2 电磁式电压继电器与电流继电器

电磁式继电器反映的是电信号,当线圈反映电压信号时,为电压继电器。当线圈反映电流信号时,为电流继电器。其在结构上的区别主要在线圈上,电压继电器的线圈匝数多、导线细,而电流继电器的线圈匝数少、导线粗。

电磁式继电器有交、直流之分,它是按线圈通过交流电还是直流电来决定的。

(1) 电磁式电压继电器　电磁式电压继电器线圈并接在电路上,其触头的动作与线圈电压大小直接有关,在电力拖动控制系统中起电压保护和控制作用。按吸合电压相对额定电压大小可分为过电压继电器和欠电压继电器。

1) 过电压继电器在电路中用于过电压保护。当线圈为额定电压时,衔铁不吸合;当线圈电压高于其额定电压时，衔铁才吸合动作。当线圈所接电路电压降低到继电器释放电压时，衔铁才返回释放状态，相应的触头也返回成原来的状态。所以，过电压继电器释放值小于动作值，其电压返回系数 $K_v < 1$，规定当 $K_v > 0.65$ 时，称为高返回系数继电器。由于直流电路一般不会出现过电压，所以产品中没有直流过电压继电器。交流过电压继电器吸合电压调节范围为 $U_0 = (1.05 \sim 1.2)U_N$。

2）欠电压继电器在电路中用作欠电压保护。当线圈电压低于其额定电压值时衔铁就吸合，而当线圈电压很低时衔铁才释放。一般直流欠电压继电器吸合电压 $U_0 = (0.3 \sim 0.5)U_N$，释放电压 $U_0 = (0.07 \sim 0.2)U_N$。

（2）电磁式电流继电器　电磁式电流继电器线圈串接在电路中，用来反映电路电流的大小，触头的动作与否与线圈电流大小直接有关。按线圈电流种类有交流电流继电器与直流电流继电器。按吸合电流大小可分为过电流继电器和欠电流继电器。

1）过电流继电器正常工作时，线圈流过负载电流，即便是流过额定电流，衔铁仍处于释放状态，而不被吸合；当流过线圈的电流超过额定负载电流一定值时，衔铁才被吸合而动作，从而带动触头复原，其常闭触头断开，分断负载电路，起过电流保护作用。通常，交流过电流继电器的吸合电流 $I_0 = (1.1 \sim 3.5)I_N$，直流过电流继电器的吸合电流 $I_0 = (0.75 \sim 3)I_N$。由于过电流继电器在出现过电流时衔铁吸合动作，并切断电路，故过电流继电器无释放电流值。

2）欠电流继电器正常工作时，继电器线圈流过负载额定电流，衔铁吸合动作；当负载电流降低至继电器释放电流时，衔铁释放，带动触头复原。欠电流继电器在电路中起欠电流保护作用，所以常用欠电流继电器的常开触头作为保护。当继电器欠电流释放时，用常开触头来断开电路。

在直流电路中，由于某种原因而引起负载电流的降低或消失，往往会导致严重的后果，如直流电动机的励磁回路电流过小会使电动机发生超速，带来危险。因此在电器产品中有直流欠电流继电器，而对于交流电路则无欠电流保护，也就没有交流欠电流继电器了。直流欠电流继电器的吸合电流与释放电流调节范围为 $I_0 = (0.3 \sim 0.65)I_N$ 和 $I_r = (0.1 \sim 0.2)I_N$。

（3）电磁式中间继电器　电磁式中间继电器实质上是一种电磁式电压继电器，其特点是触头数量较多，在电路中起增加触头数量和中间放大作用。由于中间继电器只要求线圈电压为零时能可靠释放，对动作参数无要求，故中间继电器没有调节装置。

按电磁式中间继电器线圈电压种类不同，又有直流中间继电器和交流中间继电器。有的电磁式直流继电器，更换不同电磁线圈时便可成为直流电压、直流电流及直流中间继电器，若在铁心柱上套有阻尼套筒，又可成为电磁式时间继电器。因此，这类继电器具有"通用"性，又称为通用继电器。

3.6.3　时间继电器

继电器输入信号后，经一定的延时后才有输出信号的继电器称为时间继电器。对于电磁式时间继电器，当电磁线圈通电或断电后，经一段时间，延时触头状态才发生变化。时间继电器种类很多，常用的有电磁阻尼式、空气阻尼式、电动机式和电子式等。按延时方式可分为通电延时型和断电延时型，通电延时型当接收输入信号后延迟一定时间，输出信号才发生变化；当输入信号消失后，输出瞬时复原。断电延时型当接收输入信号后，瞬时产生相应的输出信号，当输入信号消失后，延迟一定时间，输出信号才复原。

（1）直流电磁式时间继电器　图3-20为直流电磁式时间继电器，它是在电磁式电压继电器铁心上套上阻尼套筒后构成的。当电磁线圈接通电源时，在阻尼套筒内产生感应电动势，流过感应电流。在感应电流作用下产生的磁通阻碍穿过铜套内的原磁通变化，因而对原磁通起阻尼作用，使磁路中的原磁通增加缓慢，使达到吸合磁通值的时间加长，衔铁吸合时间后延，触头也延时动作。由于电磁线圈通电前，衔铁处于打开位置，磁路气隙大，磁阻大，磁通小，阻尼套筒作用也小，因此衔铁吸合时的延时只有 0.1~0.5s，延时作用可不计。

但当衔铁已处于吸合位置，在切断电磁线圈直流电源时，因磁路气隙小，磁阻小，磁通变化大，套筒的阻尼作用大，使电磁线圈断电后衔铁延时释放，相应触头延时动作，线圈断电获得的延时可达 0.3~5s。

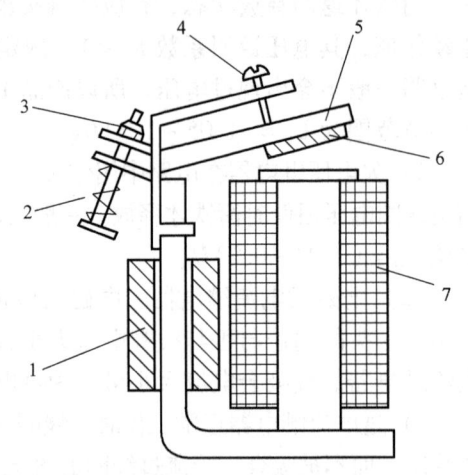

图3-20　直流电磁式时间继电器
1—阻尼套筒　2—释放弹簧　3—调节螺母
4—调节螺栓　5—衔铁　6—非磁性垫片
7—电磁线圈

直流电磁式时间继电器延时时间的长短可通过改变铁心与衔铁间非磁性垫片的厚薄（粗调）或改变释放弹簧的松紧（细调）来调节。垫片厚则延时短，垫片薄则延时长；释放弹簧紧则延时短，释放弹簧松则延时长。

直流电磁式时间继电器具有结构简单、寿命长、允许通电次数多等优点。但仅适用于直流电路，若用于交流电路需加整流装置；仅能获得断电延时，且延时时间短，延时精度不高。常用的有JT18系列电磁式时间继电器，其技术数据见表3-2。

表3-2　JT18系列直流电磁式通用继电器型号、规格、技术数据

继电器类型	型号	可调参数调整范围	延时可调范围/s	触头数量 常开	触头数量 常闭	吸引线圈 额定电压（或电流）	消耗功率/W	机械寿命/万次	电气寿命/万次
电压	JT18-□	吸合电压(0.3~0.5)U_N 释放电压(0.07~0.3)U_N	—	1	1	直流24V、48V、110V、220V、440V	19	300	50
		吸合电压(0.35~0.5)U_N		2	2				
电流	JT18-□/L	吸合电流(0.3~0.65)I_N 释放电流(0.1~0.2)I_N	—	1	1	直流1.6A、2.5A、4.6A、10A、16A、25A、40A、63A、100A、160A、250A、600A	19	300	50
		吸合电流(0.35~0.65)I_N		2	2				
时间	JT18-□/1	—	0.3~0.9	1	1	直流110V、220V、440V	19	300	50
			0.3~1.5						
	JT18-□/3		0.8~3						
			1~3.5						
	JT18-□/5		2.5~5	2	2				
			3~3.5						

(2) 空气阻尼式时间继电器 空气阻尼式时间继电器是利用空气阻尼作用来获得延时的。它由电磁系统、延时机构和触头三部分组成。触头系统采用 LX5 型微动开关，延时机构采用气囊式阻尼器。这类时间继电器可以做成通电延时型，也可以做成断电延时型，其动作原理如图 3-21 所示。现以通电延时型为例说明其工作原理。

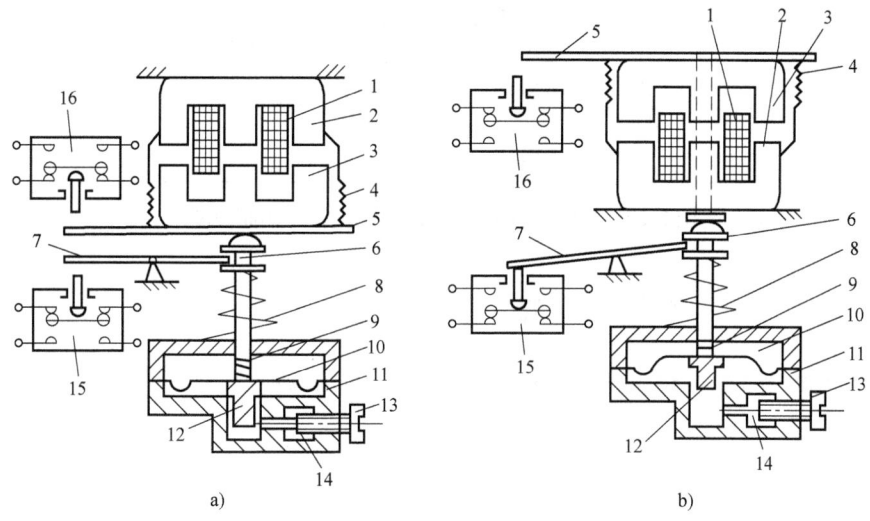

图 3-21　JS7-A 系列时间继电器动作原理图
1—线圈　2—铁心　3—衔铁　4—反力弹簧　5—推板　6—活塞杆　7—杠杆
8—塔形弹簧　9—弱弹簧　10—橡皮膜　11—空气室壁　12—活塞
13—调节螺杆　14—进气孔　15、16—微动开关

当线圈 1 得电后衔铁 3 闭合，活塞杆 6 在塔形弹簧 8 作用下带动活塞 12 及橡皮膜 10 向上移动，橡皮膜下方气室空气变稀形成负压，活塞杆只能缓慢移动，其移动速度由进气孔大小决定，它可由调节螺杆 13 进行调整。经一段延时后，活塞杆通过杠杆 7 压微动开关 15，使其触头动作，起到通电延时作用。

当线圈断电时，衔铁释放，橡皮膜下方气室内的空气通过活塞 12 肩部所形成的单向阀迅速地排出，使活塞杆、杠杆、微动开关等迅速复位。图中 16 为瞬时动作的微动开关。

空气阻尼式时间继电器延时范围为 0.4~180s。它结构简单、价廉而寿命长。但缺点是延时误差大，可达 ±(10%~20%)，难以精确整定延时值。

(3) 晶体管式时间继电器 常见的晶体管式时间继电器是利用 RC 电路中电容器充电时，电容器端电压逐渐上升的原理工作的。它具有机械结构简单、延时范围广、调节方便、体积小而经久耐用等优点，因此应用日益广泛。图 3-22 为 JSJ 系列晶体管式时间继电器工作原理图。图中 C1、C2 为滤波电容。当变压器接通电源时，晶体管 VT1 导通，VT2 截止。此时两个变压器二次绕组串联向 C4 充电。于是 A 点电位按指数规律升高，当 A 点电位高于 B 点电位时，晶体管 VT1 转为截止而 VT2 导通，使灵敏继电器线圈得电，触头动作。在这同时常开触头 K1 闭合，使 C4 通过 R4 放电，为下一次工作做好准备。此电路延时范围为 0.2~300s，延时长短由 RP1 来调节。时间继电器的图形符号如图 3-23 所示。

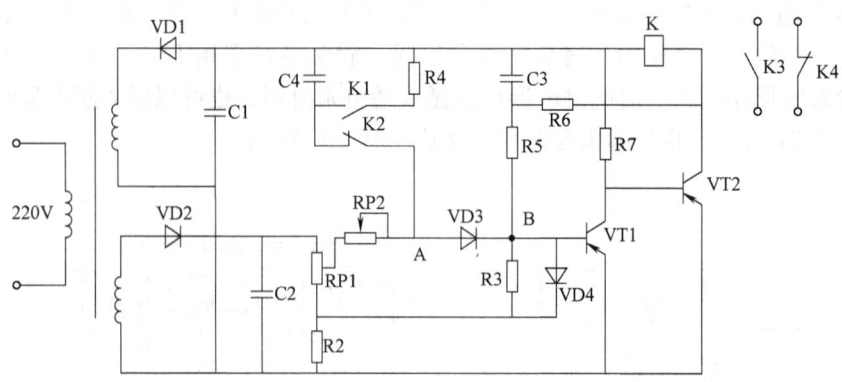

图 3-22　JSJ 系列晶体管式时间继电器工作原理图

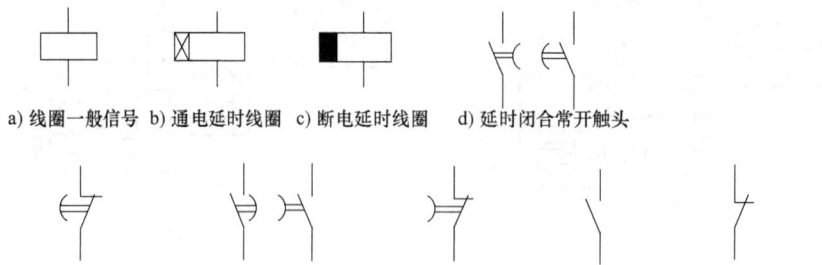

a) 线圈一般信号　b) 通电延时线圈　c) 断电延时线圈　　d) 延时闭合常开触头

e) 延时断开常闭触头　f) 延时断开常开触头　g) 延时闭合常闭触头　h) 瞬动常开触头　i) 瞬动常闭触头

图 3-23　时间继电器的图形符号

3.6.4　速度继电器

速度继电器外形图如图 3-24 所示，用作笼型异步电动机的反接制动控制，亦称反接制动继电器。

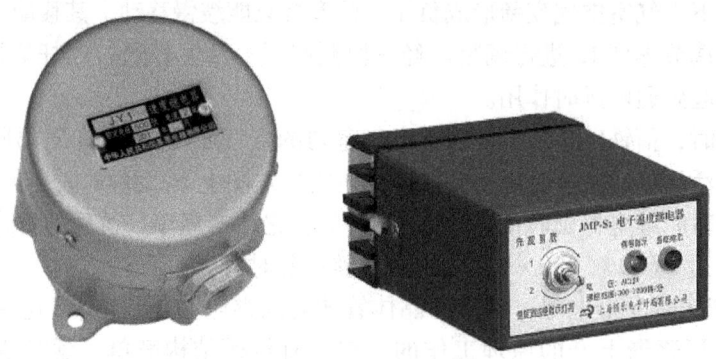

图 3-24　速度继电器

速度继电器主要是依靠电磁感应原理实现触头动作的，因此，其电磁系统与一般电磁式继电器的电磁系统不同，而与交流电动机的电磁系统相似，即由定子和转子组成其电磁系统。由转子、定子、触头三部分组成。转子是一个圆柱形永久磁铁，定子的结构与笼型电动机的定子相似，由硅钢片叠制而成，定子是一个笼型空心圆环，装有笼型绕组，其结构如图 3-25 所示。速度继电器转子的轴与被控制电动机轴相连接，而定子空套在转子上。当电动机转动时速度继电器的转子随之转动，定子内的短路导体切割磁力线产生感应电流，此电流与转子磁场作用产生转矩，使定子开始转动（顺着转子转动方向）。转到一定角度时，装在定子上的胶木摆杆推动动触头，使常闭触头断开，常开触头闭合。当电动机的速度低于某一值时，定子转矩下降，使触头复位。

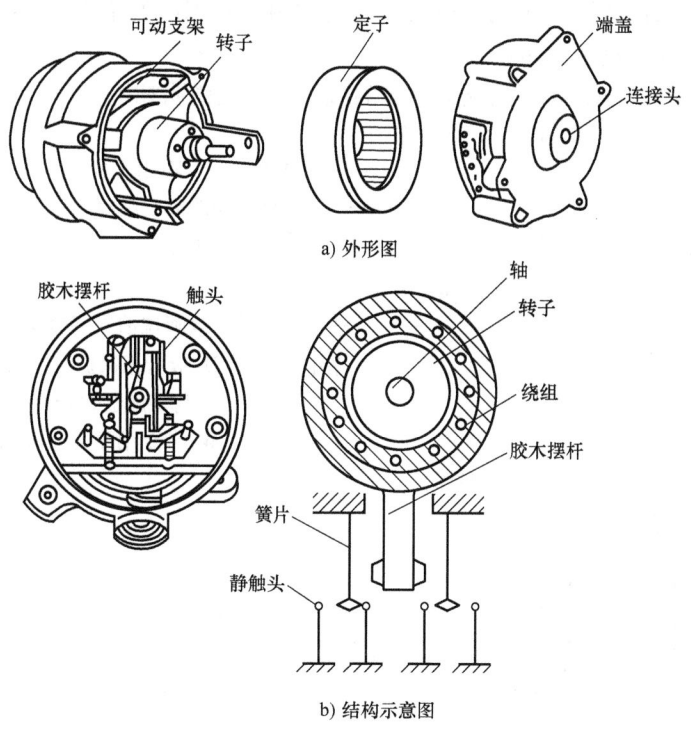

图 3-25　速度继电器外形及结构图

常用的速度继电器有 JY1 系列，一般速度继电器动作转速为 120r/min，触头复位转速在 100r/min 以下。速度继电器的图形与文字符号如图 3-26 所示。

3.6.5　热继电器

热继电器是利用电流的热效应原理来工作的保护电器。它在电路中主要用作三相异步电动机的过载保护。

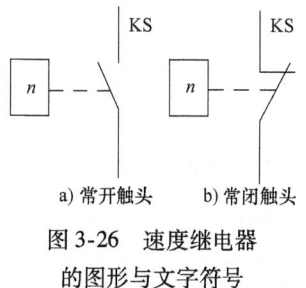

图 3-26　速度继电器的图形与文字符号

电动机具备一定的过载能力，在实际运行中，只要过载不严重，时间较短，温升不超过容许值，电动机仍能工作。若过载严重，时间长，使电动机温升过高，绕组绝缘会老化，严重时还会烧坏绕组，因此连续工作制电动机工作时需要过载保护装置。但热继电器有惯性，对短时间大电流不会立即动作，不能用于短路保护。

热继电器的工作原理如图 3-27 所示。热继电器主要由热元件、双金属片和触头三部分组成。当电动机正常工作时，热元件产生的热量虽能使双金属片弯曲，但还不足以使继电器动作。当电动机过载时，流过热元件的电流增大，热元件产生的热量增加，使双金属片产生的弯曲位移增大，双金属片推动导板，并通过导板推杆将触头（即串接在接触器线圈回路中的热继电器常闭触头）分开，从而使电动机停止工作，起到过载保护作用。

热继电器的常闭触头串入控制电路，常开触头可接入主电路。对于频繁正、反转和频繁起动、制动工作的电动机,不宜采用热继电器。

热继电器按极数划分,可分为单极、两极和三极三种,其中三极热继电器又包括带断相保护装置热继电器和不带断相保护装置热继电器。按复位方式分,有自动复位式(触头动作后能自动返回原来位置)和手动复位式。目前常用的有国内的 JR16、JR20 等系列,以及国外的 T 系列和 3UA 等系列产品。

常用的 JRS1 系列和 JR20 系列热继电器的型号及含义说明如下:

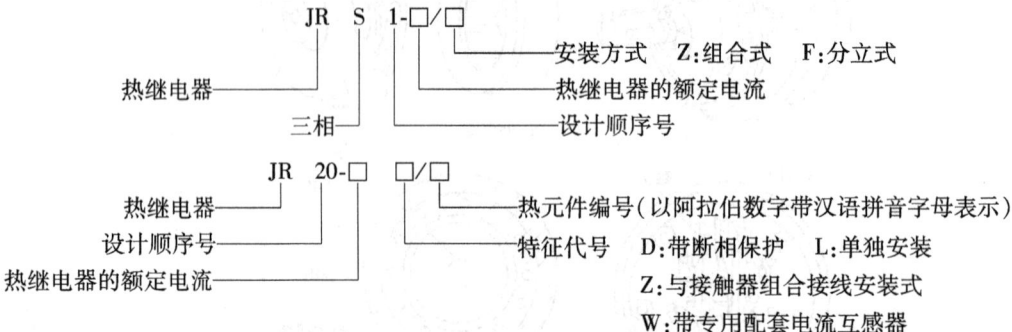

热继电器的图形符号如图 3-28 所示。

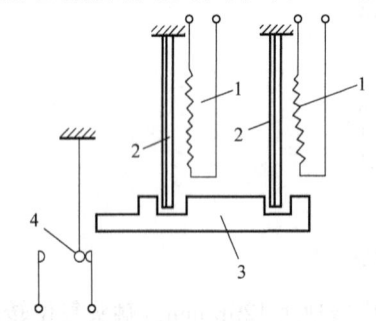

图 3-27 热继电器工作原理示意图
1—热元件 2—双金属片 3—导板 4—触头

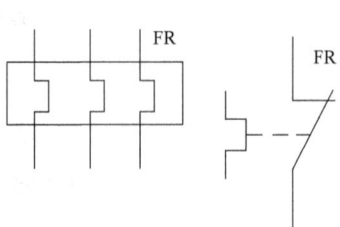

图 3-28 热继电器的图形符号

3.7 自动开关

3.7.1 含义及用途

断路器俗称自动开关或自动空气开关,行业中常称为自动开关。当电路发生严重过载、短路以及失电压等故障时,能自动切断故障电路,有效地保护串接在它后面的电气设备。因此自动开关是低压配电系统中一种十分重要的保护电器。在正常情况下,自动开关也可以不频繁地接通和断开电路或控制电动机的起动与停止。自动开关的结构图如图 3-29 所示。

3.7.2 工作原理

图 3-30 所示是自动开关工作原理图,主要由触头系统、操作机构、各种脱扣器和灭弧装置等组成。触头系统、操作机构主要完成合、分闸操作,实现开关的作用。脱扣器是自动开关的主要保护装置,包括电磁脱扣器(作短路保护)、热脱扣器(作过载保护)、失电压脱扣器和热脱扣器组合而成的复式脱扣器等。电磁脱扣器的线圈串联在主电路中,若电路或设备短路,主电路电流增大,线圈磁场增强,吸引衔铁,使操作机构动作,断开主触头,分

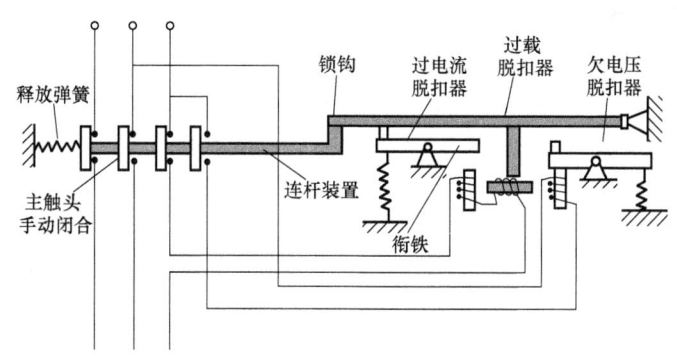

图 3-29　自动开关的结构示意图

断主电路而起到保护作用。电磁脱扣器有调节螺钉,可以根据用电设备容量和使用条件手动调节脱扣器动作电流的大小。

热脱扣器是一个双金属片热继电器。它的热元件串联在主电路中,当电路过载时,过载电流使热元件温度升高,双金属片受热弯曲,顶动自动操作机构动作,断开主触头,切断主电路而起到过载保护作用。

欠电压脱扣器的动作过程与电磁脱扣器恰好相反。当线路电压正常时,欠电压脱扣器的衔铁被吸合,衔铁与杠杆脱离,断路器的主触头能够闭合;当线路上的电压消失或下降到某一数值,欠电压脱扣器的吸力消失或减小到不足以克服拉力弹簧的拉力时,衔铁在拉力弹簧的作用下撞击杠杆,将搭钩顶开,使触头分断。由此可以看出,具有欠电压脱扣器的断路器在欠电压脱扣器两端无

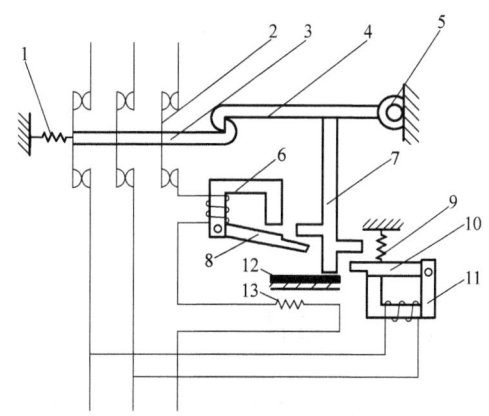

图 3-30　自动开关工作原理图
1、9—弹簧　2—触头　3—锁键　4—搭钩　5—转轴
6—过电流脱扣器　7—杠杆　8、10—衔铁
11—欠电压脱扣器　12—热脱扣器双金属片
13—加热电阻丝

电压或电压过低时,不能接通电路。需要手动分断电路时,按下分断按钮即可。

如图 3-30 所示,当电路产生短路或严重过载时,电路中的电流过大,衔铁 8 被铁心吸合,吸合时推动杠杆 7,杠杆 7 使搭钩 4 动作,引发锁键 3 使触头 2 断开,断开了电路,起到短路保护的作用。

当电路发生过载时,电阻丝 13 的电流增大,温度升高,使双金属片 12 弯曲加大,推动杠杆 7,杠杆 7 使搭钩 4 动作,引发锁键 3,使触头 2 断开,断开了电路,起到过载保护的作用。

当电路发生欠电压或失电压时,欠电压脱扣器 11 电压过低,相应的电磁吸力减弱,衔铁 10 被弹簧拉开时推动杠杆 7,杠杆 7 使搭钩 4 动作,引发锁键 3,使触头 2 断开,断开了电路,起到欠电压保护的作用。

3.7.3 型号及图形符号

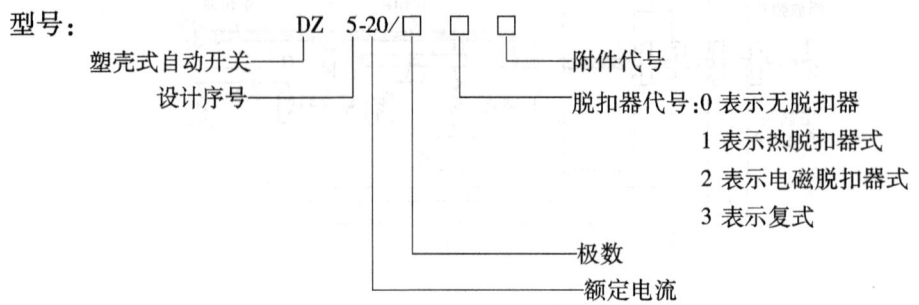

图形符号如图 3-31 所示。

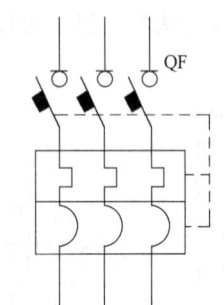

图 3-31 自动开关图形符号

3.8 线位移传感器

线位移传感器可用于检测直线移动距离的大小。常用的线位移传感器有电位计式位移传感器、电感式位移传感器、差动变压器式位移传感器、电容式位移传感器、感应同步器以及磁栅式位移传感器、光栅式位移传感器、激光位移传感器等。这里仅介绍两种常用的线位移传感器，即差动变压器式位移传感器和光栅式位移传感器。

3.8.1 差动变压器式位移传感器

差动变压器式位移传感器的工作原理是利用线圈的互感作用将位移量转换成感应电动势的变化，其核心部分是一个具有可动铁心和两个二次线圈的变压器，两线圈接成差动形式。图 3-32 为差动变压器的结构示意图。一次线圈 3 通过一定频率的交流电后。两个二次线圈 2 和 4 由于互感作用分别产生感应电动势 e_2 和 e_3。又因接成差动形式，即两个感应电动势反向串联，故输出电压 $e = e_2 - e_3$。

设两个二次线圈完全相同，当铁心处于中间位置时，两个二次线圈通过的磁力线相等，所以感应电动势 $e_2 = e_3$，此时输出电压 $e = e_2 - e_3 = 0$。

当铁心向右移动 ΔL 时，二次线圈 2 中穿过的磁通减少，感应电动势 e_2 也减少，而二次线圈 4 中穿过的磁通增多，感应电动势 e_3 也增大，则输出电压 $e = e_2 - e_3 < 0$；反之，当铁心向左移动 ΔL 时，则输出电压 $e = e_2 - e_3 > 0$。

以上分析表明，输出电压的方向反映了铁心运动的方向，输出电压的大小反映了铁心位

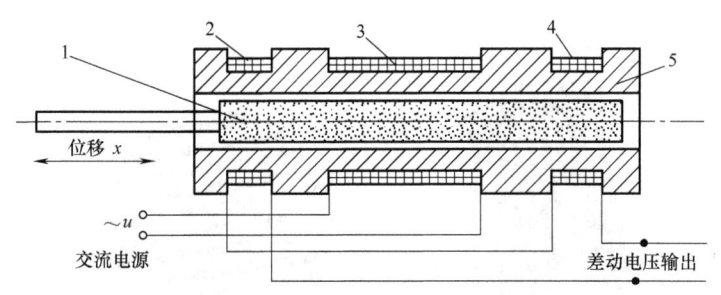

图 3-32 差动变压器的结构示意图
1—铁心 2、4—二次线圈 3——次线圈 5—线圈骨架

移的大小。差动变压器式传感器的输出特性曲线如图 3-33 所示。由此可见，单一线圈差接以后，输出电压就与铁心的位移成线性关系。

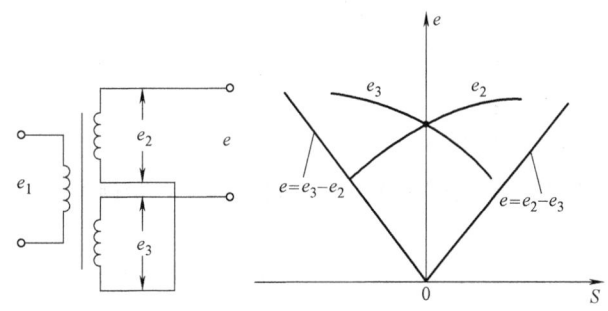

图 3-33 差动变压器式位移传感器输出特性

3.8.2 光栅式位移传感器

光栅式位移传感器是一种新型的位移传感器。它不但可以测量位移（长度），而且还可以测量坐标、角度、速度和加速度。这种传感器的特点是测量准确度高（可达 $1\mu m$、国外光栅测量的分辨率可达 $0.5\mu m$）、响应速度快和量程范围广等。因此，在机械加工和自动控制中得到广泛的应用。

光栅传感器主要由标尺光栅和指示光栅组成，两者的光刻密度相同，如图 3-34 所示。

光栅条纹密度一般有 25 条/mm、56 条/mm、100 条/mm 和 250 条/mm 四种。

把指示光栅平行地放在标尺光栅上面，并使它们的刻线相互倾斜一个很小的角度。这时在指示光栅上就出现几条较粗的明暗条纹，称为莫尔条纹，如图 3-35 所示。

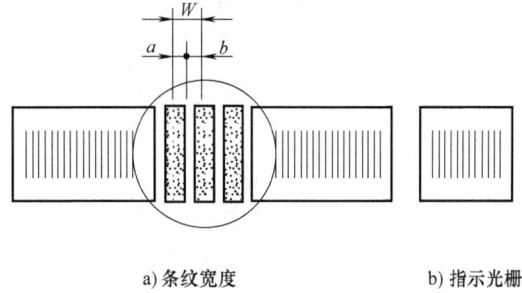

a) 条纹宽度   b) 指示光栅

图 3-34 光栅结构
a—条纹宽度 b—刻线间距 W—光栅节距

当光栅沿图 3-35 所示的方向移动时，莫尔条纹将向上运动，当光栅移动一个节距 W 时，条纹将移动距离 B。如光栅向另一方向移动时，条纹则向下移动，若 θ 很小，则有

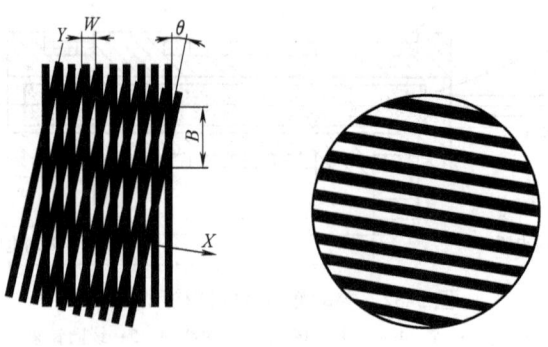

图 3-35 莫尔条纹

$$B \approx \frac{W}{\theta} \tag{3-1}$$

式中 B——莫尔条纹间距（mm）；

W——光栅节距（mm）；

θ——标尺光栅与指示光栅的夹角。

这种效应提供了一种可供观测的条纹，因为每当移动一个栅节距时莫尔条纹就移动一个较长的距离 B。

光栅可分为透射光栅和反射光栅两种，其结构原理图如图 3-36 所示。透射光栅的线条刻划在透明的光学玻璃上，反射光栅的线条刻制在具有强反射能力的金属板上，一般用不锈钢。

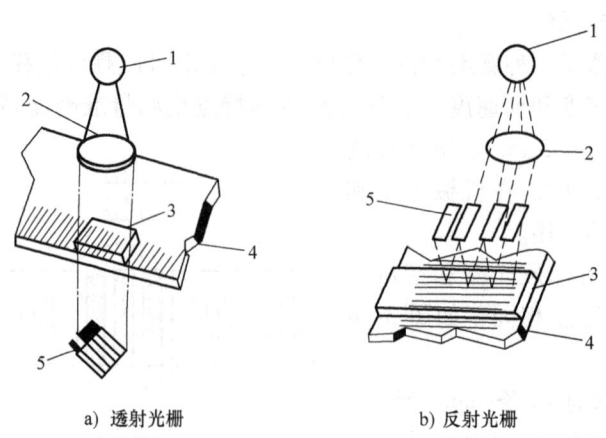

a) 透射光栅　　　　　　b) 反射光栅

图 3-36 光栅结构原理图
1—光栅　2—透镜　3—指示光栅　4—标尺光栅　5—光电元件

为了获得相位依次相差 90°的电信号，使用四个光电元件，并调整到使光电元件的输出彼此相差 90°的角度，则 A 与 C、B 与 D 的输出为反相，如图 3-37 所示。

为了提高位移测量准确度，要求仪表具有较小的分度值，减小栅距可以部分地达到这一目的，但毕竟是有限的。为此，目前广泛地用内插法把光栅栅距加以细分，即减小脉冲当

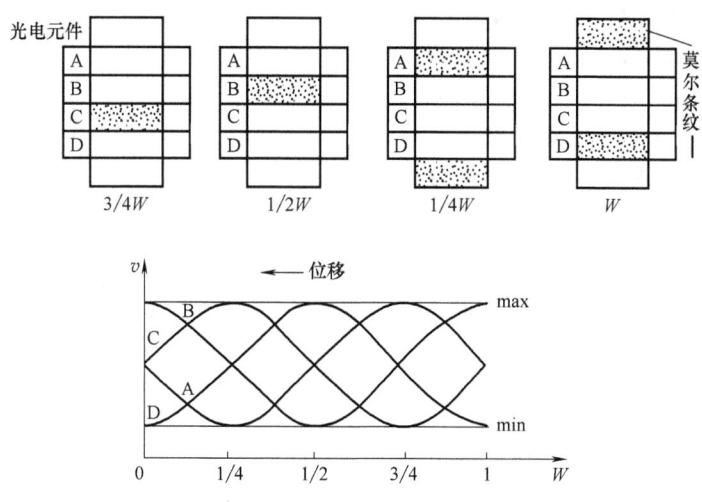

图 3-37 光电元件的输出特性

量,提高仪器分辨率,从而提高测量准确度。

3.9 角位移传感器

在上节中用于直线位移检测的某些传感器,如光栅式位移传感器、差动变压器式传感器及感应同步器等,都可以用于测量角位移,其原理是相同的,只是结构上不同而已。在随动系统中常用的自整角机也是一个典型的转角传感器,本节主要介绍旋转变压器和角度-数字传感器。

3.9.1 旋转变压器

旋转变压器是一种输出电压随转子转角变化的角位移测量装置,当励磁绕组以一定频率的交流电压励磁时,输出绕组的电压幅值与转子转角成正弦、余弦函数关系,也可以改变连接方法,使输出电压幅值与转子转角在一定范围内成正比例关系。它主要用于坐标变换、三角运算和角度数据传输,也可以作为移相器和用在角度-数字传感器中。

根据输出电压与转角的函数关系,旋转变压器可分为三类,即正余弦旋转变压器、线性旋转变压器和比例式旋转变压器。后两种实际上也是正余弦旋转变压器,只不过线性旋转变压器采用了特定的电压比和接线方式,比例式旋转变压器则在结构上增加了一个将转子位置固定的装置。

旋转变压器在定子上有励磁绕组 D_1-D_2 和补偿绕组 D_3-D_4,两个绕组的轴线正交(成90°),转子上也有两个绕组,余弦绕组 Z_1-Z_2 和正弦绕组 Z_3-Z_4,如图 3-38 所示。

旋转变压器定子绕组的引出线圈固定在接线板上,转子绕组的引出线与集电环相接,再经电刷引到接线板上,对于线性旋转变压器,因转子有线,可用软线将转子绕组引出固定在接线板上,以简化结构。

旋转变压器的工作原理与普通变压器相似,由于普通变压器的输入、输出两个绕组的位置是固定的,所以输出电压与输入电压之比为一常数。而旋转变压器由于其输入、输出绕组分别固定在定子和转子上，所以输出电压大小与转子的位置有关。在图 3-38 中，若 D_3-D_4 绕组开路，D_1-D_2 绕组加一交流励磁电压 V_{s1}，则该绕组中有电流 I_{s1} 通过，因而产生一个交变磁通 Φ。因此在转子的余弦绕组和正弦绕组上将分别产生感应电压，其大小与转子的转角 θ 的余弦或正弦成正比，即

$$V_{R1} = K_a V_{s1} \cos\theta; \quad V_{R2} = -K_a V_{s1} \sin\theta \tag{3-2}$$

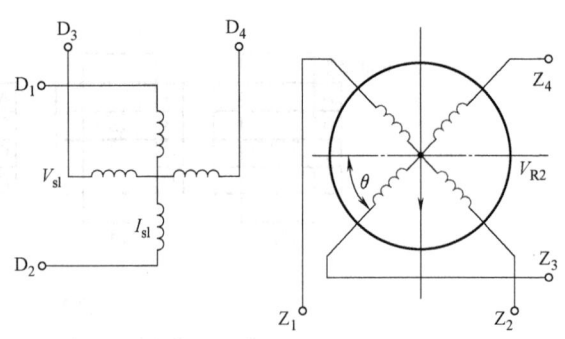

图 3-38 正余弦旋转变压器原理图
D_1-D_2—主绕组　D_3-D_4—正交绕组　Z_1-Z_2—余弦输出绕组
Z_3-Z_4—正弦输出绕组

式中　K_a——旋转变压器的电压比，
　　　　$K_a = N_1/N_2$，N_1、N_2 为转子、定子绕组的匝数；
　　　V_{s1}——定子绕组的励磁电压。

当输出绕组接有负载时，就有电流流过输出绕组，并产生电枢反应磁通，旋转变压器气隙中磁场发生瞬变，这时输出电压便不再是转角的正弦函数，而有一定的偏差。为了减小这一偏差，旋转变压器在工作时要求辅助绕组 D_3-D_4 短接，或将 Z_1-Z_2、Z_3-Z_4 两输出绕组接以对称负载。为了提高旋转变压器的工作精度，其负载绕组应尽量大。

3.9.2 角度-数字传感器

角度-数字传感器的主要形式是码盘式角度-数字编码器，它是一种能把模拟信号转换成数字信号的测量元件，具有很高的分辨率，精度高，可靠性强。角度-数字编码器有两种基本形式：一种是增量编码器（增量码盘），它需要一个计数系统，用来累加旋转码盘产生的脉冲增量；一种是绝对编码器（绝对值码盘），它能给出对应每个角位置的直接数字输出。绝对编码器按其敏感元件即信号读出方式的不同又分为接触编码器、磁性编码器、光电编码器等，而增量编码器多采用光电形式。习惯上把信号读出方式为光电形式的编码器称为光电码盘。无论哪种编码器都有一个核心部件——码盘，图 3-39 给出了几种码盘的基本形式。

1. 绝对编码器

（1）接触式编码器　接触式编码器的码盘如图 3-39a 所示，它是在一个不导电的绝缘基板上镀制许多金属区，且全部金属区都彼此相连，并通过一个固定的电刷供电激励；固定电刷与一连续环接触，在所有的轴位置上它们都彼此接触；金属区按一定的规律分为许多环形码道，每一条环形码道都代表一个独立的二进制位，电刷作为敏感元件在环形码道上滑动。随着码盘的旋转，使相应码道上的电刷与码道的金属区接触时，电刷就被接到公共电源上，于是从电刷引出的导线端就有一定电平的电压，代表逻辑"1"；当电刷在绝缘区时，导线端无电压，代表逻辑"0"。对应编码器轴的每一个位置，都将有一个使电刷通电和不通电的编码方式，利用编码器的二进制数字输出描述轴的每一对应位置。

具有十个码道的码盘，可达 1/1024 的分辨率；通过使用多个码盘及装上内部传动装置，电输出便能达到 $1/10^5$ 的总分辨率。

码盘的重要设计参数为最低有效位数字（LSD）和最高有效位数字（MSD），分别布置在最外层码道和最里层码道上（公共激励码道之外），其所对应的弧长分别由下两式决

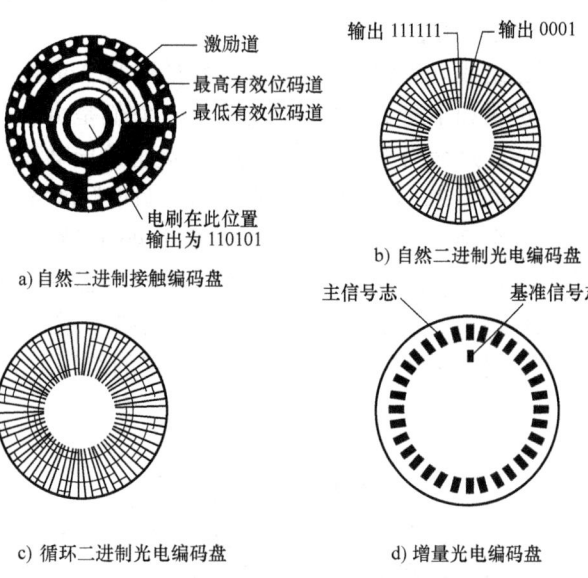

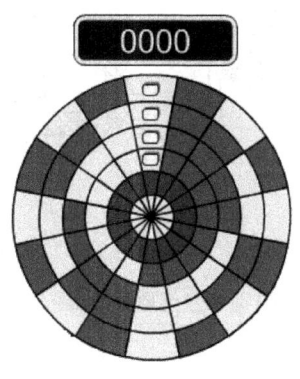

a) 自然二进制接触编码盘　　b) 自然二进制光电编码盘

c) 循环二进制光电编码盘　　d) 增量光电编码盘

e) 光电码盘图片

图 3-39　编码器的各种码盘图

定，即

$$L_{LSD} = \frac{360°}{2^N} \quad L_{MSD} = 2^{N-1} \times \frac{360°}{2^N} = 180° \tag{3-3}$$

式中　L_{SND}——最低有效位增量所对应的（导电区或不导电区）弧长；

　　　L_{MSD}——最高有效位增量所对应的（导电区）弧长；

　　　N——二进制有效位码道总数；

　　　2^N——最低有效位导电和非导电区的总段数。

编码器属精密元件，其基本精度依赖于码盘本身的精度，编码器精度受码盘图案制作精度、码盘的码道与编码器轴的加工和安装精度以及电刷安装精度和接触情况等因素影响，编码器制造技术复杂，成本较高。

（2）光电编码器　现在广泛使用的数字编码器大多数属于光电编码器，光电编码器的精度高、寿命长,是用于高转速系统的理想元件,十九位的光电编码器已经做成标准件,且已能制造二十一位的高精度光电码盘。

光电编码器由三大部分组成(见图3-40),即旋转的码盘、光源和光电敏感元件。码盘上有按二进制规律分布的透明和不透明的光学码道图案,它们是由涂有感光乳剂的玻璃质水晶圆盘利用光刻技术制成的,这相当于接触式编码器码盘上的导电和不导电区,每位码道的宽度和间隙小于接触编码器的1/2,最低有效位码道的透明扇形区宽度小于1/4mm。光源是超小型的钨丝灯泡或者是一个固体光源,检测元件则是小型的光敏二极管或光敏晶体管。

光电编码器的工作原理:光源的光通过光学系统,穿过码盘的透光区,最后与窄缝后面的一排径向排列的光敏元件耦合,使输出为逻辑"1",若被不透明区遮挡,则光敏元件输出低电平,代表逻辑"0",像接触编码器一样,按照一定的编码方式代表输出的轴的对应位置。

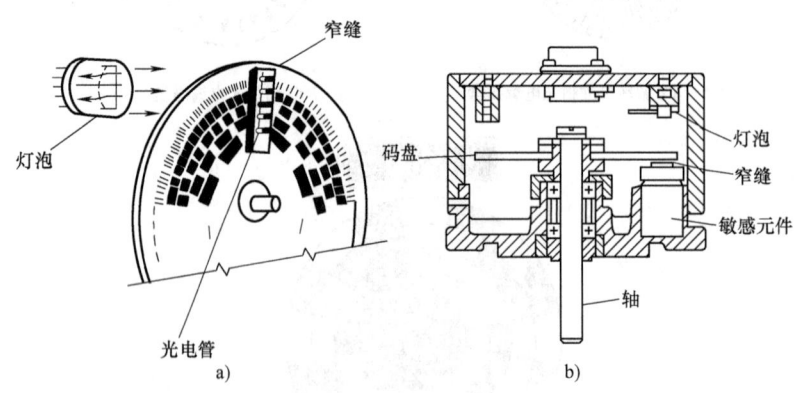

图3-40 光电编码器

2. 增量编码器

增量编码器能以数字形式确定转轴相对某个基准点的瞬时角位置,也可用来测量轴的转速,这种编码器的信号读出方式通常采用光电形式,码盘特点是每转单位角度就产生一定数量的脉冲。因此,增量编码器必须有一个计数器,它以所需的代码提供数字输出,该输出与码盘离开某基准位置而产生的增量(脉冲)数成比例。因而码盘上必须有一个表示基准位置的标志,以识别增量(脉冲)是从基准位置顺时针旋转产生的,还是逆时针旋转产生的。

上述原理是通过图3-41给出的结构实现的,在圆形的码盘上刻有节距相等的辐射状窄缝成均布的透明区和不透明区;在鉴向盘上还有与之对应的两组鉴向窄缝,其节距与圆盘上的节距相等。两组鉴向窄缝 a、b 与圆盘的配置关系如图3-42所示,它们以圆盘上某窄缝(透明区)为基准相对错开1/4节距,其目的是使A、B两个光敏元件的输出信号有90°的相位差。测量时,鉴向盘是固定不动的,主码盘与被测轴相连,因此当主码盘随被测轴一起转动时,两光敏元件将输出一组相位差90°的正弦信号。如果码盘正转(即顺时针方向),A、B输出信号的相位关系是 b 波超前于 a 波90°,经过逻辑电路从门电路1输出正转脉冲信号 f。而当码盘反转时,信号波 a 超前于 b 波90°,同样经过逻辑电路的判断,从门电路Ⅰ输出反转脉冲信号 g。如果将这些脉冲信号送给可逆计数器,把正、反转脉冲数进行加减累计,就可以测出轴的实际旋转角度。

光电码盘主码盘与鉴向盘的基材一般用玻璃质水晶圆板,圆板上经铬蒸镀和光刻,主码盘上的光刻条纹可达43200条/转(120条/1°),光源用钨源灯泡或发光固体元件,光敏元件用光敏二极管或光敏晶体管。光电码盘的原理同样运用于可测量任何相对直线位移的直线编码器,它通常有一条主尺和一个沿主尺运动的扫描尺,主尺上的光刻条纹可达50~125条/mm。

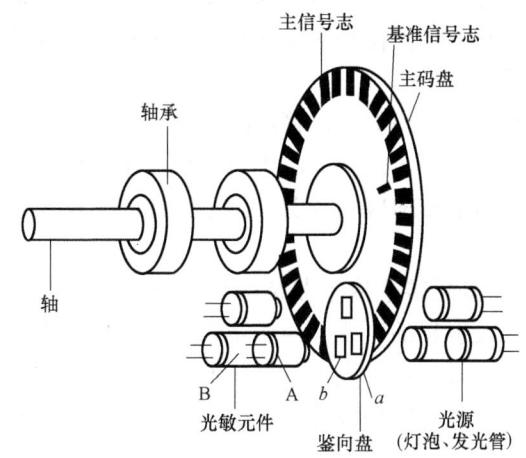

图3-41 增量式光电编码器原理结构图

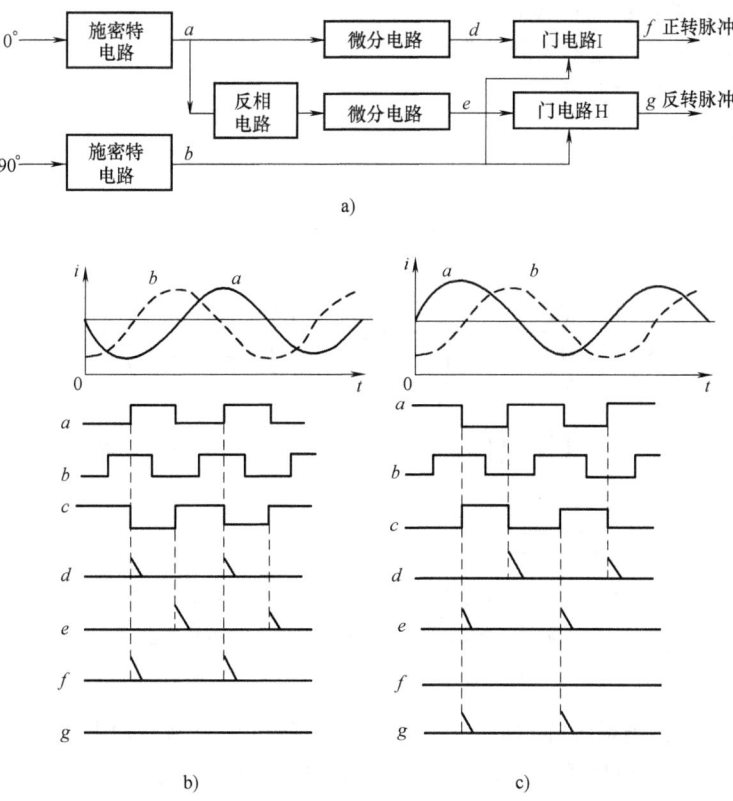

图3-42 波形和信号处理框图

3.10 转速传感器

转速传感器是测量转速的检测元件,用来将转子的转速转换成电信号,是自动控制系统中的重要组成元件。转速传感器的输出电信号与转速成正比,可以是模拟量,也可以是数字量。本节主要介绍的码盘式转速传感器和磁电式转速传感器则都是数字式传感器。

3.10.1 码盘式转速传感器

码盘式转速传感器与第9节中检测角位移用的码盘式角位移传感器原理上基本相同,其码盘可做成增量式的,也可做成绝对式的。由于增量码盘用于转速检测具有结构简单、价格较低、精度易保证等优点,所以目前应用较多。测量转速的码盘大都采用光电式,所以又称为光电码盘转速传感器。

图3-43为增量式光电码盘式转速传感器结构示意图,它由光源、透镜、测量盘、读数盘及光敏元件组成。由光源发射出的光线,经透镜聚焦后,透过测量盘与读数盘照射到光敏元件上,当有光线透过时,光敏元件才发出一个脉冲,此脉冲一方面可以送到数字式速度计进行计量,另一方面也可送入计算机加以处理,根据下面的公式求出转速:

$$n_m = \frac{N_t}{n} \times \frac{60}{t} \tag{3-4}$$

式中 n_m——每分钟转数(r/min);
N_t——在t时间内测得的脉冲数;
n——码盘上的缝隙数;
t——测速时间。

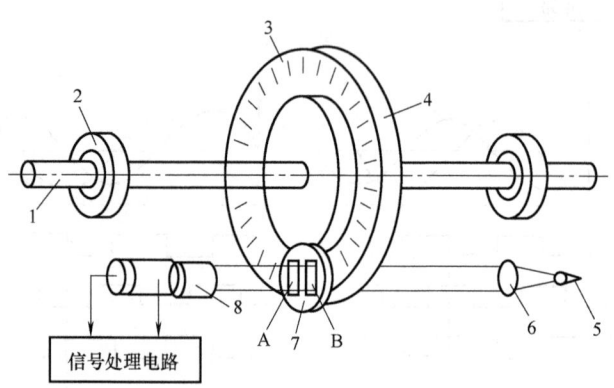

图3-43 增量式光电码盘式转速传感器结构示意图
1—轴 2—轴承 3—光电码盘狭缝 4—光电码盘
5—光源 6—聚光镜 7—光栏板 8—光敏元件

在式(3-4)中,当系统确定后,n即为已知。所以只要测出t时间内的脉冲数N,便可求得转速,计算的方法可以采用硬件的方法,也可以由计算机软件完成。

3.10.2 磁电式转速传感器

磁电式转速传感器是利用导磁体与磁场产生相对转动时,引起磁通变化所产生的感应电动势来反映被测物体的转速的。反映被测物体的转速的不是感应电动势的电压值,而是感应电动势的频率。

图 3-44 所示为开路磁电式测速传感器（即磁电式转速传感器），被测齿轮安装在被测转轴上与其一起旋转，在齿轮旋转时，齿夹与齿隙（即齿的凹凸）引起磁阻变化，从而使磁通发生变化，因而在感应线圈 3 中感应出交变电压，其频率等于齿轮的齿数和转速的乘积。这种传感器的优点是结构简单，与被测轴无直接接触，可以使用原来机械装置的齿轮进行测量。

如果被测轴的转速为 n，齿轮的齿数为 z，则线圈中感应的脉冲频率 f 为：$f=\dfrac{z}{60}n$。当齿轮选定后，齿数 z 为常数，此时上式可写成：$f=Kn$，其中 $K=n/60$。上式表明，磁头线圈的输出脉冲频率与转速成正比。

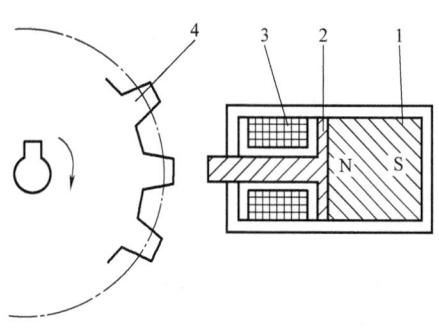

图 3-44　磁电式转速传感器
1—磁铁　2—铁心　3—感应线圈　4—齿轮

第四章 电气控制电路

4.1 概述

由按钮、继电器、接触器等低压控制电器组成的电气控制电路，具有电路简单、维修方便、便于掌握、价格低廉等许多优点，多年来在各种生产机械的电气控制领域中获得广泛的应用。

由于生产机械的种类繁多，所要求的控制电路也是千变万化、多种多样的，因此这里着重阐明组成这些电路的基本规律和典型电路环节。对各种机械设备，结合其具体的生产工艺，就不难掌握各种电气控制电路的分析方法。

电气控制电路一般由输入环节、中间控制环节、执行环节、被控对象四部分组成。

控制电器的指令和控制信号由输入环节输入。该环节主要由主令元件（如按钮、主令控制器等）及反映作为控制信号的物理量的检测元件（如行程开关、电压继电器、电流继电器、速度继电器、压力继电器及其他位移、速度传感器等）组成。

按生产工艺要求，对各控制信号及其动作的记忆和联锁、控制信号和被控对象的联系和联锁、各被控对象之间的相互联系和制约、各工作程序之间的联系与转换等均由中间控制环节实现控制，所以它是控制电路的主要部分，中间控制环节所用元件主要是继电器。

执行环节是用以直接控制被控对象的动作和进行工作的部分，主要是接触器、电磁阀等元件。

被控对象是带动生产机械部件运动的装置，如电动机、液压缸、电磁铁，以及电热器、电灯等生活用电设备。

这四个部分是与生产机械的工艺要求紧密相连的，它们是有机的结合，不能把它们截然分开。

4.2 电气控制电路的绘制原则

4.2.1 图形及文字符号

为了便于对控制系统进行设计、分析研究、安装调试、使用和维修，需要将电气控制系统中各电气元件及其相互连接，用国家规定的统一符号、文字和图形表示出来。这种图就是电气控制系统图。电气控制系统图一般有三种：电气原理图、电器位置图、电气互连图。

根据机电总体要求和 GB/T 4728—2008、JB/T 7159—2007、GB/T 6988—2008 等规定的标准绘制的电路图是为了便于阅读和分析各种电气控制系统功能的。依据简单、清晰、易懂的原则，原理图采用电气元件展开形式绘制。它包括所有电气元件的导电部件和接线端点，但并不按照电气元件的实际位置来绘制，也不反映电气元件的大小。

绘制原理图的原则与要求：电器应是未通电时的状态；二进制元件应是置零时的状态；机械开关应是循环开始前的状态。

动力电路、控制和信号电路应分别绘出：

1）动力电路。电源电路绘成水平线；受电的动力设备（如电动机等）及其保护电器支路，应垂直电源电路画出。

2）控制和信号电路。应垂直地绘于两条水平电源线之间，耗能元件（如线圈、电磁铁、信号灯等）应直接连接在接地或下方的水平电源线上，控制触头连接在上方水平线与耗能元件之间。

3）用导线直接连接的互连端子，因其电位相同，故应采用相同的线号，互连端子的符号应与器件端子的符号有所区别。

4）无论主电路还是辅助电路，各元件一般应按动作顺序从上到下、自左至右依次排列。

5）原理图上各电路的安排应便于分析、维修和寻找故障，对功能相关的电气元件应绘制在一起，使它们之间关系明确。

6）原理图应注出下列数据或说明：

① 各电源电路的电压值、极性或频率及相数。

② 某些元器件的特性（如电阻器、电容器的数值等）。

③ 不常用的电器（如位置传感器、手动触头、电磁阀或气动阀、定时器等）的操作方法和功能。

7）原理图中有直接电联系的十字交叉导线连接点，用实心圆点表示。可拆接或测试点用空心圆点表示。无直接电联系的交叉点则不画圆点，有直接电联系的T字交叉导线连接点也不画圆点。

8）对非电气控制和人工操作的电器，必须在原理图上用相应的图形符号表示其操作方式及工作状态。由同一机构操作的触头，应用机械连杆符号表示其联动关系。各个触头的运动方向和状态，必须与操作件的动作方向和位置协调一致。

9）对与电气控制有关的机、液、气等装置，应用符号绘出简图，以表示其关系。

图4-1为CA6140车床电气原理图。

4.2.2 图面区域的划分

为了便于检索电气线路，方便阅读电气原理图，应将图面划分为若干区域。图区的编号一般写在图的下部。图的上方设有用途栏，用文字注明该栏对应的下面电路或元件的功能，以利于理解原理图各部分的工作原理。

4.2.3 符号位置索引

由于接触器、继电器的线圈和触头在电气原理图中不是画在一起，而触头是分布在图中所需的各个图区，为了读图方便，在接触器、继电器线圈的下方画出其触头的索引表。

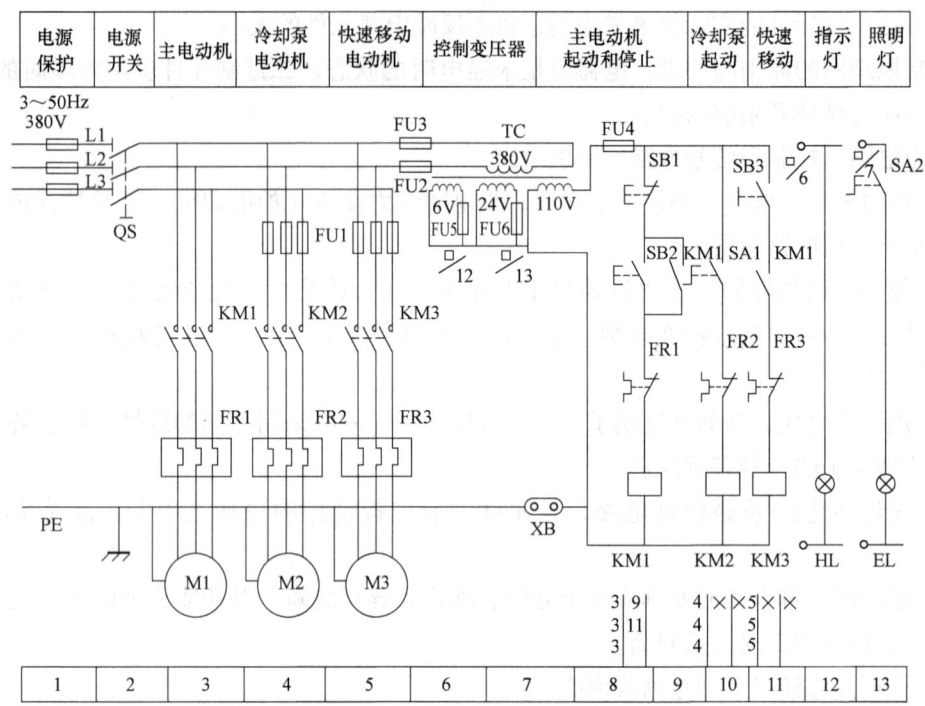

图 4-1 CA6140 车床电气原理图

对于接触器,索引表中各栏含义如下:

左栏	中栏	右栏
主触头所在图区号	辅助常开触头所在图区号	辅助常闭触头所在图区号

对于继电器,索引表中各栏含义如下:

左栏	右栏
常开触头所在图区号	常闭触头所在图区号

4.2.4 电器位置图

电器位置图又称电器元件布置图,用来表明电气原理图中各元器件的实际安装位置,可按实际情况分别绘制,如电气控制箱中的电器元件布置图、控制面板图等。电器位置图是控制设备生产及维护的技术文件,电器元件的布置应注意以下几方面:

1) 体积大和较重的电器元件应安装在电器安装板的下方,而发热元件应安装在电器安装板的上面。

2) 强电、弱电应分开,弱电应屏蔽,防止外界干扰。

3) 需要经常维护、检修、调整的电器元件安装位置不宜过高或过低。

4) 电器元件的布置应考虑整齐、美观、对称。外形尺寸与结构类似的电器安装在一起,以利安装和配线。

5) 电器元件布置不宜过密,应留有一定间距。如用走线槽,应加大各排电器间距,以利布线和维修。

电器位置图根据电器元件的外形尺寸绘出，并标明各元件间距尺寸。控制盘内电器元件与盘外电器元件的连接应经接线端子板连接，在电器布置图中应画出接线端子板并按一定顺序标出接线号。图4-2为CW6132普通车床控制盘电器位置图，图4-3为CW6132普通车床电气设备安装位置图。

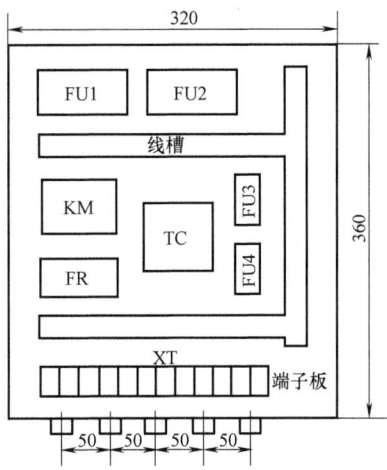

图4-2 CW6132普通车床控制盘电器位置图

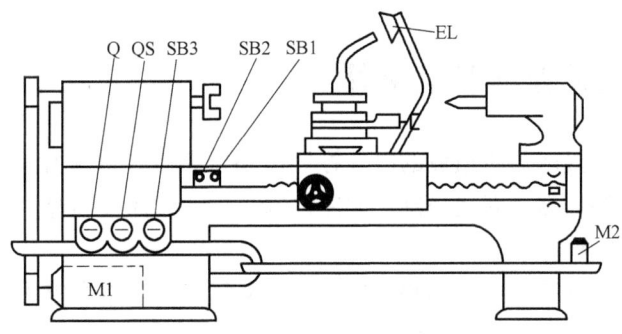

图4-3 CW6132普通车床电气设备安装位置图

4.2.5 电气互连图

电气互连图又称电气安装接线图，主要用于电器的安装接线、电路检查、电路维修和故障处理，通常接线图与电气原理图和元件布置图一起使用。电气互连图表示出项目的相对位置、项目代号、端子号、导线号、导线型号、导线截面积等内容。接线图中的各个项目（如元件、器件、部件、组件、成套设备等）采用简化外形（如正方形、矩形、圆形）表示，简化外形旁应标注项目代号，并应与电气原理图中的标注一致。

电气互连图的绘制原则是：

1）各电气元件均按实际安装位置绘出，元件所占图面按实际尺寸以统一比例绘制。

2）一个元件中所有的带电部件均画在一起，并用点画线框起来，即采用集中表示法。

3）各电气元件的图形符号和文字符号必须与电气原理图一致，并符合国家标准。

4）各电气元件上凡是需接线的部件端子都应绘出，并予以编号，各接线端子的编号必须与电气原理图上的导线编号相一致。

5）绘制安装接线图时，走向相同的相邻导线可以绘成一股线。

图 4-4 是 CW6132 普通车床电气安装接线图。

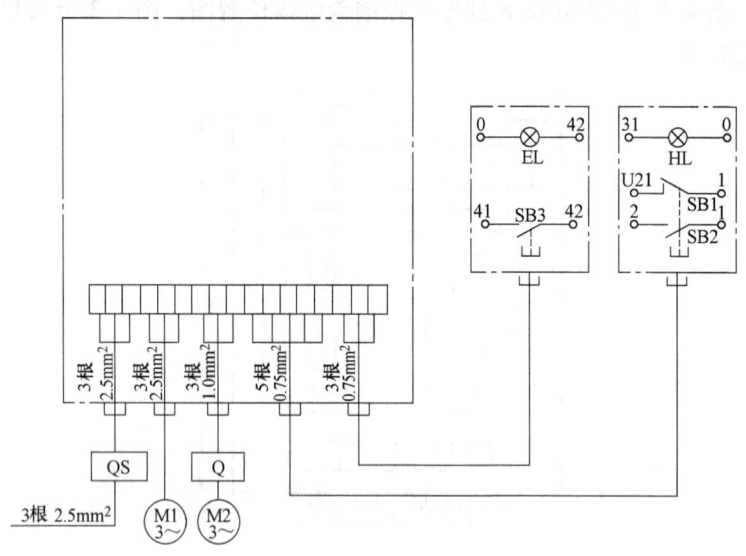

图 4-4　CW6132 普通车床电气互连图

4.3　电气控制电路基本控制规律

由按钮、继电器、接触器所组成的电气控制电路，基本控制规律有自锁与互锁的控制、点动与连续运转的控制、多地联锁控制、顺序控制与自动循环控制等。

4.3.1　自锁与互锁的控制

自锁与互锁的控制统称为电气的联锁控制，在电气控制电路中应用十分广泛。图 4-5 为三相笼型异步电动机全压起动单向运转控制电路。

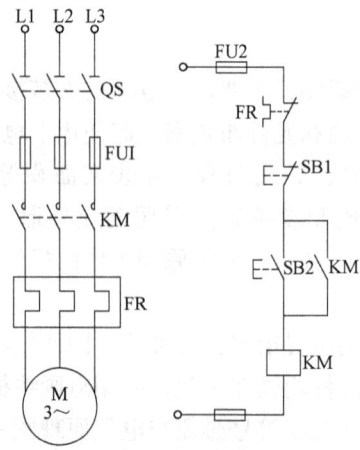

图 4-5　三相笼型异步电动机全压起动单向运转控制电路

电动机转动工作过程：

合上电源开关 QS→按下 SB2 → KM 线圈得电──┐

└→ { KM 三对常开主触头闭合→电动机 M 起动旋转
     KM 常开辅助触头闭合
     此时 SB2 松开 } →电流流过 KM 触头→KM 线圈长期通电

电动机停转工作过程：

按下 SB1→KM 线圈失电→KM 三对主触头断开→电动机 M 停转

由上述工作过程可知，接触器 KM 常开辅助触头并接在起动按钮 SB2 两端，使 KM 线圈经 SB2 常开触头与 KM 自身的常开辅助触头两路供电。当松开起动按钮 SB2 时，虽然 SB2 这一路已断开，但 KM 线圈仍通过自身常开触头这一通路保持通电，使电动机继续运转，这种依靠接触器自身辅助触头保持通电的现象称为自锁，这对起自锁作用的辅助触头称为自锁触头，这段电路称为自锁电路。

上述电路是一个典型的有自锁控制的单向运转电路，也是一个具有最基本的控制功能的电路。

图 4-6 为三相异步电动机正反转控制电路，图左方为其主电路图，右方为三种控制电路图。

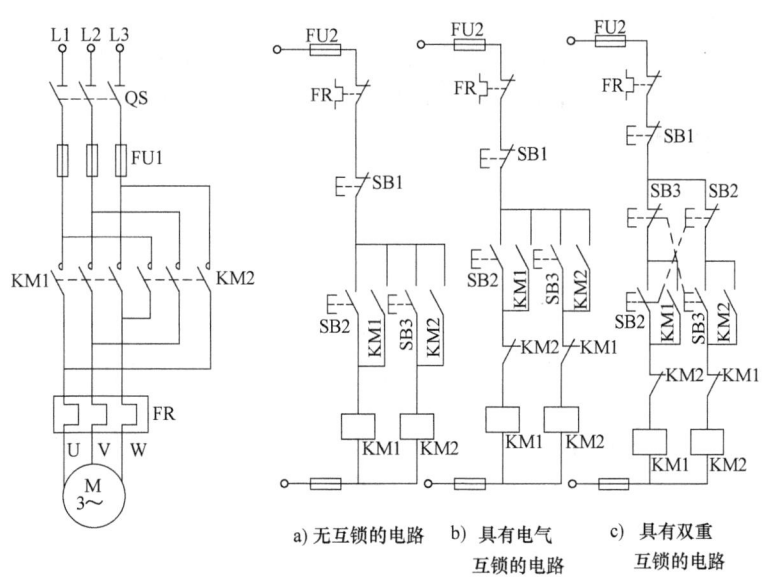

图 4-6 三相异步电动机正反转控制电路

下面对图 4-6a 给出的电路进行分析。

电动机正转起动工作过程：

合上电源开关 QS→按下 SB2→KM1 线圈得电→ { KM1 三对常开主触头闭合→电动机 M 正转起动
KM1 辅助常开触头闭合→KM1 线圈长期通电实现自锁 }

电动机反转起动工作过程：

合上电源开关 QS→按下 SB3→KM2 线圈得电→ $\begin{cases} \text{KM2 三对常开主触头闭合→电动机 M 反转起动} \\ \text{KM2 辅助常开触头闭合→KM2 线圈长期通电实现自锁} \end{cases}$

图 4-6a 所示控制电路由两个单向旋转控制电路组合而成。主电路由正、反转接触器 KM1、KM2 的主触头来实现电动机三相电源任意两相的换相，从而实现电动机正反转。由上述分析可知，若按下正转起动按钮 SB2，电动机已进入正转运行后，接着又误操作按下反转起动按钮 SB3 时，由于正、反转接触器 KM1、KM2 线圈均通电吸合，其主触头均闭合，于是发生电源两相短路，致使熔断器 FU1 熔体熔断，电动机无法工作。因此，该电路在任何时候只能允许一个接触器通电工作。为此，通常在控制电路中将 KM1、KM2 正、反转接触器常闭辅助触头串接在对方线圈电路中，形成相互制约的控制。

图 4-6b 是利用正、反转接触器常闭辅助触头作互锁的，这种互锁称为电气互锁。这种电路要实现电动机由正转到反转，或由反转变正转，都必须先按下停止按钮，然后才可进行反向起动，这种电路称为正-停-反电路。

图 4-6c 是在图 4-6b 基础上又增加了一对互锁，这对互锁是将正、反转起动按钮的常闭辅助触头串接在对方接触器线圈电路中，这种互锁称为按钮互锁，又称机械互锁。所以图 4-6c 是具有双重互锁的控制电路，该电路可以实现不按停止按钮，由正转直接变反转。这是因为按钮互锁触头可实现先断开正在运行的电路，再接通反向运转电路。这种电路称为正-反-停电路。

4.3.2 点动与连续运转的控制

生产机械的运转状态有连续运转与短时间断运转，所以对其拖动电动机的控制也有点动与连续运转两种控制电路，图 4-7 为电动机点动与连续运转控制电路，图左方为主电路图，右方为三种控制形式的控制电路图。

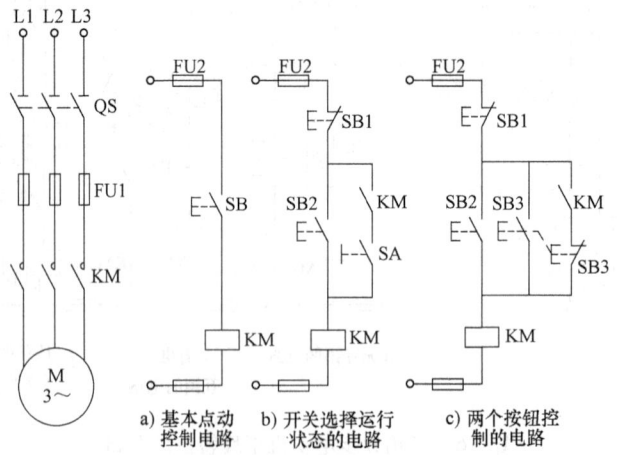

图 4-7 电动机点动与连续运转控制电路

图 4-7a 是最基本的点动控制电路。按下点动按钮 SB，KM 线圈通电，电动机起动旋转；松开 SB 按钮，KM 线圈断电释放，电动机停转。所以该电路为单纯的点动控制电路。

图 4-7b 是用开关 SA 断开或接通自锁电路，可实现点动也可实现连续运转的电路。合上开关 SA 时，可实现连续运转；断开 SA 时，可实现点动控制。其工作过程如下：

第四章 电气控制电路

合上开关 QS→按下 SB2→KM 线圈通电→{KM 三对主触头闭合→电动机运转 / KM 辅助常开触头闭合}

→{SA 触头未闭合→不能实现自锁→松开按钮 SB2→KM 线圈失电→KM 三对主触头断开→电动机停转 / 如 SA 闭合→实现自锁，KM 线圈长期接通→松开按钮 SB2→KM 线圈长期通电→电动机长期运转

图 4-7c 是用复合按钮 SB3 实现点动控制，用按钮 SB2 实现连续运转的电路。其工作过程如下：

合上开关 QS→{按下 SB2→KM 线圈通电→{KM 主触头闭合→电动机长期运转 / KM 辅助触头闭合→保持自锁} / 按下 SB3→KM 线圈通电→{KM 主触头闭合→电动机转动 / KM 辅助触头闭合→但 SB3 常闭断开→不能实现自锁} →当松开 SB3 时，KM 线圈失电→电动机停转（点动）}

4.3.3 多地联锁控制

在一些大型生产机械和设备上，要求操作人员在不同方位能进行操作与控制，即实现多地控制。多地控制是用多组起动按钮、停止按钮来进行的，这些按钮连接的原则是：起动按钮常开触头并联；停止按钮常闭触头串联。图 4-8 为多地控制电路图。

4.3.4 顺序控制

在生产实际中，有些设备往往要求其上的多台电动机按一定顺序实现其起动和停止，如磨床上的电动机就要求先起动液压泵电动机，再起动主轴电动机。顺序起、停控制电路有顺序起动、同时停止控制电路和顺序起动、顺序停止的控制电路。图 4-9 为两台电动机顺序控制电路图，图中左方为两台电动机顺序控制主电路，右方为两种不同控制要求的控制电路。

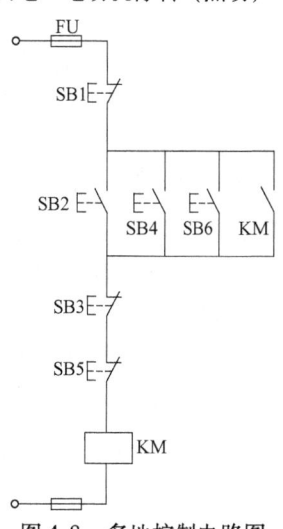

图 4-8 多地控制电路图

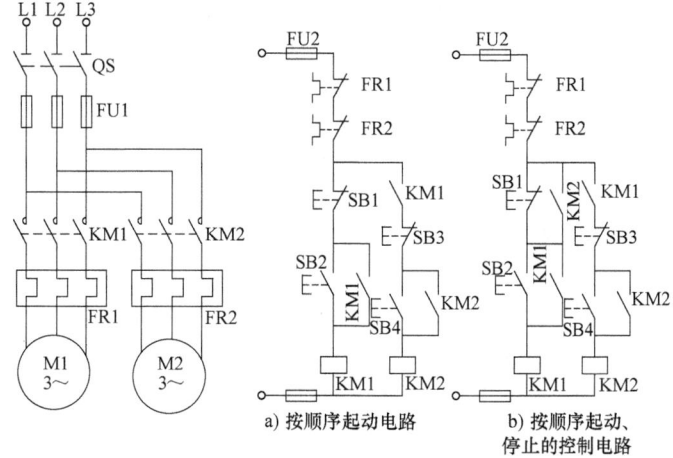

a) 按顺序起动电路 b) 按顺序起动、停止的控制电路

图 4-9 两台电动机顺序控制电路图

其中图 4-9a 为按顺序起动电路图，合上主电路与控制电路电源开关，按下起动按钮 SB2，KM1 线圈通电并自锁，电动机 M1 起动旋转，同时串在 KM2 控制电路中的 KM1 常开

辅助触头也闭合,此时再按下按钮 SB4,KM2 线圈通电并自锁,电动机 M2 起动旋转。如果先按下 SB4 按钮,因 KM1 常开辅助触头断开,电动机 M2 不可能先起动,达到按顺序起动 M1、M2 的目的。其工作过程如下:

合上 QS→按下 SB2→KM1 线圈得电→
$\begin{cases} \text{KM1 三对主触头闭合→电动机 M1 运转} \\ \text{KM1 辅助常开触头闭合} \begin{cases} \text{自锁→KM1 线圈长期通电→电动机 M1 运转} \\ \text{按下 SB4→KM2 线圈得电} \begin{cases} \text{KM2 三对主触头闭合→电动机 M2 运转} \\ \text{KM2 辅助触头闭合→KM2 线圈长期通电→电动机 M2 运转} \end{cases} \end{cases} \end{cases}$

当 M1、M2 电动机运转时→按下 SB1→KM1 线圈失电→$\begin{cases} \text{KM1 主触头断开→M1 电动机停转} \\ \text{KM1 辅助常开触头断开→KM2 线圈失电} \\ \text{→KM2 主触头断开→M2 电动机停转} \end{cases}$

另外,当 M1、M2 电动机运转时→按下 SB4→KM2 线圈失电→KM2 主触头断开→M2 电动机停转。

生产机械除要求按顺序起动外,有时还要求按一定顺序停止,如传送带运转机,前面的第一台运输机先起动,再起动后面的第二台;停车时应先停第二台,再停第一台,这样才不会造成物料在传送带上堆积和滞留。图 4-9b 为按顺序起动、停止的控制电路,将接触器 KM2 的常开辅助触头并接在停止按钮 SB1 的两端。这样,即使先按下 SB1,由于 KM2 线圈仍通电,电动机 M1 不会停转;只有按下 SB3,电动机 M2 先停后,再按下 SB1 才能使 M1 停转,达到先停 M2,后停 M1 的要求。其工作过程中,电动机起动过程与图 4-9a 的工作过程相同,在停止阶段的工作过程如下:

当 M1、M2 电动机运转时→
$\begin{cases} \text{按下 SB1→电流通过 KM2 触头保持 KM1 线圈通电→电动机 M1 继续旋转} \\ \text{按下 SB3→KM2 线圈失电→} \begin{cases} \text{KM2 主触头断开→M2 电动机停转} \\ \text{KM2 辅助常开触头复位断开→按下 SB1→KM1 线圈通电→电动机 M1 停转} \end{cases} \end{cases}$

在许多顺序控制中,要求有一定的时间间隔,此时往往用时间继电器来实现。图 4-10 为时间继电器控制的顺序起动电路。

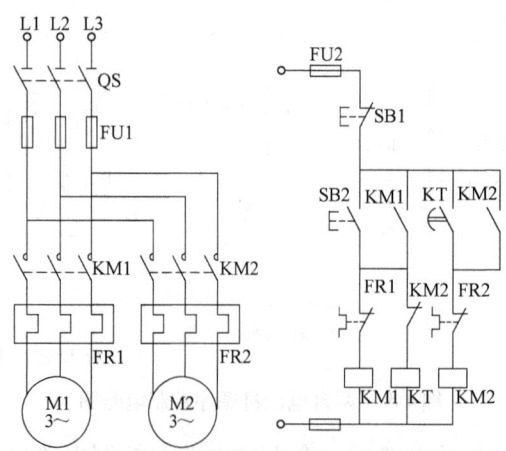

图 4-10 时间继电器控制的顺序起动电路

电流继电器常闭触头串接在接触器线圈电路中，使接触器线圈断电释放，接触器主触头断开，切断电动机电源。这种过电流保护环节常用于直流电动机和三相绕线转子异步电动机的控制电路中。若过电流继电器动作电流为 1.2 倍电动机起动电流，则过电流继电器亦可实现短路保护作用。

4.4.3 过载保护

过载保护是过电流保护中的一种。过载是指电动机的运行电流大于其额定电流，但在 1.5 倍额定电流以内。引起电动机过载的原因很多，如负载的突然增加，断相运行或电源电压降低等。若电动机长期过载运行，其绕组的温升将超过允许值而使绝缘老化、损坏。过载保护装置要求具有反时限特性，且不会受电动机短时过载冲击电流或短路电流的影响而瞬时动作，所以通常用热继电器作过载保护。当有 6 倍以上额定电流通过热继电器时，需经 5s 后才动作，这样在热继电器未动作前，可能使热继电器的发热元件先烧坏，所以在使用热继电器作过载保护时，还必须装有熔断器或自动开关的短路保护装置。由于过载保护特性与过电流保护不同，故不能用过电流保护方法来进行过载保护。

对于电动机进行断相保护，可选用带断相保护的热继电器来实现过载保护。

4.4.4 失电压保护

电动机应在一定的额定电压下才能正常工作，电压过高、过低或者工作过程中非人为因素的突然断电，都可能造成生产机械损坏或人身事故，因此在电气控制电路中，应根据要求设置失电压保护、过电压保护和欠电压保护。

电动机正常工作时，如果因为电源电压消失而停转，一旦电源电压恢复时，有可能自行起动，电动机的自行起动将造成人身事故或机械设备损坏。为防止电压恢复时电动机自行起动或电器元件自行投入工作而设置的保护，称为失电压保护。采用接触器和按钮控制的电动机起动、停止，就具有失电压保护作用。这是因为当电源电压消失时，接触器就会自动释放而切断电动机电源，当电源电压恢复时，由于接触器自锁触头已断开，不会自行起动。如果不是采用按钮而是用不能自动复位的手动开关、行程开关来控制接触器，必须采用专门的零电压继电器。工作过程中一旦失电，零压继电器释放，其自锁电路断开，电源电压恢复时，不会自行起动。

4.4.5 欠电压保护

电动机运转时，电源电压过分降低引起电磁转矩下降，在负载转矩不变的情况下，转速下降，电动机电流增大。此外，由于电压的降低引起控制电器释放，造成电路不能正常工作。因此，当电源电压降到 60%～80% 额定电压时，将电动机电源切断而停止工作，这种保护称为欠电压保护。

除上述采用接触器及按钮控制方式，利用接触器本身的欠电压保护作用外，还可采用欠电压继电器来进行欠电压保护，吸合电压通常整定为 $0.8 \sim 0.85 U_N$，释放电压通常整定为 $0.5 \sim 0.7 U_N$。其方法是将欠电压继电器线圈跨接在电源上，其常开触头串接在接触器线圈电路中，当电源电压低于释放值时，欠电压继电器动作使接触器释放，接触器主触头断开电动机电源，实现欠电压保护。

4.4.6 过电压保护

电磁铁、电磁吸盘等大电感负载及直流电磁机构、直流继电器等，在通断时会产生较高的感应电动势，将使电磁线圈绝缘击穿而损坏。因此，必须采用过电压保护措施。通常过电压保护是在线圈两端并联一个电阻，电阻串联电容或二极管，以形成一个放电回路，实现过电压保护。

4.4.7 直流电动机的弱磁保护

直流电动机磁场的过度减少会引起电动机超速，需设置弱磁保护，这种保护是通过在电动机励磁线圈回路中串入欠电流继电器来实现的。在电动机运行时，若励磁电流过小，欠电流继电器释放，其触头断开电动机电枢回路中的接触器线圈电路，接触器线圈断电释放，接触器主触头断开电源。

4.4.8 其他保护

除上述保护外，还有超速保护、行程保护、油压（水压）保护等，这些都是在控制电路中串接一个受这些参量控制的常开触头或常闭触头来实现对控制电路的电源控制的。常用装置有离心开关、测速发电机、行程开关、压力继电器等。

4.5 电动机常用控制电路

10kW 及其以下容量的三相异步电动机，通常采用全压起动，即起动时电动机的定子绕组直接接在额定电压的交流电源上，图 4-12、图 4-13 等电路皆为全压起动电路。

4.5.1 直接起动控制电路

1）对小型台钻、冷却泵、砂轮机等可以用开关直接起动，如图 4-12 所示。

2）对中小型普通车床、摇臂钻床、牛头刨床等的主电动机，可采用接触器直接起动，如图 4-13 所示。

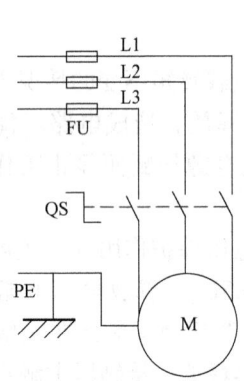

图 4-12 用开关直接起动电动机的电路

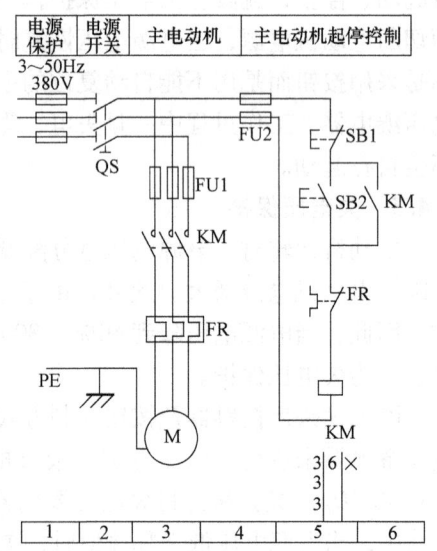

图 4-13 用接触器直接起动电路

图中 SB1 为停止按钮，SB2 为起动按钮，热继电器 FR 作过载保护，熔断器 FU1、FU2 作短路保护。

4.5.2 减压起动控制电路

当电动机容量超过 10kW 时，因起动电流较大，一般采用减压起动。所谓减压起动，是指起动时降低加在电动机定子绕组上的电压，待电动机起动后再将电压恢复到额定值，使之运行在额定电压下。减压起动可以降低起动电流，减小线路电压降，也就减小了起动时对线路的影响。但电动机的电磁转矩与定子端电压二次方成正比，电动机的起动转矩相应减小，故减压起动适用于空载或轻载下起动。减压起动方式有星形—三角形减压起动、定子串电阻减压起动、自耦变压器减压起动、延边三角形减压起动等。

（1）定子串电阻减压起动控制电路　星形—三角形起动只适用于正常运转时为三角形接法的电动机，故对于运转时星形接法的电动机常采用定子绕组串电阻减压起动的方式。图 4-14 是按时间原则控制的定子串电阻的减压起动电路图。

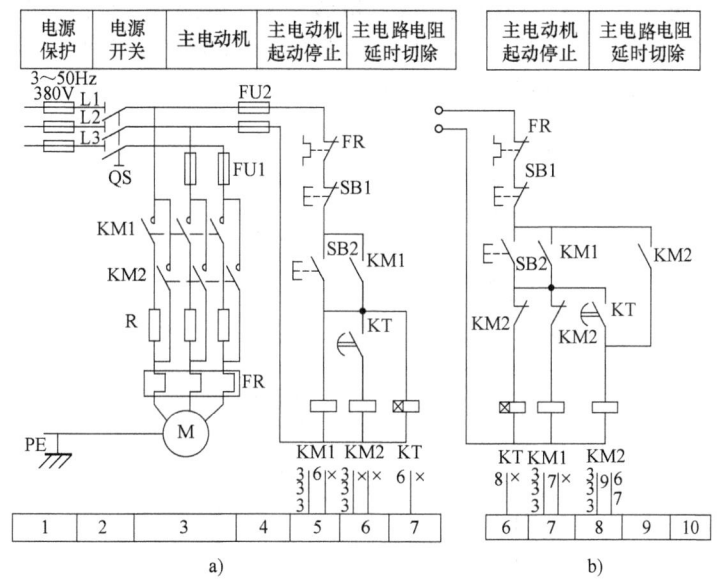

图 4-14　定子串电阻减压起动电路

由图 4-14 主电路可知，KM1 闭合时电动机 M 串联减压电阻 R 起动。当 KM2 闭合时，则把电阻短接，投入全压运转。

当按下 SB2 后，接触器 KM1 得电并自锁。同时时间继电器 KT 也得电，经延时后 KT 常开触头闭合，使 KM2 得电，串联于定子绕组中的电阻自动切除，电动机进入全压运转。

从控制电路看，图 4-14a、b 两图的不同之处在于图 4-14a 中 KM2 得电，电动机正常全压运转后，KT 及 KM1 线圈仍然有电，这是不必要的。而图 4-14b 的控制电路利用 KM2 的常闭触头切断了 KT 及 KM1 线圈电路，克服了上述缺点。图 4-14a 工作过程如下：

按下 SB2→ { KM1 线圈得电→ { KM1 主触头闭合→电动机定子串电阻减压起动
　　　　　　　　　　　　　　 KM1 辅助常开触头闭合→自锁
　　　　　　KT 线圈得电 ——延时一定时间——→ KT 触头闭合→KM2 线圈得电→KM2 主触头闭合
　　　　　　→主电路直接接通定子绕组→电阻切除 →电动机全压工作

图 4-14b 工作过程如下：

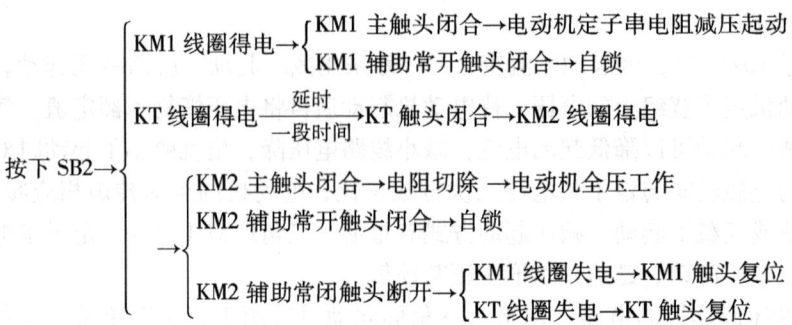

(2) 星形—三角形减压起动控制　对于正常运行时定子绕组接成三角形的三相笼型异步电动机,均可采用星形—三角形减压起动。起动时,定子绕组先接成星形,待电动机转速上升到接近额定转速时,将定子绕组换接成三角形,电动机便进入全压下的正常运转。

图 4-15 为 QX4 系列自动星形—三角形起动器电路,适用于 125kW 及以下的三相笼型异步电动机作星形—三角形减压起动和停止的控制。

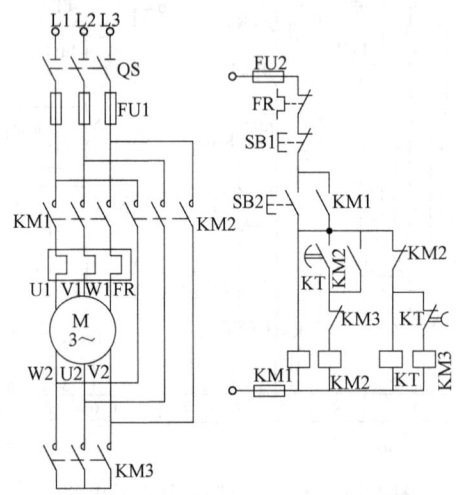

图 4-15　QX4 系列自动星形—三角形起动器电路

电路工作过程如下:

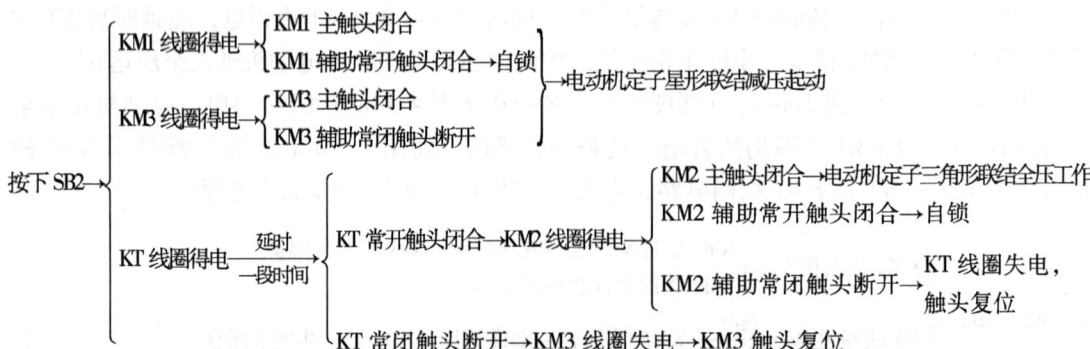

(3) 自耦变压器减压起动控制　电动机自耦变压器减压起动是将自耦变压器一次侧接在电网上,起动时定子绕组接在自耦变压器二次侧上。这样,起动时电动机获得的电压为自

耦变压器的二次电压。待电动机转速接近电动机额定转速时,再将电动机定子绕组接在电网上即电动机以额定电压进入正常运转。这种减压起动适用于较大容量电动机的空载或轻载起动,起动转矩可以通过改变不同轴头来获得。

图 4-16 为 XJ01 系列自耦减压起动电路图。图中 KM1 为减压起动接触器,KM2 为全压运行接触器,KA 为中间继电器,KT 为减压起动时间继电器,HL1 为电源指示灯,HL2 为减压起动指示灯,HL3 为正常运行指示灯。

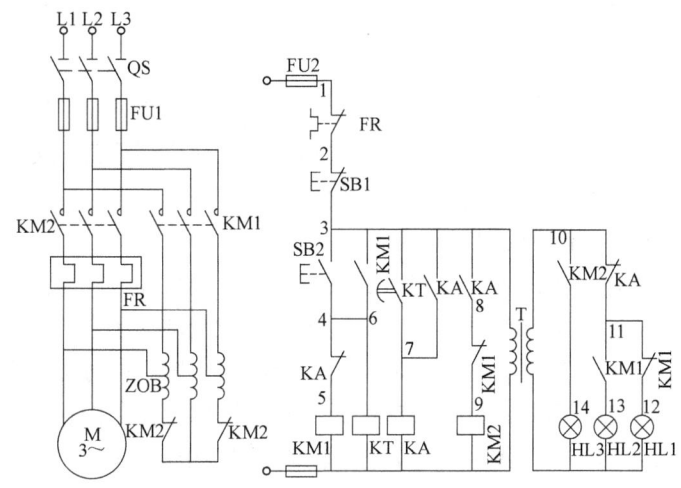

图 4-16 XJ01 系列自耦减压起动电路图

合上主电路与控制电路电源开关,HL1 灯亮,表明电源电压正常。电路工作原理如下:

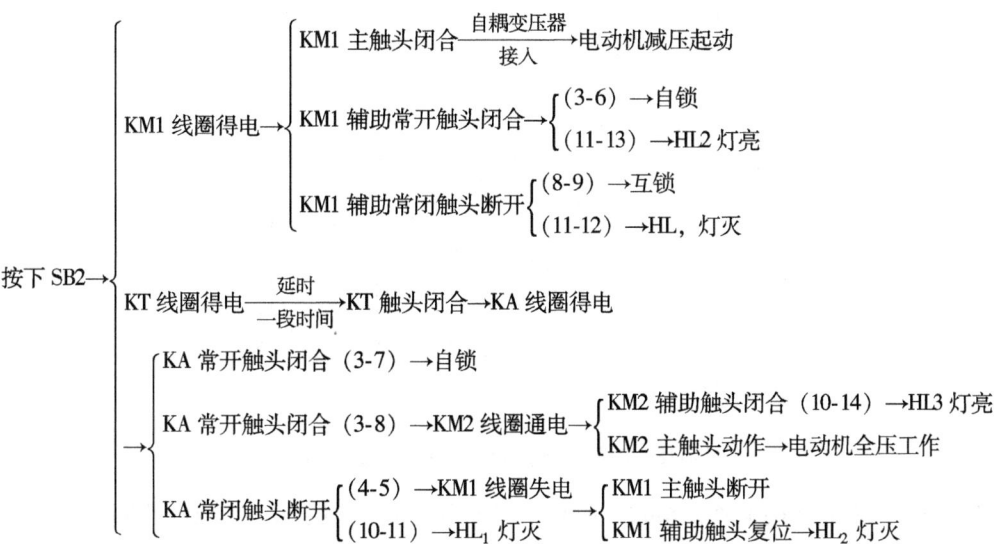

(4) 延边三角形减压起动控制 采用星形—三角形减压起动时,可以在不增加专用起动设备的条件下实现减压起动,但起动转矩只有额定电压下起动转矩的 1/3,仅适用于空载或轻载下起动。而延边三角形减压起动是既不增加起动设备,又能适当提高起动转矩的一种减压起动方法,它适用于定子绕组抽头联结方式。

电动机定子绕组按延边三角形接线时,每相绕组承受的电压比三角形接法时低,又比星形接法时高,介于二者之间。这样既可实现减压起动,又可提高起动转矩。图4-17所示为延边三角形电动机定子绕组接线。

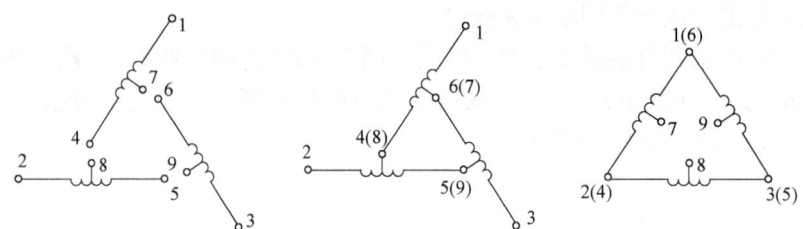

图 4-17 延边三角形电动机定子绕组接线

延边三角形减压起动要求电动机有 9 个出线端,使电动机制造工艺复杂,同时控制系统的安装和接线也增加了麻烦,因此尚未被广泛使用。

4.5.3 三相绕线转子异步电动机的起动控制

三相绕线转子异步电动机的转子绕组可通过铜环经电刷与外电路电阻相接,以减小起动电流,提高转子电路功率因数和起动转矩,故适用于重载起动的场合。

三相绕线转子异步电动机按绕线转子起动过程中串接装置不同分为串电阻起动和串频敏变阻器起动电路。转子串电阻起动又有按时间原则和电流原则控制两种。下面仅分析按时间原则控制转子串电阻起动电路,图 4-18 为时间原则控制转子串电阻起动电路。

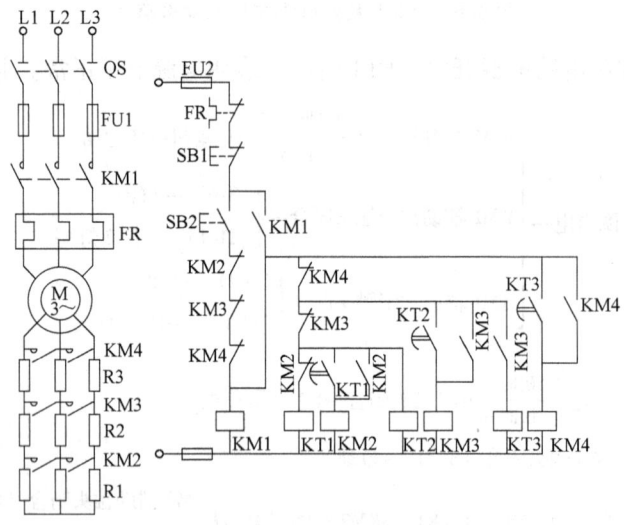

图 4-18 时间原则控制转子串电阻起动电路

图中 KM1 为电路接触器,KM2、KM3、KM4 为短接电阻起动接触器,KT1、KT2、KT3 为短接转子电阻时间继电器。值得注意的是,电路确保在转子全部电阻串入的情况下起动,且当电动机进入正常运行时,只有 KM1、KM4 两个接触器处于长期通电状态,而 KT1、KT2、KT3 与 KM2、KM3 线圈通电时间均压缩到最低限度,一方面节省电能,延长电器使用寿命,更为重要的是减少电路故障,保证电路安全可靠地工作。由于电路为逐级短接电阻,电动机电流与转矩突然增大,产生机械冲击。电路工作过程如下:

第四章 电气控制电路

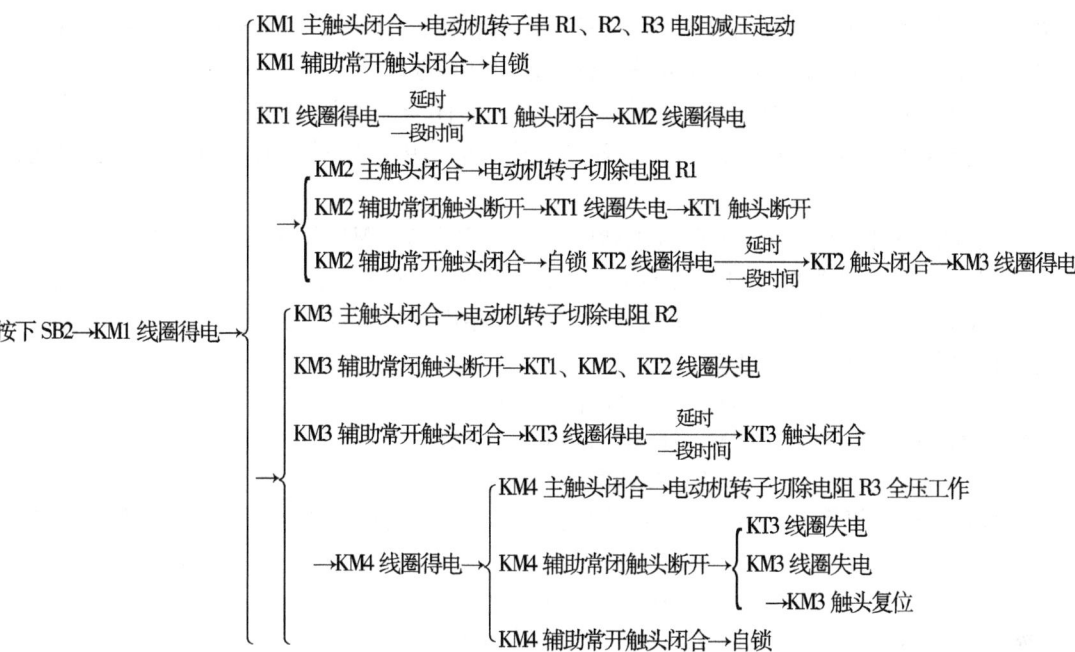

4.5.4 异步电动机正反转控制电路

机床工作台的前进与后退、主轴的正反转、起重机吊钩的升与降等,可以由多种方法来实现,而利用电动机的正、反转方式最为常见。由三相异步电动机的工作原理可知,只要将接至电动机的三相电源线中任意两相对调,即可使电动机反转。由于所采用的主令电器不同,控制方式可分为按钮控制和行程开关控制两大类。

(1) 异步电动机正反转的按钮控制 图4-19为电动机正反转按钮控制的典型电路,从

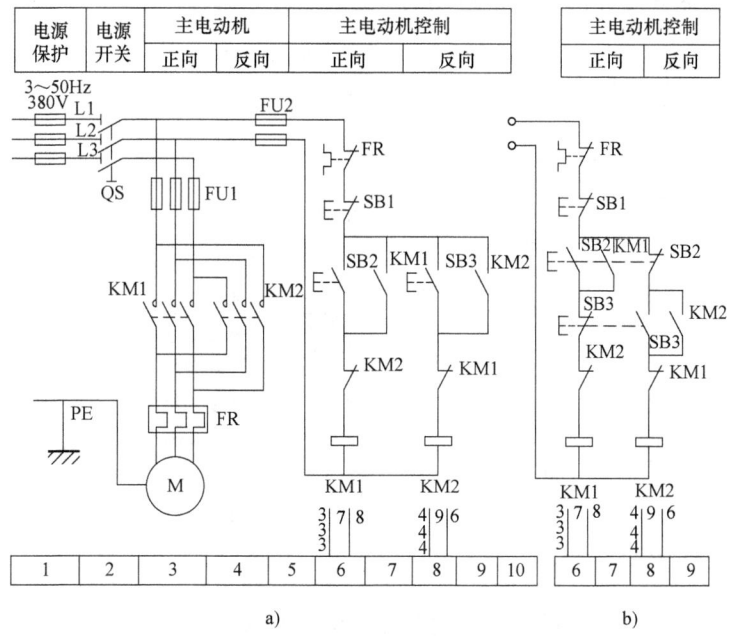

图4-19 异步电动机正反转控制电路

主电路看，两个接触器 KM1 与 KM2 触头接法不同，因此当 KM2 触头闭合时，引入电动机的电源线左、右两相互换，改变了相序，使电动机转向改变。

从图中也可看出，KM1 和 KM2 触头不允许同时闭合，否则会引起电源两相短路。为防止接触器 KM1 与 KM2 同时接通，在各自的控制电路中串接对方的常闭触头，构成互锁关系。

从控制电路图 4-19a 看，电动机正转时，按下 SB2 使 KM1 得电并自锁，此时按下 SB3 也不能使接触器 KM2 得电。电动机要反转时，必须先按下停止按钮 SB1，使 KM1 失电，其常闭触头闭合，然后再按下 SB3，KM2 才能得电，使电动机反转，因此亦可称这种电路为停车反转控制电路。电路工作过程如下：

按下 SB2→KM1 线圈得电→$\begin{cases} \text{KM1 主触头闭合→电动机正转} \\ \text{KM1 辅助常开触头闭合→自锁} \\ \text{KM1 辅助常闭触头断开→互锁} \end{cases}$

如果需要电动机反转，需先按下停止按钮 SB1，使电动机停转。然后再按下面的工作过程进行：

按下 SB3→KM2 线圈得电→$\begin{cases} \text{KM2 主触头闭合→电动机正转} \\ \text{KM2 辅助常开触头闭合→自锁} \\ \text{KM2 辅助常闭触头断开→互锁} \end{cases}$

图 4-19b 是利用复合按钮的常闭触头分别串接于对方接触器控制电路中，不必使用停止按钮过渡而直接控制正反转，这种电路也称为直接正反转控制电路。但要注意这种直接正反转控制仅用于小容量电动机且拖动的机械装置转动惯量又较小的场合。

（2）电动机正反转的行程开关控制　图 4-20 为行程开关控制的正反转电路，它与按钮控制直接正反转电路相似，只是增加了行程开关的复合触头 SQ1 及 SQ2。它们适用于龙门刨、铣床、导轨磨床等工作部件往复运动的场合。

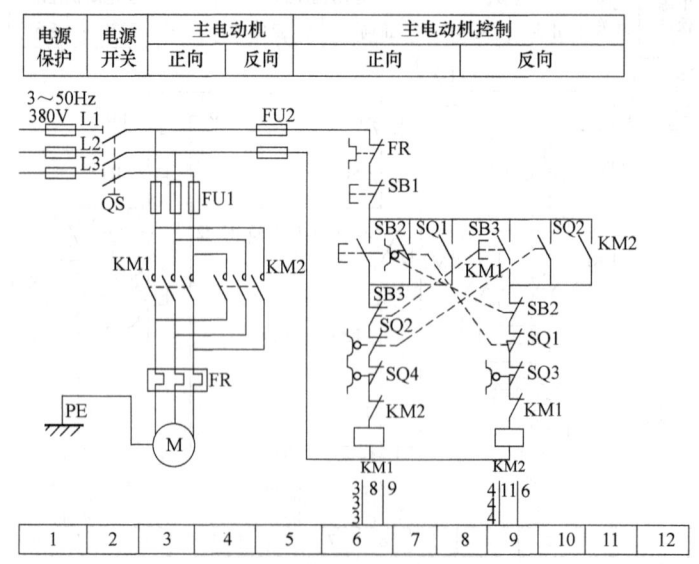

图 4-20　行程开关控制的正反转电路

这种利用运动部件的行程来实现的控制称为按行程原则的自动控制。

图中行程开关 SQ3、SQ4 是用作极限位置保护的。当 KM1 得电时,电动机正转;当运动部件压下行程开关 SQ2 时,应该使 KM1 失电,而接通 KM2,使电动机反转。但若 SQ2 失灵,运动部件继续前行会引起严重事故。若在行程极限位置设置 SQ4(SQ3 装在另一极限位置),则当运动部件压下 SQ4 后,KM1 失电而使电动机停止,这种限位保护的行程开关在行程控制电路中必须设置。

4.5.5 异步电动机的制动电路

异步电动机从切除电源到停转有一个过程,需要一段时间。对于要求停车时精确定位或尽可能减少辅助时间的机械设备,必须采取制动措施。机械设备上制动停车的方式有两大类——机械制动和电气制动。机械制动是利用机械或液压制动装置制动;电气制动是由电动机产生一个与原来旋转方向相反的转矩来实现制动。在机械设备中常用的电气制动方式有能耗制动和反接制动。

(1) 能耗制动控制电路 异步电动机刚切除三相电源后,立即在定子绕组中接入直流电源,转子切割恒定磁场产生感应电流,与恒定磁场的作用产生制动转矩,使电动机高速旋转的动能消耗在转子电路中,这种制动方式称为能耗制动。当转速降为零时,切除直流电源,制动过程完毕。

图 4-21a、b 分别是用复合按钮手动控制的及由时间继电器按时间原则自动控制的能耗制动电路。

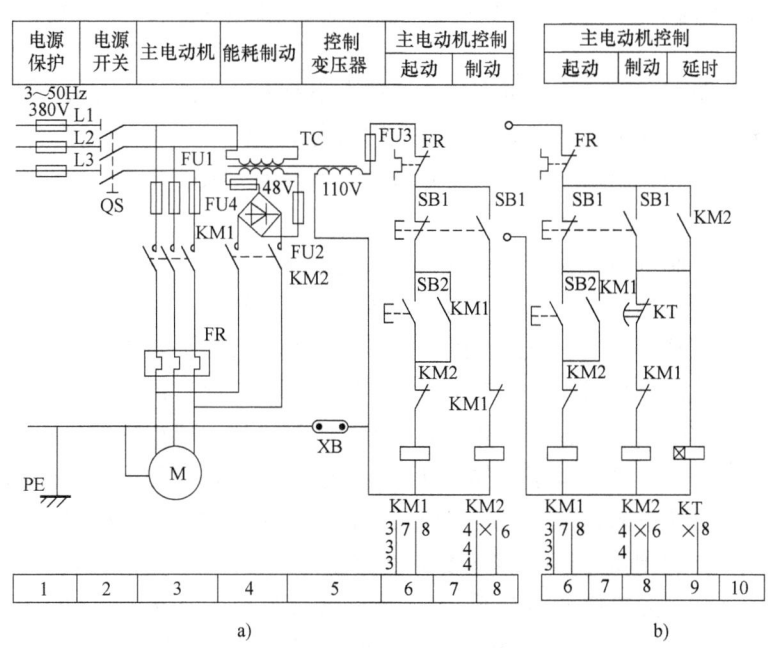

图 4-21 能耗制动控制电路

在图 4-21a 中,电动机正常运转时,按下停止按钮 SB1,KM1 失电的同时,接通 KM2,其常开触头闭合,把整流电路与定子绕组接通,进行能耗制动。当转速降为零时,松开 SB1 按钮,KM2 失电而切断直流电源,能耗制动过程结束。用复合按钮控制能耗制动的工作过

程如下:

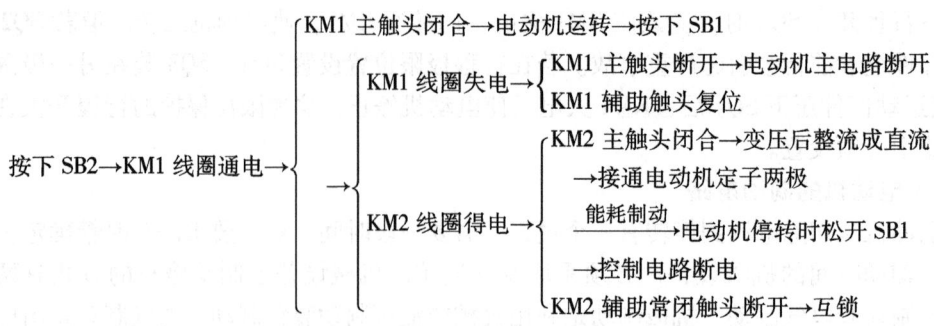

图 4-21b 是采用时间继电器 KT 按时间原则自动控制能耗制动过程的电路,它仍用接触器 KM2 接通直流电源进行能耗制动,由时间继电器 KT 的常闭触头来控制能耗制动过程的时间,常闭触头断开时切断 KM2 电源,制动过程结束,同时 KT 也失电。用时间继电器控制能耗制动的动作过程如下:

按下 SB1→ { KM1 线圈失电→ { KM1 主触头断开→电动机主电路断开 / KM1 辅助触头复位
KM2 线圈得电→ { KM2 主触头闭合→电动机定子两极接通直流→能耗制动→电动机停转 / KM2 辅助常闭触头断开→互锁
KT 线圈通电 —延时一段时间→ KM2 线圈失电→ { KM2 主触头断开→电动机主电路断电 / KM2 辅助触头复位→KT 失电→KT 触头断开 / →控制电路断电 }

制动作用的强弱与通入定子绕组直流电流的大小及电动机的转速有关,转速高、电流大则制动作用强,一般通入定子绕组的直流电流约为空载电流的 3~4 倍较为合适。

能耗制动比较缓和,制动产生的机构冲击对机械设备无大的危害,能取得较好的制动效果,因此在机械设备上应用较多。

(2) 反接制动控制电路 反接制动是利用改变异步电动机定子绕组上三相电源的相序,使定子产生反相旋转磁场,作用于转子而产生强力制动转矩。

由于直接反接制动时,转子与旋转磁场的相对转速接近同步转速的两倍,所以定子绕组中流过的反接制动电流也相当于全压起动时电流的两倍。因此直接反接制动的特点之一是制动迅速而冲击大,它仅用于小容量电动机上。为了限制电流和减小机械冲击,通常在反接制动时在定子电路中串接适当的电阻,如图 4-22 中的 R。另外,反接制动特点之二是电动机在制动转矩作用下转速下降到接近零时,应及时切除电源以防止电动机的反向再起动。

图 4-22 为采用速度继电器 BV 按速度原则控制的反接制动电路。从主电路看,KM1 得电时电动机正常运转,此时速度继电器 BV 的常开触头闭合,为反接制动做好准备。停车时 KM1 失电后 KM2 立即合上,使电动机定子绕组经电阻 R 后与反相序的电源接通,进行反接制动。

电动机与速度继电器转子是同轴连接的,当电动机转速达到 120r/min 以上时,速度继电器常开触头 BV 闭合;而当电动机转速小于 100r/min 时,速度继电器常开触头 BV 断开。利用这一特性可使电动机反接制动转速接近零时切断电源,防止反向再起动。反接制动过程的结束由电动机转速来控制,这种由速度达到一定值而发出转换信号的控制称为按速度原则

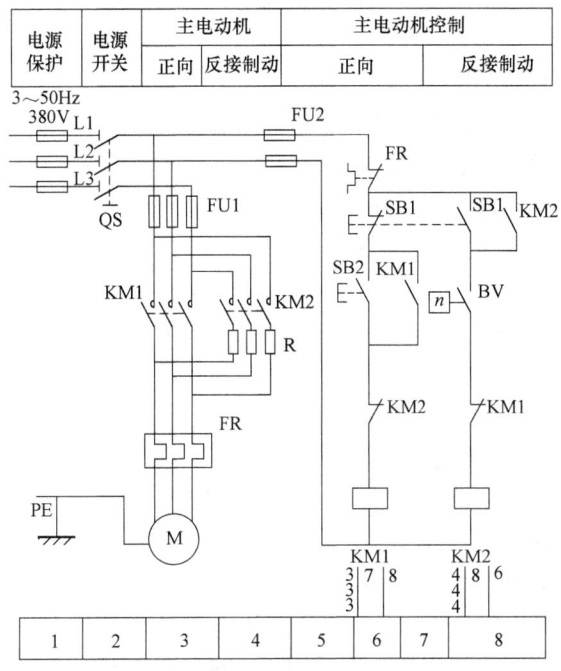

图 4-22 反接制动控制电路

的自动控制。反接制动控制电路的工作过程如下：

按下 SB2→KM1 线圈得电→KM1 主触头闭合→电动机正转→速度 >120r/min 时，BV 常开触头闭合 $\xrightarrow{\text{需停机时}}$ 按下 SB1→

→KM1 线圈失电 $\begin{cases} \text{KM1 主触头断开} \\ \text{KM1 辅助触头复位→KM2 线圈得电→} \end{cases}$

→KM2 主触头闭合→电动机定子串电阻反接制动 $\xrightarrow{\text{当转速低于}}_{100\text{r/min 时}}$ BV 触头断开→

→KM2 线圈失电 $\begin{cases} \text{KM2 主触头断开→电动机停转} \\ \text{KM2 辅助触头复位} \end{cases}$

反接制动的制动电流大，制动转矩大，制动迅速，但在制动过程中对传动机构冲击较大。另外，在速度继电器动作不可靠时，还会引起反向再起动。因此这种反接制动方式常用于不频繁起动，及制动时对停车位置无准确要求而传动机构能承受较大冲击的设备中，如用于铣床、镗床、中型车床等的制动。

（3）电磁抱闸制动 在制动时，将制动电磁铁的线圈接通，通过机械抱闸制动电动机。有时还可将电磁抱闸制动与能耗制动同时使用，以弥补能耗制动转矩较小的缺点，加强制动效果。

4.5.6　双速异步电动机的调速控制

电动机转速公式：

$$n = (1-S)n_0 = (1-S)\frac{60f}{p}$$

当电源频率 f 一定时，若改变电动机定子绕组的磁极对数 p，就可使电动机转速改变。常见的双速电动机绕组接线方式有 △/YY 及 Y/YY 两种。

采用双速电动机可改善机械设备的调速性能，简化变速机构，因此在车床、铣床、镗床中都有应用。

（1）△/丫丫接法 图4-23a为双速电动机△/丫丫接法电路图。当绕组的1、2、3号出线端接电源，而使4、5、6号出线端悬空时，电动机绕组接成三角形（四极）作低速运转。如果把1、2、3号端子短接，4、5、6号端子接电源时，电动机绕组接成双星形（两极）作高速运转。

电动机从△接法的低速运转变成丫丫接法的高速运转时，转速升高一倍，而功率只增加15%，所以这种调速方法可近似地看成恒功率调速。它很适合一般金属切削机床对调速的要求。

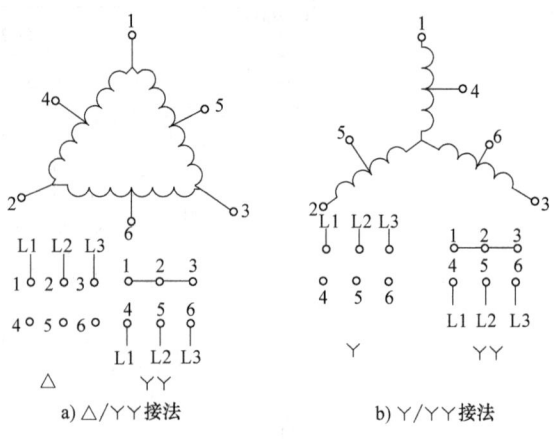

图4-23 双速电动机三相绕组接法

（2）丫/丫丫接法 图4-23b为丫/丫丫接法，当电动机转速增加一倍（丫丫接法）时，输出功率也增加一倍，属于恒转矩调速。它适用于电梯、起重机、传送带运输机等要求恒转矩调速的场合。

图4-24为机床上常用的双速电动机△/丫丫调速控制电路图。

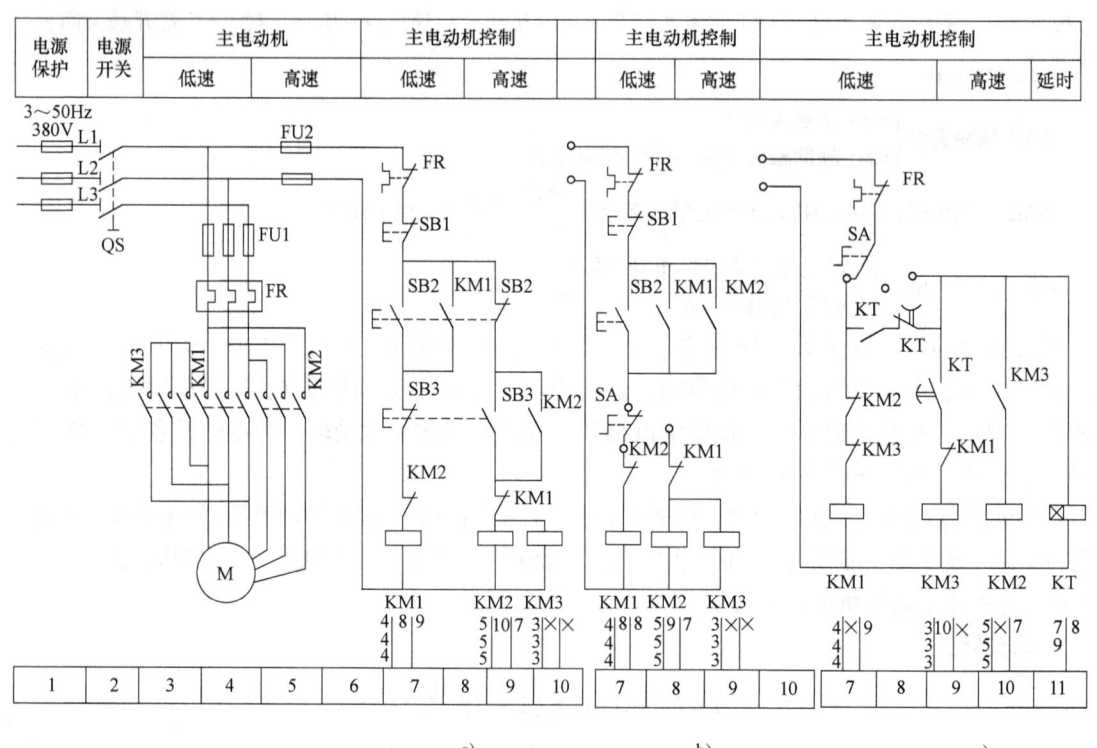

图4-24 双速电动机高低速控制电路

主电路中：

当 KM1 线圈得电→KM 三对主触头闭合→电动机实现△联结→电动机低速运转

当 KM2、KM3 线圈得电→$\begin{cases}\text{KM2 三对主触头闭合}\\\text{KM3 三对主触头闭合}\end{cases}$→电动机实现丫丫联结→电动机高速运转

图 4-24a 是用两个按钮 SB2 及 SB3 分别控制 KM1 及 KM2、KM3，实现低速与高速转换的控制电路，其工作原理如下：

按下 SB2→KM1 线圈得电→$\begin{cases}\text{KM1 辅助常开触头闭合→自锁}\\\text{KM1 辅助常闭触头断开→互锁}\\\text{KM1 三对主触头闭合→电动机△联结（低速运转）→按下 SB3→}\end{cases}$

→$\begin{cases}\text{KM1 线圈失电}\begin{cases}\text{KM1 主触头断开}\\\text{KM1 辅助触头复位→}\end{cases}\\\begin{matrix}\text{KM2}\\\text{KM3}\end{matrix}\text{线圈得电}\begin{cases}\text{KM2、KM3 的三对主触头闭合→电动机丫丫联结（高速运转）}\\\text{KM2 辅助常闭触头断开→互锁}\\\text{KM2 辅助常开触头闭合→自锁}\end{cases}\end{cases}$

图 4-24b 是用转换开关 SA 来选择低、高速方式后，由按钮 SB2 发令起动电动机的控制电路，其工作过程如下：

$\xrightarrow{\text{SA 扳到左边时}}$按下 SB2→KM1 线圈得电→$\begin{cases}\text{KM1 三对主触头闭合→电动机△联结（低速运转）}\\\text{KM1 辅助常开触头闭合→自锁}\\\text{KM1 辅助常闭触头断开→互锁}\end{cases}$

$\xrightarrow{\text{SA 扳到右边时}}$按下 SB2→$\begin{matrix}\text{KM2}\\\text{KM3}\end{matrix}$线圈得电→$\begin{cases}\text{KM2、KM3 的三对主触头闭合→电动机丫丫联结（高速运转）}\\\text{KM2 辅助常开触头闭合→自锁}\\\text{KM2 辅助常闭触头断开→互锁}\end{cases}$

图 4-24c 是用开关 SA 转换高、低速的控制电路。采用时间继电器 KT，在选择高速时按时间原则自动控制电动机低速起动，经延时后转换到高速运行。其工作过程如下：

$\xrightarrow{\text{SA 扳到左边时}}$KM1 线圈得电→$\begin{cases}\text{KM1 三对主触头闭合→电动机△联结（低速运转）}\\\text{KM1 辅助常开触头闭合→自锁}\\\text{KM1 辅助常闭触头断开→互锁}\end{cases}$

$\xrightarrow{\text{SA 扳到右边时}}$KT 线圈得电→KT 瞬动触头闭合→KM1 线圈得电→

→$\begin{cases}\text{KM1 辅助常开触头闭合→自锁}\\\text{KM1 辅助常闭触头断开→互锁}\\\text{KM1 三对主触头闭合→电动机△联结（低速运转）→}\end{cases}$

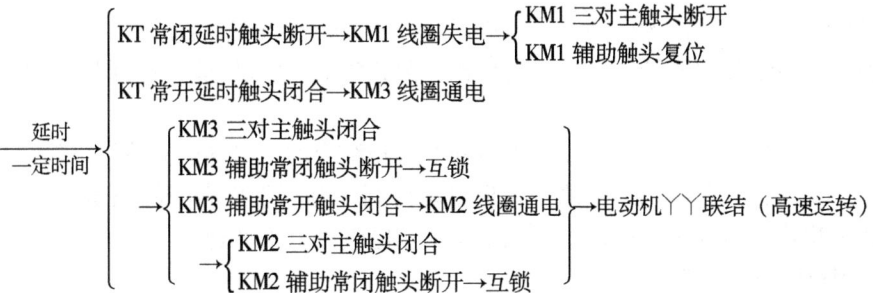

上述三个控制电路中，低速与高速之间都用接触器常闭触头互锁，以防短路故障。

对于功率较小的双速电动机，可采用图 4-24a 和 b 的控制方式，对于容量较大的双速电动机，可采用图 4-24c 的控制方式。

第五章 电动机无级调速系统

5.1 概述

5.1.1 调速的概念和生产机械对调速的要求

调速是以改变电动机或电源参数的方法来强迫电动机发生转速变化，或强迫电动机转速保持不变。因此，调速包含两个方面的含义：一是能在一定范围内"变速"，如图 5-1 所示，电动机负载不变时，转速由 n_a 变到 n_c 或 n_e，就是"变速"调速；调速的另一个含义是"恒速"，即当负载变化时，要求工作速度不受负载的影响而始终保持恒定。如生产机械的负载加大时，电动机的转速要降低，为维持速度恒定，就得调整电动机的转速，使其回升，并等于或接近原来的转速。如图 5-1 所示，电动机转速由 n_a 变到 n_f，就属于"恒速"调速。

应该明确的是，在机械特性不变时，由于负载的变化而引起电动机的转速波动与电动机的调速是两个不同的概念。在图 5-1 中，电动机转速由 n_a 变到 n_b 或由 n_c 变到 n_d 是由负载的变化引起的在同样机械特性时的转速波动，都不是调速。

工作机械和电动机有各自的调速特性，为了实现宽范围调速并充分利用设备，应使两者有类似的调速性能。例如，车床在粗加工时切削量大，转速要低；精加工时切削量小，转速高可提高生产率和

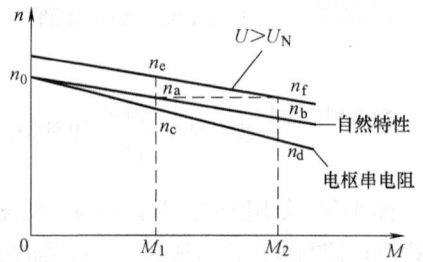

图 5-1 电动机调速的概念

表面粗糙度。轧钢机轧制金属的每一种截面都各有其最有利的速度，低了影响生产率，太高又由于金属来不及被充分轧制而使产品质量变坏。对可逆轧机，在轧制过程中当被轧金属进入轧辊时速度要低，以便轧辊在低速下咬入；而咬入后应提高速度以提高生产率；在轧件甩出轧辊时，又需降低速度，防止轧件抛出太远。而对造纸机械，往往要求高的恒速精度，如果速度不稳定，将会使纸张厚薄不均匀甚至断裂。

对生产机械而言，有些部件的运动要求转矩恒定，不随转速改变，有的部件的运动则要求传给的功率恒定，驱动负载的转矩与转速成反比，两者对应于驱动电动机的调速要求就是恒转矩调速和恒功率调速。

速度调节的方法有机械的、电气的以及机械和电气相结合的。电气的方法可以简化机械结构，操作简单，易于达到无级调速，便于实现自动控制，有利于提高产品质量和生产率。因此，在现代化大型或复杂的生产机械中，几乎均采用电气的方法调速。

5.1.2 电动机无级调速的类型

从电动机调速特性这个角度看，可分为恒功率调速和恒转矩调速两种情况，以适应生产机械不同负载特性的要求。从电工学得知，电动机的转矩 T、转速 n、功率 P 的关系通式为

$$P = K_m \times T \times n \tag{5-1}$$

式中 K_m——与电动机结构及特性有关的常数。

(1) 恒功率调速 在调速过程中,电动机输出额定功率恒定不变,而输出转矩 T 与转速 n 成反比变化,其变速特性曲线如图 5-2 所示。这种变速特性适用于工作在计算转速以上的机床主运动及龙门刨床工作台的运动等恒功率类机械负载。当调到低速时,电动机转矩不得高于额定值。在直流调速系统中,该种调速特性是由变励磁的方法获得的。

(2) 恒转矩调速 在调速过程中,电动机输出额定转矩 T 恒定不变,而输出功率 P 与转速 n 成线性变化,其变速特性曲线如图 5-3 所示。大部分机床的进给运动及工作在计算转速以下的主运动,均属于恒转矩类负载。这类运动主要是克服摩擦力,而摩擦力的大小与速度关系不大,故转矩基本保持恒定。在调到高速时,电动机输出功率不得超过额定值。这种变速特性的获得,在直流系统中是由调压调速实现的。

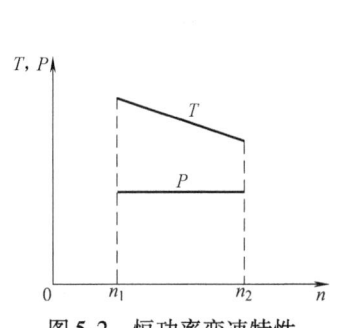

图 5-2 恒功率变速特性

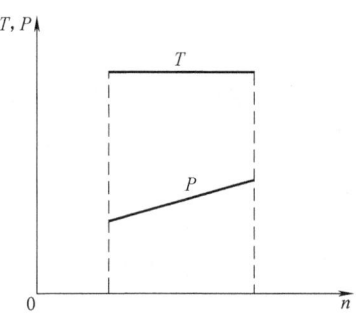

图 5-3 恒转矩变速特性

5.1.3 调速的性能指标

调速系统的优劣,可由技术和经济性能两个方面的指标来衡量。主要包括:调速范围、调速的平滑性、静差度和经济性等。

(1) 调速范围 调速范围是指在额定负载 T_N 下,电动机能提供的最高转速 n_{max} 和最低转速 n_{min} 之比,即

$$D = \left(\frac{n_{max}}{n_{min}}\right)_{T_N} \tag{5-2}$$

(2) 调速的平滑性 调速的平滑性又称公比。通常用在一定的转矩下(一般为额定转矩)下,某一个转速 n_i 与能够调到的最邻近的转速 n_{i+1} 或 n_{i-1} 之比来评价,以字母 Φ 表示。即

$$\Phi = \frac{n_i}{n_{i-1}} \tag{5-3}$$

显然,Φ 值越接近 1,调速的平滑性越好。在一定的调速范围下,调速的级数越多,则平滑性越好。无级调速系统的平滑性 $\Phi = 1$,可以实现连续调速。

(3) 静差度 静差度 S 的含义是电动机运行于某一机械特性曲线上,机械负载由理想空载变到额定负载所产生的转速降落 Δn_N 与理想空载转速 n_0 之比,即

$$S = \frac{\Delta n_N}{n_0} \times 100\% \tag{5-4}$$

式中 Δn_N——额定负载下的实际转速。

静差度即速度的稳定度，是衡量转速随负载变动程度的静态指标。静差度 S 常用百分数表示，故又称静差率。显然，电动机的特性越硬，控制系统的静特性越硬，由负载变动而引起的转速降落越小，静差度 S 越小，稳速精度越高。这说明了静差度实质反映的是电动机的稳速能力、抗负载干扰能力。

应该注意到：静差度和电动机的机械特性硬度又有区别。由图 5-4 可见，机械特性曲线①和机械特性曲线②相互平等，斜率相等，硬度相同。额定负载下转速降落相等，$\Delta n_{ed1} = \Delta n_{ed2}$。但由于理想空载转速不同（$n_{01} > n_{02}$），却使得静差度不同（$S_1 < S_2$）。同样硬度的特性，理想空载转速越低，静差度越大，转速的相对稳定性越差。因此，一般情况下所说的静差度 S 主要是指最低转速下的静差度 S_1。

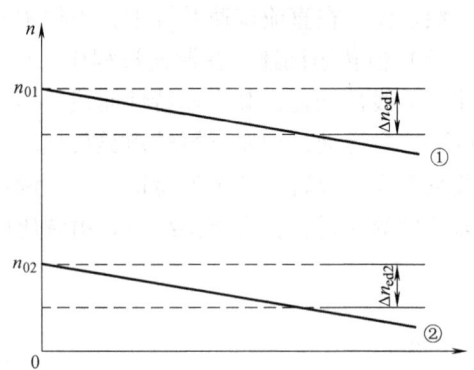

图 5-4 转速 n 与 S 的关系

可见，静差度 S 和调速范围 D 两项指标是相互制约的。负载要求的 S 小，D 亦小，负载要求的 S 大，D 亦大，对 S 与 D 必须同时提出要求才有意义。

由于静差度 S 主要是指最低转速下的静差度 S_1，因此满足式

$$S = \frac{\Delta n_N}{n_{0min}} = \frac{\Delta n_N}{(n_{min})_{T_N} + \Delta n_N} \tag{5-5}$$

由上式可得

$$(n_{min})_{T_N} = \frac{\Delta n_N}{S} - \Delta n_N = \frac{1-S}{S}\Delta n_N \tag{5-6}$$

由上式可得

$$D = \left(\frac{n_{max}}{n_{min}}\right)_{T_N} = \frac{(n_{max})_{T_N}}{\frac{1-S}{S}\Delta n_N} = \frac{(n_{max})_{T_N}S}{(1-S)\Delta n_N} \tag{5-7}$$

例题分析：若某直流他励电动机的 $(n_{max})_{T_N} = 1000 \text{r/min}$，$\Delta n_N = 50 \text{r/min}$，试求：
(1) $S \le 0.3$ 时的 D 及 $(n_{min})_{T_N}$？
(2) $S \le 0.2$ 时的 D 及 $(n_{min})_{T_N}$？

解：(1) 由 $D = \frac{(n_{max})_{T_N}S}{(1-S)\Delta n_N} = \frac{1000 \times 0.3}{(1-0.3) \times 50} = 8.57$

再由 $D = \frac{(n_{max})_{T_N}}{(n_{min})_{T_N}}$ 可求得：$(n_{min})_{T_N} = \frac{1000}{8.57}\text{r/min} = 116.7\text{r/min}$

(2) $D = \frac{(n_{max})_{T_N}S}{(1-S)\Delta n_N} = \frac{1000 \times 0.2}{(1-0.2) \times 50} = 5$

再由 $D = \frac{(n_{max})_{T_N}}{(n_{min})_{T_N}}$ 可求得：$(n_{min})_{T_N} = \frac{1000}{5}\text{r/min} = 200\text{r/min}$

从本例可以看出，系统要求的静差度越小，则调速范围越小。

(4) 调速的经济性 调速的经济指标，一般是根据设备费用、能源损耗、运行及维护费

用多少来综合评价的。

5.1.4 动态技术指标

电气调速系统在过渡过程时的性能指标，称为动态技术指标。在自动控制系统的给定输入端，加上一单位阶跃信号时，它的输出动态响应（过渡过程曲线）如图5-5所示。对照过渡过程曲线，有如下动态指标：

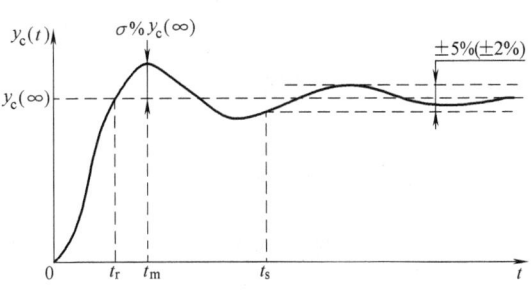

图 5-5 典型阶跃响应曲线和动态指标

（1）最大超调量 $\sigma\%$　最大超调量是指在过渡过程中，输出量超出稳态值 $y_c(\infty)$ 的最大偏离量与稳态值之比，用百分数表示为

$$\sigma\% = \frac{y_c(t_m) - y_c(\infty)}{y_c(\infty)} \times 100\% \tag{5-8}$$

超调量反映控制系统在动态过程中的相对稳定性。$\sigma\%$ 越小，说明系统的相对稳定性越好，即动态响应比较平稳。一般情况下，要求 $\sigma\%$ 值在 5% ~ 35% 之间。

（2）过渡过程时间 t_s　过渡过程时间又称调节时间，是指输出响应曲线 $y_c(t)$ 与稳定值之差在允许范围内（一般取 $y_c(\infty)$ 的 2% 或 5%），且不超出这个范围所需的最小时间，如图5-5所示。它反映控制系统在暂态过程中的快速性。t_s 越小，表示系统的快速性越好。

（3）振荡次数　振荡次数是指在调节时间 t_s 内，被调量偏离稳态值的振荡次数，用 μ 来表示。它也是衡量暂态过程的稳定性指标。在实际的控制系统中，快速性和稳定性往往是互相矛盾的。如果降低了超调量就会延长过渡过程；若加快过渡过程，又会增大超调量。设计控制系统时可根据生产工艺的需要考虑取舍。

5.2　直流调速方式

从电工学知，图5-6所示的他励直流电动机有以下方程：

$$\begin{cases} U_d = E_d + I_d R_d \\ E_d = C_e \Phi n \\ T = C_T \Phi I_d \end{cases} \tag{5-9}$$

式中　U_d——电动机的电枢电压；
　　　E_d——电动机的反电动势；
　　　T——电动机的电磁转矩；
　　　C_e——电动机的电动势常数；
　　　C_T——电动机的转矩常数；
　　　Φ——主磁极的磁通；
　　　R_d——电枢绕组电阻。

机械特性为

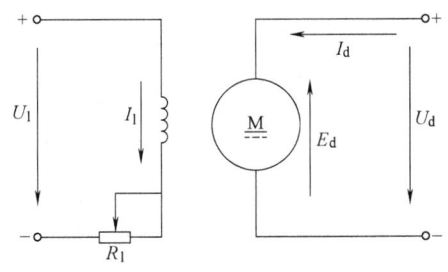

图 5-6 他励直流电动机原理

$$n = \frac{U_d}{C_e \Phi} - \frac{R_d}{C_e C_t \Phi^2} T = n_0 - K_t T = n_0 - \Delta n \tag{5-10}$$

式中 $n_0 = \dfrac{U_d}{C_e \Phi}$——理想空载转速；

$K_t = \dfrac{R_d}{C_e C_t \Phi^2}$——机械特性斜率；

$\Delta n = \dfrac{R_d T}{C_e C_t \Phi^2}$——转速降落。

由式（5-10）可知，直流电动机的速度由 R_d、U_d 和 Φ 所决定，因此有调压调速、调磁调速和调阻调速三种调速方式。

5.2.1 改变电枢电压的调速方式（调压调速）

若保持磁通 Φ 和电枢电阻 R_d 不变，将电枢电压 U_d 减小（由于耐压限制不能升压），机械特性的斜率不变，而空载转速会减小，于是得到一簇以 U_d 为参数的平行直线，如图5-7所示。在允许的静差度值内，可获得低于额定转速的稳定速度，调速范围可达 10%~12%。改变 U_d 调速的实质是：在 U_d 减小时，为了充分利用电动机的容量，电枢电流 I_d 应仍保持为额定值，由 $T = C_T \Phi I_d$ 可知，电动机输出转矩是恒定的。但此时反电动势 E_d 却随 U_d 减小而减小，转速 n 也随之下降，同时电动机输出功率 P 随 U_d 减小而下降。由此可见，调压调速为恒转矩调速，它的变速特性正好满足恒转矩负载的要求。

调压调速具有调节细，可实现无级调速，平滑性好；特性硬度不变，相对稳定性好；调速过程能耗低，可节省减压起动设备，经济性好；调速范围较宽等优点。

5.2.2 改变励磁磁通的调速方式（调磁调速）

若保持电枢电压 U_d 和电枢电阻 R_d 不变，将 R_1 增加或 U_1 减小，而使磁通减小（受磁饱和限制不能增大），空载转速随之增大 $\left(n_0 \propto \dfrac{1}{\Phi}\right)$，机械特性的斜率急剧增加 $\left(K_t \propto \dfrac{1}{\Phi^2}\right)$，由此得到一簇以 Φ 为参数的曲线，如图5-8所示。磁通 Φ 减小使转速 n 增高，特性变软，调速范围可达 2~4 倍。

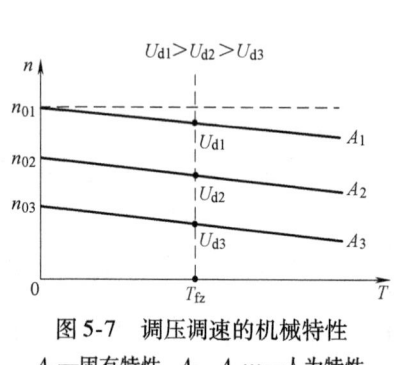

图5-7 调压调速的机械特性
A_1—固有特性 A_2、A_3……—人为特性

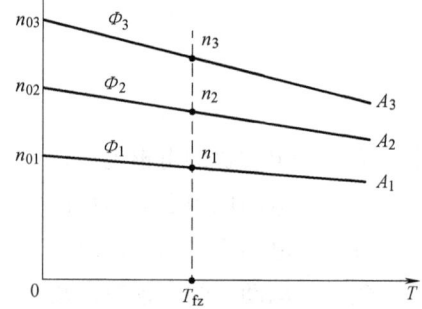

图5-8 调磁调速的机械特性
A_1—固有特性 A_2、A_3……—人为特性

调磁调速具有恒功率的调速特性。在调速过程中电动机转矩 T 随转速 n 的上升而降低；输出功率恒为额定功率 P_e，满足恒功率机械负载的要求。调磁调速虽然调速范围不宽，但

它具有调节容量小、平滑性好、投资少、能耗低、经济性好等优点。

综上所述,调压调速和调磁调速是直流调速中常用的两种方式。它们的调速特性刚好满足常用的恒转矩及恒功率机械负载特性的要求。所谓恒转矩调速或恒功率调速,是指在电动机不超过发热条件的限制下,以可调的不同转速长期工作时,都能给出额定转矩或额定功率。

根据负载的特性来选择电动机的调速方式,才能在任何一级转速下,使它的输出达到要求的转矩或功率,电动机容量才能得到充分利用。一个恒功率负载,若采用了恒转矩调速方式,则因为电动机调速时输出的转矩恒定,但负载在高速时要求的转矩小,低速时要求的转矩大,若按低速要求选定电动机额定转矩,工作在高速时电动机容量就得不到充分利用;若按高速要求选定电动机的额定转矩,则工作在低速时电动机将超载,均不合理。因此在考虑调速方案时,必须先弄清负载的性质。

5.2.3 改变电阻调速方式(调阻调速)

在电枢电路中串联不同的附加电阻,可以人为改变电动机机械特性,如图5-9所示,所串附加电阻值越大,特性越软,转速降越大。这种调速方法有很多缺点:轻载时调速范围小;低速调节时,由于特性陡,调速困难,工作稳定性差;调速附加电阻是按长期工作选择的,电阻的功率不但要比起动电阻的功率大得多,增加了设备费用,而且电阻上的功率损耗大,很不经济。由于这些缺点,目前采用较少,仅在有些起重机、卷扬机等低速运转时间不长的传动系统中采用。

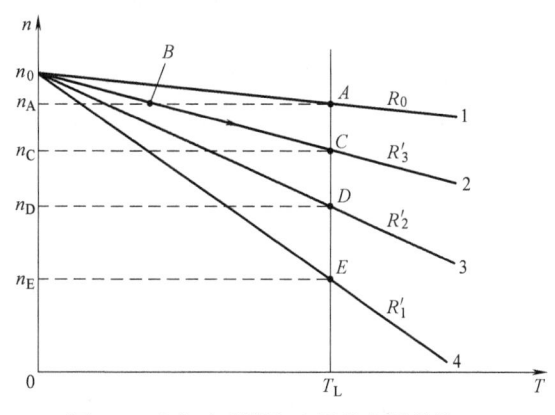

图5-9 电枢串联附加电阻的机械特性

5.3 晶闸管直流调速系统

5.3.1 具有转速负反馈的调速系统

在自动调速系统中常采用各种反馈环节,其中转速负反馈是主要反馈形式之一。控制系统引入转速负反馈以后,可以减少静态转速降落,扩大调速范围,达到自动调整转速的目的。能较好地满足机械设备对调速系统静态指标的要求。

晶闸管是在20世纪60年代发展起来的一种新型大功率半导体器件,它可以用很小的功率控制很大的功率,功率放大倍数可以达到几十万倍;它还具有控制灵敏、反应快、损耗小、效率高、体积小、重量轻、无转动部分、无机械磨损等优点。

下面以SCR-M调压调速系统为例分析该系统的组成、工作原理及静特性。

(1)转速负反馈SCR-M系统的组成分析 如图5-10所示,系统由给定电位计R_g、放大电路、触发电路、晶闸管整流电路、平波电抗器(L)、直流电动机M、负载FZ、测速发电机TG、反馈电路等组成。

给定电位器R_g上有一滑动指针在电阻上进行上、下滑动,从而取出电阻部分的电压值U_g,U_g称为给定电压。测速发电机TG安装在电动机轴上,测出的电压值E_{cf}如下式所示:

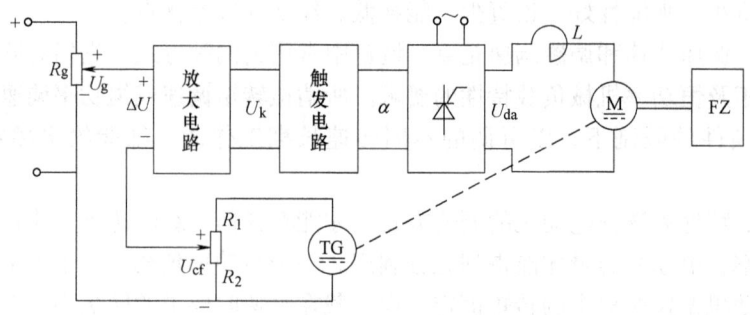

图 5-10 转速负反馈调速系统

$$E_{cf} = C_{ef}\Phi_{ef}n \tag{5-11}$$

式中 C_{ef}——测速发电机的电动势常数；

Φ_{ef}——测速发电机的励磁磁通。

一般来说，当测速发电机参数确定后，其 C_{ef}、Φ_{ef} 保持不变，E_{cf} 与转速 n 成正比，也即测速发动机测出的直流电动机的转速是通过电压的形式表现出来的，所以称之为测速发电机。

在反馈电路端，通过在 R_1 和 R_2 上的指针滑动分出反馈电压 U_{cf}，称为反馈信号，如下式所示：

$$U_{cf} = \frac{R_2}{R_1 + R_2} \times E_{cf} \tag{5-12}$$

根据式（5-12）可知，U_{cf} 与转速 n 成正比例，故称转速反馈。

输入放大电路前端的偏差电压 ΔU 可表示为

$$\Delta U = U_g - U_{cf} \tag{5-13}$$

式（5-13）中，U_{cf} 与 U_g 的方向相反，我们将与输入信号方向相反的反馈信号称为负反馈。由于反馈电压 U_{cf} 与电动机转速成正比，反馈的是电动机转速信号，因此称为转速负反馈。

偏差电压 ΔU 经放大电路放大后电压为 U_k，满足下式：

$$U_k = K_p \times \Delta U \tag{5-14}$$

式中 K_p——放大倍数。

晶闸管整流器是将交流变成直流的一种装置，晶闸管与晶体二极管的图形符号很相近，区别在于晶闸管比晶体二极管多了一个门极。晶体管有单向导通性，晶闸管与晶体管一样，也具有单向导电性，但晶闸管的导通须满足两个条件：（1）单向导通；（2）门极必须触发。两个条件缺一不可。在图 5-10 中，晶闸管整流电路上方画了一个交流电的符号"～"，表明在晶闸管整流电路外部有专门的交流电输入，交流电为正半周时满足单向导电的原则，但单向导通后，如果门极没触发脉冲的话，晶闸管依然无法导通。门极的脉冲触发靠什么呢？偏差电压 ΔU 经过放大电路放大后，得到电压 U_k，U_k 的作用就是用来触发晶闸管门极的脉冲的。如果 U_k 值大，则门极脉冲会很快触发，晶闸管导通提前，晶闸管的平均整流电压越高，由晶闸管输出的整流电压 U_{da} 就越大。我们把晶闸管门极触发的角度 α 称为触发延迟角，触发延迟角 α 越小，就意味着晶闸管越早导通，U_{da} 就越大。二者间满足近似的线性关系，可用下式表示：

$$U_{d\alpha} = K_{kz}U_k \tag{5-15}$$

式中 K_{kz}——晶闸管整流装置放大倍数（它包括触发器和晶闸管整流器在内）。

我们把晶闸管整流输出电压 U_{da} 称为电枢电压，该电压经平波电抗器滤波后给直流电动机 M 供电，直流电动机 M 便以一定的转速 n 带动负载 FZ 运转。电动机 M 旋转时又带动与它同轴连接的测速发电机 TG 同速旋转。

（2）工作原理分析 上述系统是一个闭环控制反馈系统，该系统能减小静态速降，提高系统抗负载干扰能力，当负载增加或减小时，电动机转速能基本稳定不变。下面来分析一下该系统是否具备这种调速能力。

若负载 T_{fz} 增加，而给定电压 U_g 不变，则系统可以通过测速发电机 TG 的反馈作用，稳定电动机的转速 n，其调整过程如下：

$T_{fz}\uparrow$（增大）$\to I_d \uparrow \to n \downarrow$（下降）$\to U_{cf} \downarrow \to \Delta U \uparrow \to U_k \uparrow \to \alpha \downarrow \to U_{da} \uparrow \to n \uparrow$（回升）

说明：当负载转矩 T_{fz} 增加时，由于 $T_{fz} = C_T \Phi I_d$，转矩 T_{fz} 与电枢电流 I_d 成正比，所以 I_d 也会增加，用 $I_d \uparrow$ 表示；

由 $n = \dfrac{U_d}{C_e\Phi} - \dfrac{R_d}{C_e C_t \Phi^2}T = n_0 - K_t T = n_0 - \Delta n$ 知，当 T_{fz} 增加时，电动机转速 $n\downarrow$；

又由于反馈电压与转速 n 成正比，因而 $U_{cf}\downarrow$，则 $\Delta U \uparrow$；

再根据 $U_k = K_k \times \Delta U$，得出 $U_k \uparrow$，再由 $U_{d\alpha} = K_{kz}U_k$ 得出 $U_{da}\uparrow$；

由于 $U_{da} = C_e\Phi n + I_d R$，所以 $n\uparrow$。

同理，当负载 T_{fz} 减小而引起转速 n 上升时，系统也会自动调整使转速 n 回降，其过程类同。

值得注意的是：当负载增加时，电枢电路（包括晶闸管整流器及电枢部分）的总电阻 R_Σ 上的电压降产生电压增量 $\Delta I_d R_\Sigma$；这样，当负载没有增加时，$U_{da} = C_e\Phi n_0 + I_d R$，而负载增加后 $U_{da} = C_e\Phi n_1 + I_d R + \Delta I_d R$，因此转速 n 减小，即 $n_1 < n_0$。欲使 n_1 调回到原值 n_0，则晶闸管整流器输出电压 U_{da} 必须比以前增加，以此来补偿电枢回路总电阻 R_Σ 上的电压增量。晶闸管整流器输出电压 U_{da} 增加的条件是使净输入电压 ΔU 增加，U_k 增大，触发延迟角 α 减小。但欲增加 ΔU 只能减小 U_{cf}，而 U_{cf} 正比于转速 n，U_{cf} 减小就意味着电动机转速 n 减小。所以转速只能回升到比原转速稍低一点的数值上，而不可能调整回原值。

（3）系统的主要特点 由上面的分析可知，这种反馈系统有两个主要特点：

1）有差调节。根据给定量与反馈量之差（误差）ΔU，来改变整流输出电压 U_{da}，以维持转速 n 近似不变。没有误差 ΔU 的话，$U_k = 0$，晶闸管不可能导通，整流输出电压 $U_{da} = 0$，电动机转速为零，就不可能调节。

2）系统的总放大倍数越大，调节的准确度（静态精度）越高。为了尽量维持被调量不变，误差 ΔU 应很小，很小的 ΔU 要能控制 $U_{d\alpha}$。有足够大的增量，使之能最大限度地补偿总电阻上的电压增量，即补偿负载变化所引起的转速降落，因此必须要求系统有足够大的放大倍数。

为了减小反馈环路以外的干扰，要求给定电压应稳定，测速发电机的磁通应恒定不变，转速与感应电动势之间的线性度也应良好。

（4）转速负反馈 SCR-M 系统静特性分析 系统的静特性是指稳态时，电动机转速 n 与负载电流 I_d 之间的关系，即 $n = f(I_d)$。分析系统静特性的目的在于找出减少静态速降、扩大调速范围的途径，改善系统调速性能。

SCR-M 系统中的放大器、触发器、晶闸管整流装置、测速发电机等的特性都是近似线性的或线性化了的，故可用求解线性电路的方法分析系统静特性。据图 5-10 分别写出各部分的方程表达式后，就可写出整个系统的方程表达式。现分别叙述如下：

$$\alpha_{cf} = \frac{R_2}{R_1 + R_2} \tag{5-16}$$

$$K_{cf} = \frac{R_2}{R_1 + R_2} C_{ecf} \Phi_{ecf} = \alpha_{cf} C_{ecf} \Phi_{ecf} \tag{5-17}$$

式中　K_{cf}——速度反馈系数；

α_{cf}——反馈电压比例系数；

C_{ecf}——测速发电机电动势常数；

Φ_{ecf}——测速发电机的主磁通。

联立式（5-11）~式（5-17）可求得系统静特性方程式：

$$n = \frac{K_{kz}K_p U_g - I_d R_\Sigma}{C_e \Phi + K_{kz} K_{cf} K_p} = \frac{K_{kz}K_p U_g - I_d R_\Sigma}{C_e \Phi \left(1 + \frac{K_{kz}K_{cf}K_p}{C_e \Phi}\right)}$$

$$= \frac{K_{kz}K_p U_g}{C_e \Phi (1+K)} - \frac{I_d R_\Sigma}{C_e \Phi (1+K)} = n_{0b} - \Delta n_b \tag{5-18}$$

式中　$K = \dfrac{K_p K_{cf} K_{kz}}{C_e \Phi}$——闭环系统总放大倍数；

$\Delta n_b = \dfrac{R_\Sigma}{C_e \Phi (1+K)} I_d$——闭环系统转速降落；

$n_{0b} = \dfrac{K_g U_g - \Delta E}{C_e \Phi (1+K)}$——闭环系统理想空载转速；

$K_g = K_p K_{kz}$——从给定电压到晶闸管整流电压的放大倍数。

比较闭环系统静特性和开环系统静特性，可清楚地看出闭环系统的优越性。如果将反馈回路断开，即 $K_{cf} = 0$，则该系统开环的静特性方程为

$$n = \frac{K_{kz}K_p U_g - I_d R_\Sigma}{C_e \Phi \left(1 + \frac{K_{kz}K_{cf}K_p}{C_e \Phi}\right)} = \frac{K_{kz}K_p U_g}{C_e \Phi} - \frac{I_d R_\Sigma}{C_e \Phi} = n_{0k} - \Delta n_k \tag{5-19}$$

如果将闭环的理想空载转速和开环的理想空载转速值调得一致（方法是将闭环系统的给定电压 U_g 增大（$1+K$）倍，即 $n_{0b} = n_{0k}$），则闭环系统静特性方程可写为

$$n = n_{0b} - \frac{R_\Sigma I_d}{C_e \Phi (1+K)} = n_{ob} - \Delta n_b \tag{5-20}$$

式中　　　　$\Delta n_b = \dfrac{R_\Sigma I_d}{C_e \Phi (1+K)} = \dfrac{\Delta n_k}{1+K} \tag{5-21}$

式（5-21）说明系统加转速负反馈后，在同样负载下，转速降落仅为开环时的 $1/(1+K)$，放大倍数 K 越大，闭环的转速降落越小。

有转速负反馈的闭环系统的调速范围 D_b 为

$$D_{\mathrm{b}} = \frac{n_{\max}S}{\Delta n_{\mathrm{b}}(1-S)} = \frac{n_{\max}S}{\frac{\Delta n_{\mathrm{k}}}{(1+K)} \times (1-S)} = (1+K)D_{\mathrm{k}} \tag{5-22}$$

式中

$$D_{\mathrm{k}} = \frac{n_{\max}S}{\Delta n_{\mathrm{k}}(1-S)} \tag{5-23}$$

闭环系统的调速范围 D_{b} 为开环系统调速范围 D_{k} 的 $(1+K)$ 倍。K 越大，D_{b} 越大。

综上所述，当负载相同时，闭环系统的静态速降 Δn_{b} 减小为开环系统静态速降 Δn_{k} 的 $1/(1+K)$；如果电动机的最高转速 $n_{0\max}$ 相同，而对静差度 S 的要求也一样，那么，闭环系统的调速范围 D_{b} 是开环系统调速范围 D_{k} 的 $(1+K)$ 倍。即闭环系统可获得比开环系统硬得多的特性，从而可在保证一定静差度的要求下，大大拓宽调速范围。但 K 太大，会带来稳定性的问题。

转速负反馈调速系统的静特性，当 U_{g} 一定时，$n = f(I_{\mathrm{d}})$ 可由图 5-11 表示。比较闭环系统静特性与开环系统静特性可见，负反馈系统转速降落明显减小。

5.3.2 电压负反馈和电流正反馈调速系统

转速负反馈调速系统中，电动机转速必须要采用测速发电机来测量，这样将增加成本。本节从维护、安装和经济性

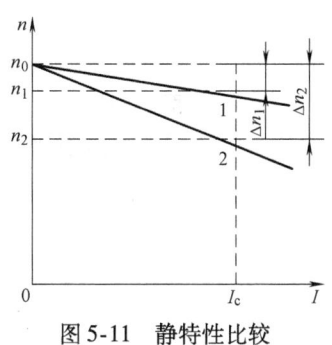

图 5-11 静特性比较
1—有反馈 2—无反馈

考虑，采用电压负反馈和电流正反馈调速系统组成调速方案，系统如图 5-12 所示。

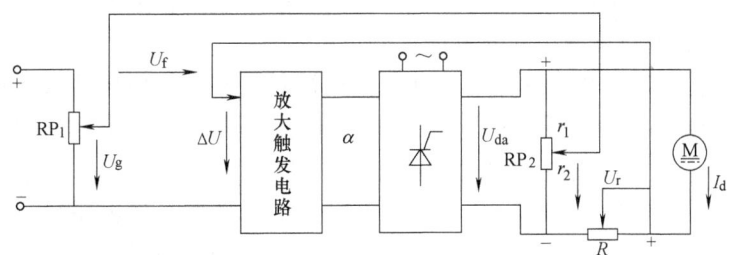

图 5-12 带有电压负反馈和电流正反馈的调速系统

（1）组成分析 电压负反馈和电流正反馈调速系统由电位器 RP_1、偏差计算电路、放大触发电路、晶闸管整流电路、电动机、电位器 RP_2、滑动电阻 R 等组成。

在电位器 RP_1、电位器 RP_2、滑动电阻 R 上均有滑动触头，当滑动触头在电位器上滑动时，将改变电阻值的大小，从而在电位器 RP_1、电位器 RP_2、滑动电阻 R 上得到不同的输出电压。

偏差计算电路通过在电位器 RP_1 两端的输出电压 U_{g}（即给定电压，极性为正）与反馈电压 U_{f}（相比于 U_{g} 极性相反，为负）的差值计算得到偏差电压 ΔU 为

$$\Delta U = U_{\mathrm{g}} - U_{\mathrm{f}} \tag{5-24}$$

通过对图 5-12 进行分析可知，U_{f} 的连接中，一端连接在 RP_1 滑动触头的上方位置，另一端连接在电位器 RP_2 滑动触头的上方位置；通过从并联在电枢两端的电位器 RP_2 上取出一部分电压 U_{r} 作为反馈电压，该反馈电压 U_{r} 又通过滑动电阻 R 上的触头连接到放大触发电路的上端。从电位器 RP_2 取出的电压 U_{r} 为

$$U_{\mathrm{r}} = \frac{r_2}{r_1 + r_2} \times U_{\mathrm{da}} \tag{5-25}$$

总反馈电压 U_{f} 由 U_{r} 和 $I_{\mathrm{d}}R$ 两部分组成，即

$$U_{\mathrm{f}} = U_{\mathrm{r}} - I_{\mathrm{d}}R \tag{5-26}$$

U_{f} 反馈到系统的输入端，与给定电压 U_{g} 相比较形成闭环系统的输入电压 ΔU，如式（5-24）所示，联立式（5-25）和式（5-26）可得

$$\Delta U = U_{\mathrm{g}} - U_{\mathrm{r}} + I_{\mathrm{d}}R \tag{5-27}$$

观察式（5-27）可知，U_{r} 相对于给定电压 U_{g} 为负，而电流 I_{d} 相对于给定电压 U_{g} 为正，因此称该系统为"电压负反馈和电流正反馈调速系统"。偏差电压 ΔU 再通过放大触发电路放大、经过晶闸管整流输出电压 U_{da}，使电动机稳定在某一转速 n 下运转。

（2）工作原理分析 为了实现调节电动机转速的功能，可调整电压负反馈 U_{r} 的电阻分压比值与电流正反馈电阻值，使之满足关系式（5-28）：

$$r = \frac{r_2}{r_1 + r_2} = \frac{R}{R + R_{\mathrm{d}}} \tag{5-28}$$

式中 R_{d}——电枢电路中除去滑动电阻 R 后的总电阻。

则反馈电压 U_{f} 为

$$\begin{aligned} U_{\mathrm{f}} &= U_{\mathrm{r}} - I_{\mathrm{d}}R = \frac{r_2}{r_2 + r_1} U_{\mathrm{d}\alpha} - \frac{R}{R + R_{\mathrm{d}}} (R + R_{\mathrm{d}}) I_{\mathrm{d}} \\ &= r[U_{\mathrm{d}\alpha} - I_{\mathrm{d}}(R + R_{\mathrm{d}})] = rE_{\mathrm{d}} \end{aligned} \tag{5-29}$$

由于 $E_{\mathrm{d}} = C_{\mathrm{e}}\Phi n$，即 $E_{\mathrm{d}} \propto n$，因此有 $U_{\mathrm{f}} \propto n$。采用电压负反馈与电流正反馈的联合作用后，同样实现了与转速负反馈相同的效果。

从图 5-12 来看，采用电压负反馈与电流正反馈只是在电枢电路中多了两个滑动电阻，与测速发电机相比成本会大大降低，而效果却与转速负反馈相当。但由于 R_{d}、R、r_1 与 r_2 的材质及工作条件不同，阻值随温度变化亦不相同，因此，上式只能在一定范围内近似成立。

（3）电压负反馈环节 将图 5-12 中可变电阻 R 的滑动触头移至左端，使 $R = 0$，$I_{\mathrm{d}}R = 0$，则系统只有电压负反馈环节。给定电压 U_{g} 不变，系统输入信号为 $\Delta U = U_{\mathrm{g}} - U_{\mathrm{r}}$，经放大触发器，晶闸管整流输出端电压 $U_{\mathrm{d}\alpha}$ 使电动机运行在某一转速 n。当某种扰动使负载 T_{fz} 增加，n 下降时，I_{d} 增大，晶闸管主回路中的电阻压降 $I_{\mathrm{d}}r_{\Sigma}$ 增大，使电枢电压 $U_{\mathrm{d}} = U_{\mathrm{d}\alpha} - I_{\mathrm{d}}r_{\Sigma}$ 减小。与此同时 U_{r} 随之减小，ΔU 则增大，使 U_{d} 回升到接近原值，部分地补偿由于负载增加而下降的转速。其调速过程如下：

$$T_{\mathrm{fz}} \uparrow \rightarrow I_{\mathrm{d}} \uparrow \rightarrow n \downarrow \rightarrow U_{\mathrm{d}a} \downarrow \rightarrow \begin{cases} U_{\mathrm{d}} \downarrow \\ U_{\mathrm{r}} \uparrow \end{cases} \rightarrow \Delta U \uparrow \rightarrow U_{\mathrm{k}} \uparrow \leftarrow \alpha \ \downarrow \rightarrow U_{\mathrm{d}a} \uparrow \rightarrow n \uparrow$$

可见，电压负反馈环节具有自动调整转速作用，在一定程度上扩大了调速范围。只有电压负反馈系统的静特性如图 5-13 中的曲线 2 所示，与开环特性 1 相比减小了静态速降，但与转速负反馈系统静特性曲线 4 相比较软得多（图中曲线 3 为电压负反馈与电流正反馈联合作用的特性曲线）。

因为转速负反馈系统被调量是转速，所以系统维持转速基本不变，而电压负反馈系统，被调量是电动机电枢电压 U_{d}，只能维持电压 U_{d} 接近不变。由式 $U_{\mathrm{d}} = C_{\mathrm{e}}\Phi n + I_{\mathrm{d}}R_{\mathrm{d}}$ 可知，当负载波动时，负载电流 I_{d} 产生变量 ΔI_{d}，在电枢电阻上产生压降增量 $\Delta I_{\mathrm{d}}R_{\mathrm{d}}$，在 U_{d} 不变时，必然迫

使电动机转速降落增大。可见,由电枢压降增量 $\Delta I_d R_d$ 引起的转速降落未能得到补偿。

(4) 电流正反馈环节　为了补偿因电枢压降变量 $\Delta I_d R_d$ 引起的转速降落增大,在电压负反馈系统中,同时采用电流正反馈环节。其反馈电压 $I_d R$ 与给定电压 U_g 同极性,且与负载电流 I_d 成正比,故当 I_d 增大时,ΔU 也随之增大,使电动机端电压高于原值,来补偿 $\Delta I_d R_d$,从而使转速基本不变。需要注意的是,电流正反馈不能过强,过补偿时容易引起自激。显然更不能单独采用。

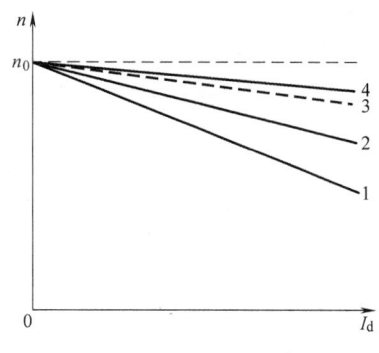

图 5-13　各种系统静特性

5.3.3　电流负反馈的应用

生产机械在工作过程中,经常要求电动机快速起动、制动,甚至处于堵转状态,电动机的电流会超过额定电流的许多倍,而且有反馈的系统比开环系统电流冲击还要大许多倍。过大的电流冲击对直流电动机的换向十分不利,容易损坏齿轮,烧毁晶闸管。直流电动机只允许短时间通过 2～2.5 倍额定电流值的电流,因此必须对起动、制动及堵转电流加以限制。若采用快速熔断器、过电流继电器作为限流保护装置,会使机械工作中断,不利于自控系统。在闭环调速系统中,常采用电流截止负反馈环节作为限流保护。图 5-14 所示是具有电流截止负反馈环节的转速负反馈自动调速系统,图 5-15 为其框图。

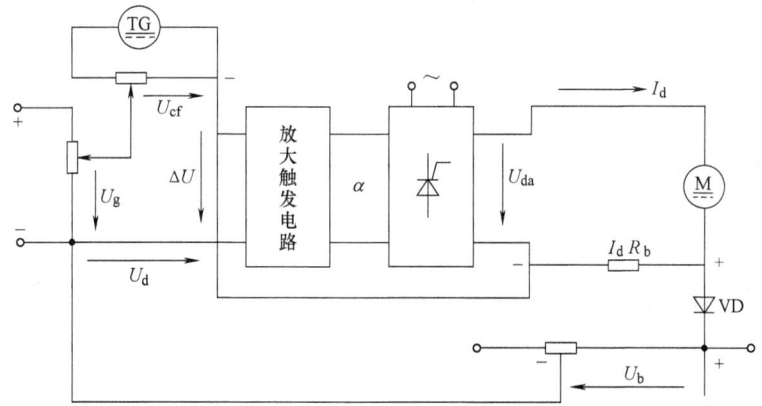

图 5-14　带有电流截止负反馈的转速负反馈系统

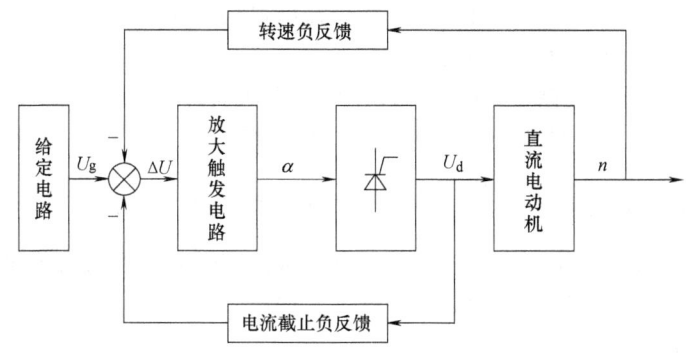

图 5-15　带电流截止负反馈的转速负反馈系统框图

(1) 组成分析　系统由给定电位计、测速发电机 TG（测出电动机转速用 U_{cf} 表示，$U_{cf} \propto n$）、偏差比较计算电路（$\Delta U = U_g - U_{cf} - U_d$）、放大触发电路、晶闸管整流电路、二极管接通比较电路（由二极管 VD、由另外电源供给的比较电压 U_b、$I_d R_b$ 组成）、电动机等组成。

(2) 工作原理分析　连接在电枢回路上的电流截止负反馈电压 $I_d R_b$ 与负载电流 I_d 成正比。U_b 和二极管 VD 决定了产生电流截止负反馈的条件。当 I_d 不大且 $I_d R_b \leq U_b$ 时，二极管 VD 截止，电流负反馈 $U_d = I_d R_b - U_b = 0$ 不起作用，对系统放大电路无影响。当 I_d 增大使 $I_d R_b > U_b$ 时，二极管 VD 导通，电压 U_d（$= I_d R_b - U_b$）通过二极管以并联负反馈的形式加到放大器的输入端，减弱 ΔU 的作用，降低 U_{da}（$= C_e \Phi n + I_d (R_b + R_\Sigma)$），从而减小 I_d。

(3) 静特性分析　带电流截止负反馈的自动调速系统的静特性如图 5-16 所示。在正常工作情况下，负载电流 $I_d < I_0$ 时，电流负反馈电压 $I_d R_b < U_b$ 不起作用，系统具有转速负反馈特性，如 n_0—A 段所示特性很硬。负载电流 $I_d > I_0$ 时，电流负反馈电压 $I_d R_b > U_b$，电流负反馈 U_d（$= I_d R_b - U_b$）开始起作用，且随 I_d 的增大，负反馈作用越来越强，使 ΔU 越来越小，因此使晶闸管整流电压 U_{da} 迅速减小，电动机转速迅速下降，直到电动机堵转为止。堵转时 $n = 0$，$I_d = I_{dw}$，使堵转电流仍限制在允许的范围内，如 A—B 段所示。

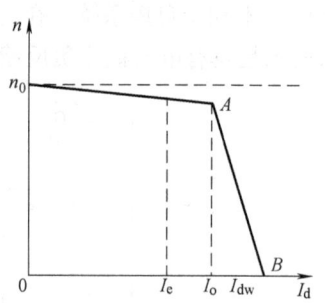

图 5-16　带有电流截止负反馈的转速负反馈系统静特性

在特性 n_0—A 段，电流负反馈截止，系统具有纯转速负反馈的特性；A—B 段电流负反馈参与作用，特性变软下垂。这种两段式的特性是挖土机必须具备的特性，称之为"挖土机特性"。A 点称为截止点，I_0 称为截止电流，B 点称为堵转点，I_{dw} 称为堵转电流。一般取 $I_0 = (1.0 \sim 1.2) I_{ed}$，$I_{dw} = (2 \sim 2.5) I_{ed}$。

在电动机起动、制动过程中，电流截止负反馈既能限制电流的峰值不会超过 I_{dw}，又能保证具有允许的最大起动和制动转矩，并能缩短起动、制动过渡过程，因此电流截止负反馈环节被各种调速系统所采用。

5.3.4　电压微分负反馈

以上介绍的转速负反馈、电压负反馈、电流正反馈、电流截止负反馈环节等，其反馈信号直接反映某一参量的大小，即反馈信号直接与某一参量成正比，统称为硬反馈。自动调速控制系统中，常用的反馈还有电压微分负反馈，其反馈信号与电压的一阶导数成正比。凡是反馈信号不直接反映某一参量，而是与某参量的一阶或二阶导数成比例的反馈，统称为软反馈。

图 5-17 为电压微分负反馈原理电路。图中电枢电压通过 C_3 及支路加到放大触发电路输入端，若选择电枢电压升高时微分值的极性与 ΔU 的极性相反，则构成并联微分负反馈形式。电容器 C_3 中流过的电流 $i = C \dfrac{dU_{C_3}}{dt}$，反馈到放大触发端的电压值 $U_f = i R_2 = R_2 C \dfrac{dU_{C_3}}{dt}$，因此是电压微分负反馈。系统引入电压微分负反馈后，可以大大减弱因系统放大倍数大而造成的电动机转速忽快忽慢的振荡，改善系统的动态特性。

5.3.5　无静差调速系统

前面讨论的自动调速系统采用一般放大器调节系统，无论放大倍数多大，都不能维持被调量完全不变。因为这种系统是靠误差进行调节的，所以称为有静差调速系统。其放大器只是一个完成按比例放大的调节器，系统则靠被调量（转速）与给定量的偏差工作。而引入 PI 调节器系统就可以实现无静差调速。

（1）PI 调节器　PI 中的 P 代表 Proportion（比例），I 代表 Integral（集成、积分），PI 调节器是同时具有比例运算和积分运算两种作用的放大器，其原理图和特性如图 5-18 所示。PI 调节器的输入端包括同相输入端和反相输入端，此外，PI 调节器还具备集成运算放大器以及由 R_2 和 C_2 构成的反馈环节、输出端等，输出电压 ΔU_2 可写成：

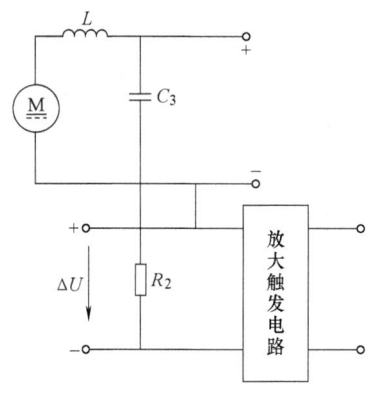

图 5-17　电压微分负反馈原理电路

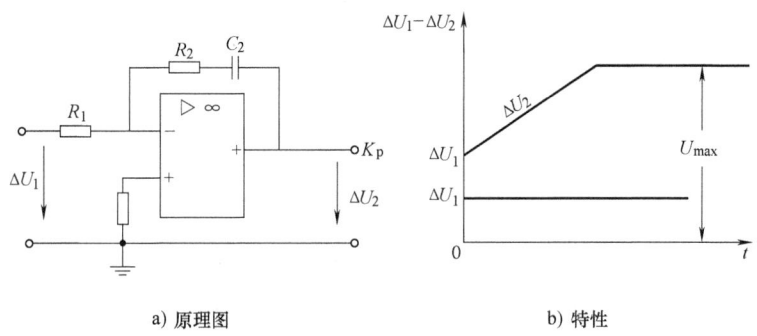

图 5-18　PI 调节器的原理图和特性

$$\Delta U_2 = -\left(K_p \Delta U_1 + \frac{1}{T_i}\int \Delta U_1 dt\right) \quad (5-30)$$

式中　K_p——PI 调节器的比例系数，$K_p = \dfrac{R_2}{R_1}$；

T_i——PI 调节器的积分时间常数，$T_i = R_1 C_2$。

调节器输入电压 ΔU_1 为一恒值时，经过反相输入端输入，输出电压 ΔU_2 由一阶变量 $-K_p \times \Delta U_1$ 和随时间线性增长的 $\dfrac{1}{T_i}\int \Delta U_1 dt$ 两部分组成。变化规律如图 5-18b 所示。

在刚加入 ΔU_1 的瞬间，C_2 两端电压不能突变，$\Delta U_C = 0$，C_2 相当于短路，调节器只起比例调节作用，输出电压有一跃变，$\Delta U_2 = -K_p \Delta U_1$。与此同时 C_2 充电开始积分运算，使输出电压 ΔU_2 在比例输出的基础上，叠加按积分 $\dfrac{1}{T_i}\int \Delta U_1 dt$ 增长的部分，增长的快慢取决于 $\tau_i = R_1 C_2$。若 ΔU_1 作用的时间足够长，则 ΔU_2 将上升到调节器的最大输出电压 U_{max}（限幅值），然后保持不变。

PI 调节器能实现比例、积分两种调节功能，它既具有比例调节器较好的动态响应特性，良好的快速性；又具有积分调节器的静态无差调节功能。只要输入有一微小信号，积分就进行，直至输出达限幅值为止；在积分过程中，输入信号突然消失（变为零），其输出还始终保持输入信号消失前的值不变。这种积累、保持特性，使积分调节器能消除控制系统的静态误差。

(2) 带有 PI 调节器的自动调速系统　用 PI 调节器取代有静差调节系统中的一般比例放大器，便组成无静差调节系统。图 5-19 所示是带有 PI 调节器的转速负反馈无静差调速系统。PI 调节器在系统中起维持转速不变的作用，也称为速度调节器。

1) 结构分析。带 PI 调节器的转速负反馈调速系统主要包括给定电位计、PI 调节器、触发电路、晶闸管整流电路、电动机、测速发电机、反馈电位计。

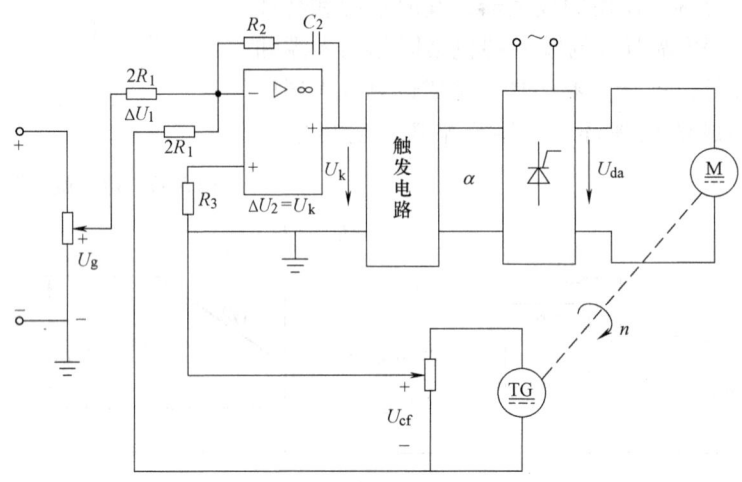

图 5-19　带 PI 调节器的转速负反馈系统

给定电压 U_g 与转速反馈电压 U_{cf} 之差作为调节器的输入电压 ΔU_1，即

$$\Delta U_1 = U_g - U_{cf} \tag{5-31}$$

输入等效电路与图 5-18a 相同。调节器的输出 $\Delta U_2 = U_k$ 送入触发电路，控制整流输出电压 U_{da}，进而调节转速 n。

分析了结构组成后，下面从两个方面来分析带 PI 调节器的转速负反馈调速系统的工作原理。这两个方面主要包括过渡过程和稳速过程。

2) 过渡过程工作原理分析。当给定电位器上加入给定电压 U_g 时，反相加法器输入端便有了输入电压 $\Delta U_1 = U_g$，由于电容器 C_2 上的电压不能突变，即 $U_{C_2} = 0$。故调节器只起比例调节作用，输出电压 $\Delta U_2 = -\dfrac{R_2}{2R_1} U_g$，此电压使触发器产生触发脉冲，使晶闸管导通，产生电枢电压 U_{da}，电动机开始转动，转速 n 开始增加。此时加法器输入电压 $\Delta U_1 = U_g - U_{cf}$，与此同时，电容器 C_2 开始充电，使输出电压 ΔU_2 （$= -(K_p \Delta U_1 + \dfrac{1}{2C_2 R_1} \int \Delta U_1 \mathrm{d}t)$）增加，晶闸管导通角进一步增大，$U_{da}$ 上升，电动机转速进一步增加，U_{cf} 也增加，使 ΔU_1 减小。当转速 n 增加到一定值（要求转速时），$\Delta U_1 = 0$，电容器不再充电，ΔU_2 稳定到一定值（此时 ΔU_2 事实上是电容器 C_2 上的电压），那么电动机的转速 n 保持恒定，从而完成过渡过程。

3) 稳速过程工作原理分析。当负载突然增加时，电动机电枢电流增加，反电动势减小，转速 n 下降，U_{cf} 下降，$\Delta U_1 = U_g - U_{cf} > 0$。与前述原理相同，由于电容器 C_2 上的电压不能突变，故此时比例调节器起作用，使放大器输入端立即产生电压增量 $-K_p \Delta U_1$，故晶闸管的触发延迟角减小,导通角增大。电枢电压 U_{da} 增加,转速 n 开始回升,随着转速的回升,U_{cf} 增加,使 ΔU_1 减小,比例调节的作用减弱。但与此同时电容器 C_2 开始充电,积分调节作用加强,使 ΔU_2 增加,故 U_{da} 大大增加,转速进一步回升,直到 $\Delta U_1 = 0$,即 U_{cf} 恢复到以前的值。此时,输入电压 $\Delta U_1 = 0$,电容器停止充电,输出电压 ΔU_2 保持恒定值,故触发脉冲恒定,晶闸管导通角不变,电枢电压恒定,电动机转速保持不变,从而完成了速度调节过程。

PI 调节器可改善电动机的起动特性,使转速迅速上升到给定转速 n。PI 调节器使系统具有灵敏的抗扰动能力,能迅速消除因扰动而产生的转速偏差,实现无差调节。

5.4 交流调速系统

交流电动机,特别是交流异步电动机,它具有结构简单、运行可靠、坚固耐用、维护方便等优点、在容量、电压、转速及适应环境能力上,都可以远高于直流电动机;且比相同容量的直流电动机体积小、重量轻、造价低、效率高。因此,交流电动机的调速问题,一直是世界各国研究的课题。以前在调速领域中,交流调速方案只应用于对调速要求不太高的场合,或只能作为直流调速的一个补充手段。其原因是相对直流调速系统而言,交流调速系统的经济指标要低些,控制系统更复杂些,使用上自然有局限性。近代电力电子技术的发展,特别是晶闸管的出现及应用,为交流调速的进一步发展创造了条件。各种类型的交流调速系统相继推出,有的调速性能良好。

5.4.1 交流调速的类型

根据交流异步电动机的转速公式:

$$n = (1-s)n_0 = (1-s)\frac{60f}{p} \tag{5-32}$$

可见,要调节异步电动机的转速,应从改变 p、s、f 三个参量入手,因此交流调速有三类方案:

1) 变极调速——对笼型异步电动机改变其定子绕组的极对数 p(通过改变电动机绕组的接线方式,使电动机从一种极对数变为另一种极对数,极对数是指每相定子绕组的磁场极对数,磁场的南、北极就构成了一对磁极,电动机定子绕组线圈的接法将构成不同磁极的组合),用改变定子绕组的联结或另设绕组的方法可得到 △/YY、Y/YY 双速电动机,三速、四速等电动机,此为有级调速。

2) 变转差率调速——对绕线转子异步电动机转子绕组串接电阻的调阻调速;转子电路引入附加电动势的串级调速;电磁离合器滑差调速及改变定子绕组电压法等变转差率 s 的调速法,可实现无级调速。

3) 变频调速——改变供电频率的调速方案有交-交变频器;交-直-交电压源型变频器及交-直-交电流源型变频器;脉宽调制型逆变器;转差率控制及矢量控制等系统。

按晶闸管技术的应用方式可分下列三类:

1) 采用晶闸管交流调压电路,调节电动机定子电压从而调节转速。

2) 由晶闸管组成一套变流装置,串接在绕线转子电动机转子电路里,异步电动机与变流装置共同组成了串级调速系统。在调速过程中,把转差能量反馈回电网,为此能提高经济效益。

3) 用晶闸管组成静止变频器，给交流电动机提供变频电源，通过改变电动机定子供电频率而改变电动机同步转速，以达到调速的目的。该系统效率高，调速范围广，是一种合理的理想调速系统。变频电源的谐波会引起电动机损耗增加、转矩脉动、产生振动和噪声，特别是变频电源价格比较昂贵，成为推广应用变频技术的主要障碍。所以尽管交流变频调速是一种很有发展前途的调速方式，但基于上述原因，致使其无法在短时间内全面取代直流调速。

5.4.2 晶闸管交流调压及逆变电路原理

交流调速的三种方式中，变转差率调速中的调整电动机定子电压（调压调速）的方式、转子电路中引入附加的转差电压（串级调速）以及变频调速等方式，均是以晶闸管技术为核心来展开的。下面先介绍按晶闸管技术应用方式的分类情况：

1) 采用晶闸管交流调压电路，调节电动机定子电压从而调节转速。

2) 由晶闸管组成一套变流装置，串接在绕线转子电动机转子电路里，异步电动机与变流装置共同组成了串级调速系统。在调速过程中，把转差能量反馈回电网，为此能提高经济效益。

3) 用晶闸管组成静止变频器，给交流电动机提供变频电源，通过改变电动机定子供电频率而改变电动机同步转速，以达到调速的目的。该系统效率高，调速范围广，是一种合理的理想调速系统。

(1) 晶闸管交流调压电路（见图5-20） 图5-20a为单相交流调压电路，晶闸管VF_1与晶闸管VF_2反向并联后串入负载R_{fz}的电路里。晶闸管导通的两个条件是：一是单向导通；二是门极触发。当交流电压U处于正半周时，在触发延迟角为α的时刻触发VF_1导通（在图5-20b中，相位角在$0 \sim \alpha$之间不导通，因为小于触发延迟角α，如图5-20b中1所示；相位角在$\alpha \sim \pi$之间，由于某种原因是正向，且门极触发，因此晶闸管VF_1一直处于导通状态；U再次经过零的时刻VF_1自行关断。相位角在$0 \sim \pi$之间，晶闸管VF_2由于是反向，其门极不会触发，因此晶闸管VF_2一直不导通。

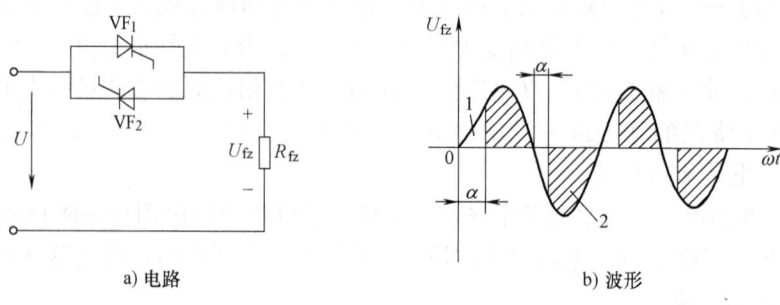

图5-20 单相交流调压

当交流电压U进入负半周后，在负半周中，相位角在$\pi \sim (\pi+\alpha)$之间，由于触发延迟角小于α，不会触发，因此晶闸管VF_2不导通。相位角在$(\pi+\alpha) \sim 2\pi$区间，门极触发，晶闸管VF_2处于导通状态，如图5-20b中2所示。当U再次经过零的时刻VF_2自行关断。相位角在$\pi \sim 2\pi$之间，晶闸管VF_1由于是正向，其门极不会触发，因此晶闸管VF_1一直不导通。如此不断重复，R_{fz}上可得如图5-20b所示的对称交流电压波形，改变触发延迟角α就可改变R_{fz}上交流电压的大小，其电压有效值为

$$U_{fz} = U\sqrt{\frac{2(\pi-\alpha)+\sin\alpha}{2\pi}} \qquad (5-33)$$

式中 U——输入交流电压有效值。

有时把这种方式称为相控方式的交流调压电路,它的输出波形中的高次谐波较大,对电机类负载不利。交流调压的触发电路,原理上与晶闸管整流的触发电路相同,但应使每个周期输出的几个脉冲彼此绝缘。

(2) 晶闸管逆变电路 从交流电转换成直流电的过程叫做整流,而相反的过程叫做逆变。实现逆变的装置叫做逆变器。一套晶闸管电路既能整流又能逆变,则称为变流器。变流器工作在逆变状态时,把直流逆变成交流反馈回电网称为有源逆变,它用于直流电动机可逆调速和绕线转子异步电动机的串级调速中;若不反馈给交流电网而是供给交流负载,则称为无源逆变,它广泛用于交流电动机的变频调速中。

逆变器由逆变电路和换流电路组成,其简单原理如下:

1) 逆变器工作原理。逆变器实际电路很多,图 5-21a 所示为一种桥式逆变器原理图。当开关 S_1、S_4 闭合,S_2、S_3 断开时,负载电压 $U_{fz} = E$,经过一定的时间间隔后,将开关 S_2、S_3 闭合,S_1、S_4 断开,有 $U_{fz} = -E$。如果以相等的时间间隔交替地闭合 S_1、S_4 和 S_2、S_3,则负载上可获得如图 5-21b 所示的交流电压波形。用晶闸管取代四个开关就得到如图 5-21c 所示的电路。显然,交流电的频率取决于每秒内两组晶闸管导通与关断的次数。

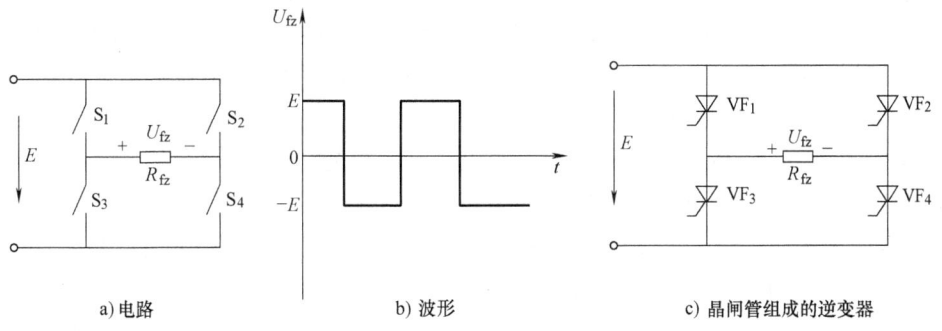

图 5-21 逆变器工作原理
a) 电路   b) 波形   c) 晶闸管组成的逆变器

2) 逆变器的换流。从桥式逆变器工作过程可知,在任何瞬时每个桥臂上至多只能有一个晶闸管导通,另一个必须截止。当由前一个晶闸管换为后一个晶闸管导通时,前一个必须可靠地关断,这个过程称为换流过程,它是整个逆变器能否正常工作的关键。因为逆变器用直流电源供电,晶闸管始终承受正向电压,触发容易,而关断则困难,一般是加反向电压关断,强迫换流。强迫换流原理如图 5-22a 所示,R_{fz} 是负载,C 是换流电容。设 VF_1 导通,VF_2 截止,负载 R_{fz} 上电流 $I = E/R_{fz}$,电容 C 由 R_1 充电到 $U_C = -E$,极性左负右正。如欲换流可触发 VF_2 导通,电容 C 上负值电压加到 VF_1 上,使其承受反向电压而关断。开始瞬间 C 通过 VF_2、VF_1 放电,到 VF_1 完全关断后,C 通过 VF_2、E、R_{fz} 放电,待 $U_C = 0$ 后,C 又反方向充电到 $U_C = E$,波形如图 5-22b 所示。欲换成 VF_1 导通,只要触发 VF_1 就会发生类似上述的过程而强迫 VF_2 关断。U_C 为负值的时间 t_0 也就是在晶闸管上加反向电压的时间。晶闸管从导通到关断的时间称为固有时间 t_g,只要 $t_0 > t_g$,晶闸管关断就可靠,换流才能成功。

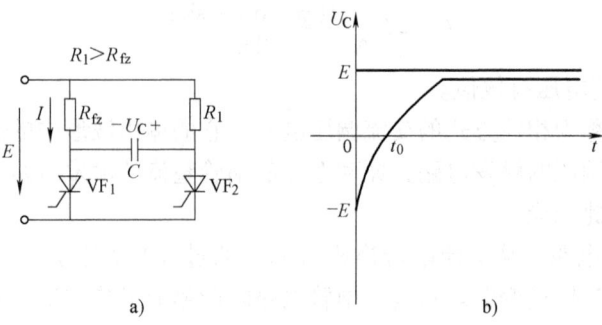

图 5-22 强迫换流原理图

5.4.3 交流电动机的变频调速

变频调速是以一个频率及电压可变的电源向异步（或同步）电动机供电，通过改变电源的频率及电压来调节电动机转速的。在宽范围的调速过程中，从高速到低速都可以保持有限的转差率，较高的效率和高精度的调速性能。对笼型异步电动机来说是一种比较合理和理想的调速方法。过去，变频电源是由一整套复杂的变频机组或离子变流设备组成的，设备庞大，可靠性差，近年来已被晶闸管静止变频装置所取代。

变频调速可分为两类：第一类是由恒频恒压的交流电经过整流再逆变成变频变压的交流电，称为带直流环节的间接变频调速或交—直—交变频。其中又根据从直流到交流的中间环节滤波方式的不同，可形成两种不同的电路。一种由电容滤波，叫电压型（恒压源）；另一种由电感滤波，叫电流型（恒流源）。第二类是由恒频恒压的交流电直接变成变频变压的交流电，称为直接变频调速或交—交变频。它只有一次换能过程，效率高。但它是利用电源电压过零点换流，从理论分析可知，输出的最高频率只有电网频率的 1/2～1/3，所以只用于低速大容量场合。下面介绍在机床上用得较多的交—直—交变频调速系统。

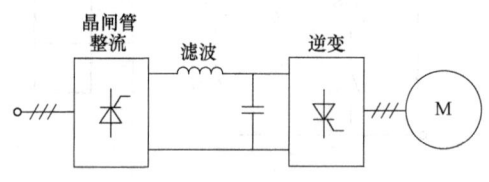

图 5-23 电压型变频器基本结构框图

（1）电压型变频器 图 5-23 是电压型变频器动力电路的基本结构框图，它由晶闸管整流器、滤波器和逆变器部分组成。

从电工学知，异步电动机定子电压为

$$U_1 \approx E_1 = 4.44 f_1 N_1 \Phi \text{ 或 } \Phi \propto \frac{U_1}{f_1} \tag{5-34}$$

式中　U_1——定子每相电压有效值；
　　　f_1——定子电流频率；
　　　E_1——定子每相绕组感应电动势有效值；
　　　N_1——定子每相绕组匝数；
　　　Φ——旋转磁场的每极磁通。

若外加电压不变，则 $\Phi \propto \dfrac{1}{f_1}$。一般电动机设计时都把 Φ 值选在接近饱和的数值上，因此当频率下降后，磁路过饱和，定子电流会很大，使得铁心过热，这是不允许的。为此在降频的同时必须降压，这就要求对频率与电压协调控制。通过可控整流改变电压大小，通过逆变获得频率的改变。由理论分析得出，当定子电压与频率成正比改变时，即

$$U_1/U_{1e} = f_1/f_{1e} \tag{5-35}$$

式中　U_{1e}——电动机的额定相电压；

f_{1e}——电动机的额定定子频率。

其电动机的输出为恒转矩，输出的功率与定子电流频率成正比。当定子电压与频率的二次方根成正比改变时，即

$$U_1/U_{1e} = \sqrt{\frac{f_1}{f_{1e}}} \tag{5-36}$$

电动机输出恒功率，输出的转矩与定子电流频率成反比。

由于变频器的负载是交流电动机，它是感性负载，不论在何种工作状态下功率因数总小于 1，故在直流回路与电动机之间存在无功能量交换。此无功能量只能由直流回路中的储能元件来缓冲，对于电压型变频器，缓冲元件采用滤波电容，因而电源内阻抗很小，类似恒压源。逆变器输出电压为比较平直的矩形波。

逆变器把直流变成三相交流输出，控制逆变器换流触发脉冲的相位，就能改变交流电的频率。简单的三相电压型逆变器动力电路（不包括换流部分）如图 5-24 所示。设每一个晶闸管的导通角为 π，使其按 VF_1、VF_2、…、VF_6 的顺序触发导通，各触发信号彼此相差 2π/3，换流瞬时完成，则任何瞬时每一个臂上只有一个晶闸管导通，而三个臂上各有一个晶闸管导通。若以直流负端 N 为参考点，通过等值电阻串并联电路可求出各相电压 U_{AO}、U_{BO}、U_{CO} 的波形（见图 5-25）。它是一个周期由六段矩形波组成的三相交流波形，用谐波分析法可得出基波和高次谐波的大小。与晶闸管反并联的二极管的作用是在该晶闸管由截止转为导通时，给负载滞后电流提供一个通道，通道二极管将无功能量反馈给滤波电容。

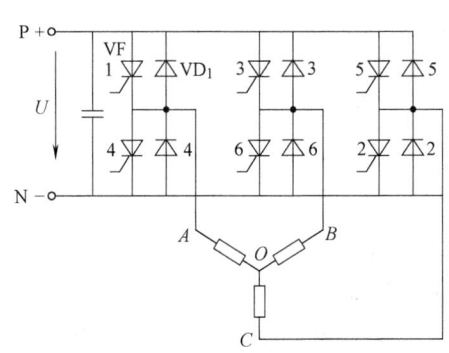

图 5-24　三相桥式逆变电路

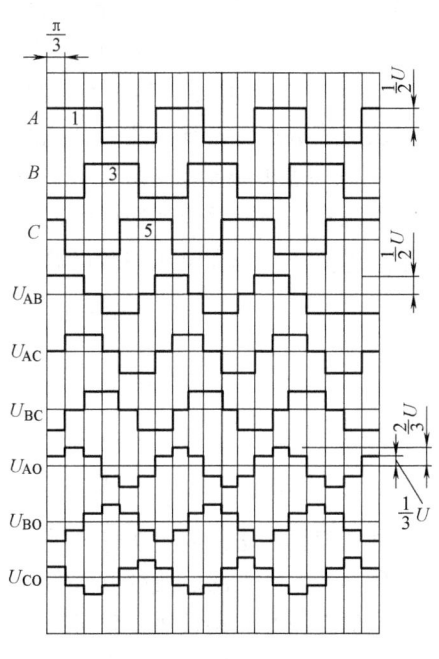

图 5-25　三相逆变器输出波形

这种电路结构简单，使用比较广泛。其缺点是在深度控制时，电源侧功率因数低；因存在较大的滤波环节，动态响应较慢。

图 5-26 为一种电压闭环、频率开环的电压型变频系统框图。控制系统的调压部分由电压调节器和控制角调整器组成；调频部分由 U/F 变换器和脉冲分配器组成。调压部分能取出电压并构成闭环控制，使整流器提供稳定准确的直流电压。调频部分是将加在给定器上的指令电压给 U/F 变换器，变成与速度给定电压相一致的频率指令，脉冲分配器把来自 U/F 变换器的信号，六个一组依次分配并经脉冲放大后，顺序触发逆变器中六个晶闸管，从而实现逆变，对于频率的控制属于开环控制。

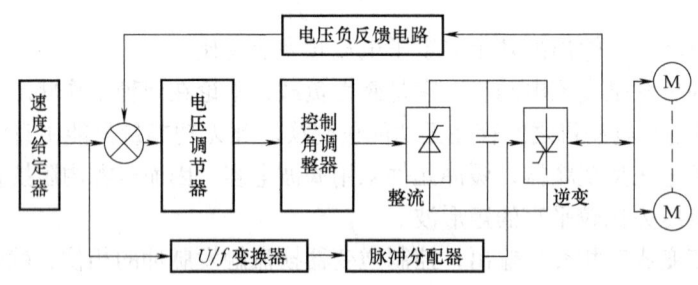

图 5-26　电压型变频系统框图

这个系统能带动多台电动机转动。由于直流输出电压稳定，因此异步电动机的转速精度仅决定于 U/F 变换器的精度及电动机本身的转差率。前者可以做得很高，后者一般情况下为 3%～8%，故可以采用开环控制。

上述设备的缺点有：

1）需两套可控的功率级装置及其控制电路，装置庞大。

2）因可控整流输入端的功率因数随输出电压变化，若输出电压低时功率因数也低。

3）由于滤波环节的惯性作用，使调压动态过程缓慢，影响系统的快速性。

4）在六段输出波形中存在很大的 5、7 次谐波，引起谐波发热和负转矩分量，限制了转速，克服这些缺点有多种办法，脉宽调制变频器优点显著，是人们广泛重视的一种方法。

（2）脉冲宽度调制型变频器　图 5-27 所示为脉冲宽度调制（PWM）型变频调速系统。首先将电源经二极管整流器变成固定直流电压，再由一套功率晶闸管组成的 PWM 逆变器将直流电压逆变成频率和电压同时可调的交流电压供给负载。

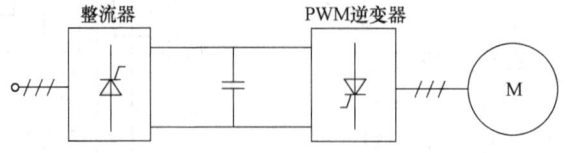

图 5-27　脉冲宽度调制型变频系统

脉冲宽度调制法是通过快速开关的通断作用，把直流电压在交流半周期中，变换成一系列等幅脉冲的一种方法。改变开关的通断时间比（即导通率），就可改变输出电压的大小。改变规定的交流半周期长短，就可改变输出电压的频率。具体调制方法很多，最常用的是正弦波 PWM。如图 5-28 所示，用一个等腰三角形的载波与所要求的频率正弦信号相比较，在两波交点处控制晶闸管的开或关,从而决定了所产生的脉冲位置。在整个半周期中,输出脉冲宽度按正弦规律变化,即脉冲宽度逐渐加大,然后再逐渐变小,在一定位置上的脉冲宽度,必须与脉冲所在位置的正弦波下包含的面积成比例。这样,负载上的基频电压也按照调制的正弦波规律变化。改变正弦波的频率,可调节负载电压基波的频率;改变正弦波的幅值,可调节输出电压的大小。

电力拖动系统中应用 PWM 技术,很多方面是有利的。对于直流供电的交流电气拖动,采用 PWM 逆变器只有一次功率变换,因而是一种值得采用的方案。从工业应用来看,PWM 拖动系统采用不可控整流方法获得直流电源,所以有较高的功率因数和效率,且调节部位较少。特别在电动机运行时,具有近似正弦波的电流,在非常低的频率下,能使转矩运行特性平滑,不会在反转时卡死在零转速。在总的运行特性方面,PWM 系统可与直流拖动相抗衡。此外,PWM 拖动系统允许用一个公共的直流母线向若干台逆变器供电,实现多台异步电动机同步运转,设备更为紧凑。对于大型机床而言,可认为是最有利的配置方案。

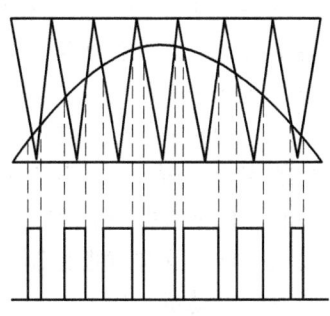

图 5-28 正弦波脉冲调制

PWM 拖动比其他变频调速系统需要更为复杂的逻辑控制系统,因为必须合理设计调制方式,使电动机端电压中不需要的谐波影响减至最小程度。这些谐波能导致发热、卡死、振动和瞬间冲击电流等。不解决这些问题,PWM 系统的优点将得不到充分发挥。

(3) 矢量变换控制原理 矢量变换控制的基本思路如下:

任何拖动控制系统均服从于基本运动方程式:

$$T - T_z = \frac{GD^2}{375} \cdot \frac{\mathrm{d}n}{\mathrm{d}t} \tag{5-37}$$

由此可见,在恒转矩负载的起动、制动和调速中,如果能够控制电磁转矩恒定,即可获得恒加(减)速运动;在突加负载扰动时,如果能够尽量迅速地把电磁转矩 T 提高上去,即可获得较小的动态速降和较快的恢复时间。总之,调速系统的动态性能,就是对电磁转矩的控制性能。先分析一下直流电动机电磁转矩和交流异步电动机电磁转矩的异同。

直流他励电动机电磁转矩与电枢电流 I_d 的关系是

$$T = C_t \Phi I_d \tag{5-38}$$

对于补偿较好的电动机,电枢反应影响很小,当励磁电流不变时,转矩与电枢电流成正比。控制电枢电流就等于控制转矩,因此,良好的动态性能是比较容易实现的。

三相异步电动机转矩与转子电流 I_2 的关系是

$$T = C_t \Phi I_2 \cos\varphi_2 \tag{5-39}$$

其中,气隙磁通 Φ、转子电流 I_2、转子功率因数 $\cos\varphi_2$ 都是转差率 s 的函数,显然都是难以直接控制的。比较容易直接控制的是定子电流 I_1,而它又是 I_2 的折合值与励磁电流 I_0 的矢量和。

要解决这个问题,一种办法是从根本上改造交流电动机,改变其产生转矩的规律,但这方面研究成效尚少。另一种办法是在普通的三相交流电动机上设法模拟直流电动机控制转矩的规律,1971 年由德国 Blaschke 等人首先提出的矢量变换控制(Transvector Control)就是这种控制思想的实现。

矢量变换控制的基本思路是按照产生同样的旋转磁场这一等效原则建立起来的。由电工学中已知，三相固定的对称绕组 A、B、C，通以三相正弦平衡交流电流 i_a、i_b、i_c 时，即产生转速为 ω_0 的旋转磁场 Φ，三相电流的合成磁动势为 F_1，其相位与合成电流 I_1 一致，均超前 Φ 一个相位角 ε，同样以 ω_0 旋转，如图 5-29 所示。

在图 5-29 中，如果把三相合成电流 I_1 投影到磁通方向的轴上得 I_m，I_1 投影到与 Φ 正交的轴上得 I_2。这一个新的直角坐标 $T-\Phi$ 是按 ω_0 转速旋转的，如果跟随着 $T-\Phi$ 坐标一起按 ω_0 转速旋转，此时 I_m 和 I_2 与直流电动机中的功能完全一样，I_m 为励磁电流，I_2 为电枢电流，在一个旋转坐标中去控制 I_m 和 I_2，其效果则与控制一个直流电动机一样。这样就把控制交流电动机的问题转换成与控制直流电动机一样了。

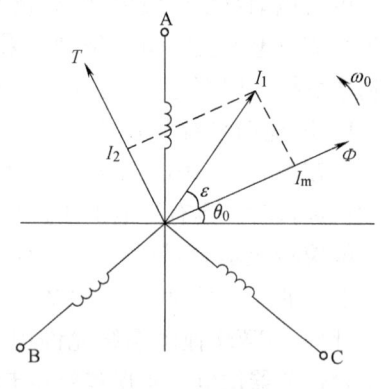

图 5-29 矢量变换

要达到上述目的，必须解决磁通 Φ、相位角 θ_0、合成电流 I_1，以及相位角 ε 的测试。磁通 Φ 和相位角 θ_0 的测试，可以采有磁通观测器，也可以测试三相定子电压进行转换后得到。I_1 和 ε 是直接对三相定子电流进行检测，再进行 2/3 的坐标变换得到的。在这个转换过程中采用了矢量变换理论和一整套矢量变换算法。

通常根据要求，给定 I_2^* 和 I_m^* 值，即给定合成电流，将此电流与通过矢量变换实测的 I_1 相比较构成电流闭环控制交流电动机，另外根据 I_2^*、I_m^* 及 Φ^* 等给定值得到的理论相角 θ_0^*、ε^* 等，与实测的 θ_0、ε 分别构成相位的闭环以控制电动机瞬态转角，这样可得到高精度的控制效果。

交流调速系统使用的功率变换装置比直流调速系统相应装置显得更复杂，造价也更高。但在下列情况下应考虑采用交流调速系统。例如：要求用低额定转速电动机时；环境要求电动机防爆或完全封闭时；使用多台电动机且不需要分别调速，因而可用一个电源供电时；频繁反转或降速控制，要求增加再生用的直流功率元件时等。因为这些情况下，交流调速系统的经济效益比直流调速系统要好。

第六章 电气控制系统设计

常用的生产机械广泛地采用继电接触式控制。生产机械电气控制系统的设计，一般包括确定系统的电力拖动方案、选择电动机的结构形式、类型、额定转速和选择电动机容量以及设计电气控制电路等。

6.1 生产机械电气设备设计的基本原则和内容

6.1.1 设计的要求

1）熟悉设计对象，弄清工作过程及其他系统对电气控制系统的要求及它们之间的关系。
2）通过技术经济分析，选择性能价格比最高的传动方案和控制方案。
3）设计简单合理、工作可靠、维修方便的控制电路。
4）保证使用的安全性。

6.1.2 设计的内容和步骤

1）拟定电气设计任务书及技术条件。
2）确定电力拖动方案和控制方案。
3）选择拖动电动机。
4）设计电气控制原理图。
5）选择电气元件或装置。
6）绘制电气安装图和位置图。
7）设计操作台、电气柜及非标准电气元件。编写设计和使用说明书。

根据实际情况对上述步骤可作适当的调整。

6.2 电力拖动方案确定原则

由于交流电动机特别是笼型异步电动机结构简单、运行可靠、价格低廉、维修方便，所以应用广泛。在选择电力拖动方案时，首先应尽量考虑笼型异步电动机，只有那些要求调速范围大和频繁起动、制动的机械，才考虑用直流或交流调速系统。所以，应主要依据生产机械对调速的要求来考虑电力拖动方案。

6.2.1 对于不要求电气调速的生产机械

当不需要电气调速和起动、制动次数不频繁时，应采用笼型异步电动机拖动。仅在负载静转矩很大或有飞轮的传动装置中，若笼型异步电动机的起动转矩或转差率不能满足要求时，才考虑用绕线转子异步电动机。当负载很平稳、容量大且起动、制动次数很少时，可采用同步电动机拖动。因为这时可充分发挥同步电动机的效率高、功率因数高，调节励磁可工作在过激情况下，并可提高电网的功率因数等优点。

6.2.2 对于要求电气调速的生产机械

应根据生产机械提出的一系列调速技术要求（如调速范围、调速平滑性、转速调节级数、机械特性硬度及工作可靠性等）来选择传动方案，然后在满足技术要求的前提下，再作经济比较（如设备初投资、调速效率及维修费用等），最后确定最优传动方案。

1) 当调速范围 $D = 2 \sim 3$，调速级数 $\leq 2 \sim 4$ 时，一般采用可变级数的双速或多速笼型异步电动机。

2) 若调速范围 $D < 3$，且不要求平滑调速时，采用绕线转子异步电动机较为合适，但这种调速只适用于短时负载和重复短时负载，如桥式起重机移行机构的传动电动机。

3) 调速范围 $D = 3 \sim 10$，且要求平滑调速时，在容量不大的情况下，采用带转差离合器的异步电动机拖动系统较为合理。若需长期运转在低速，也可考虑晶闸管电源的直流传动系统。

4) 当调速范围 $D = 10 \sim 100$ 时，可采用 F-D 系统或晶闸管电源的直流传动系统。

6.2.3 电动机的调速性质应与生产机械的负载特性相适应

调速性质主要是指电动机在整个调速范围内的转矩、功率与转速的关系，是容许恒功率输出还是恒转矩输出，设计任何一个生产机械的电力拖动系统都应对负载性质和系统调速性质进行研究，这是选择传动和控制方案及确定电动机容量的前提。

电动机的调速性质必须与生产机械的负载特性相适应。以车床为例，其主运动需要恒功率传动，进给运动要求恒转矩传动。若采用双速异步电动机，当定子绕组由三角形改成星形联结时，转速由低速升为高速，功率却增加很少，适用于恒功率传动。而定子绕组由星形改成双星形联结时，电动机所输出的转矩保持不变，适用于恒转矩调速。

再如，他励直流电动机改变电压的调速方法属于恒转矩调速，而改变主磁极磁通的调速方法为恒功率调速。若恒转矩负载采用恒功率不对应调速或恒功率负载采用恒转矩调速，都将使电动机的额定功率增大。且使部分转矩未得到充分利用，所以采用不对应调速方法，对电动机容量的选择不利。因此，选用调速方法，应尽可能使其与负载性质相同。

6.3 电动机结构形式、类型及转速的选择

6.3.1 电动机结构形式的选择

1) 正常环境条件下，一般采用防护式电动机，在人员和设备安全有保证的前提下，也可采用开启式电动机。

2) 在空气中有较多粉尘的场所，宜用封闭式电动机。

3) 在湿热带地区或比较潮湿的场所，应尽量选用湿热带型电动机，若用普通型电动机应采取相应的防潮措施。

4) 在露天场所，宜选用户外型电动机，若有防护措施也可采用封闭式或防护式电动机。

5) 在高温车间，应根据周围环境温度，选用相应绝缘等级的电动机，并加强通风，改善电动机的工作条件，并提高电动机的工作容量。

6) 在有爆炸危险及有腐蚀性气体的场所，应相应地选用防爆式及防腐式电动机。

6.3.2 电动机类型的选择

电动机的类型是指电动机的电压级别、电流种类、转速和工作原理。确定类型的主要依据是电动机应在经济条件下满足生产机械在工作速度、机械特性硬度、速度调节、起制动特性等方面所提出的要求。

1) 不需要调速的机械应首先考虑采用异步电动机。
2) 对于周期性波动负载的长期工作机械，为了消平尖峰负载，一般都采用电动机带飞轮工作，这时考虑起动条件和充分利用飞轮的作用应选用绕线转子异步电动机。
3) 需要补偿电网功率因数及稳定的工作速度时，应优先考虑采用同步电动机。
4) 对于只需要几种速度，但不要求调节速度的生产机械，选用多速异步电动机。
5) 需要大的起动转矩和恒功率调速的机械如电车、牵引车等常用直流串励电动机。
6) 对于对起动、调速及制动有较高要求的生产机械，可选用直流电动机或带调速装置的交流电动机。
7) 要求调速范围很宽的机械，最好将机械变速和电气调速二者结合起来考虑，这样易达到较高的技术和经济指标。

6.3.3 电动机转速的选择

1) 对于不需要调速的高转速或中转速的机械，一般应选用相应额定转速的异步电动机或同步电动机直接与机械相连接。
2) 对于不调速的低速运转的生产机械，一般是选用适当转速的电动机通过减速机构来传动，但电动机转速不宜过高，以免增加减速器的制造和维修的难度。
3) 对于需要调速的机械，电动机的最高转速应与生产机械的最高转速相适应，连接方式可以采用直接传动或者通过减速机构来传动。

总之，选择电动机的类型应从技术及经济指标两方面兼顾考虑。

6.4 电动机功率的选择

电力拖动系统电动机的选择，首要的是在各种工作方式下电动机功率的选择。正确选择电动机功率的原则，应当是在电动机能够胜任生产机械负载要求的前提下，最经济、最合理地决定电动机的功率。

正确决定电动机的功率有重要的意义：如果功率选得过大，会造成浪费，设备投资很大，而且电动机经常欠载运行，效率及交流电动机的功率因数较低，运行费用较高，极不经济；反之，如果功率选小了，电动机将过载运行，造成电动机过早地损坏，或者在保持电动机不过热的情况下，只能降低负载使用。因此，电动机选得太大或太小，都将会造成经济上的损失。

电动机功率的选择主要取决于电动机的发热、允许过载能力与起动能力三个方面，一般情况下，以发热问题最为重要。

电动机的发热，是由于在实现能量转换过程中在电动机内部产生损耗并变成热量，使电动机的温度升高。在电动机中，耐热最差的是绕组的绝缘材料，不同等级的绝缘材料，其允许的最高温度是不同的，表6-1给出了电动机的绝缘材料等级及允许的最高温度。

表 6-1 绝缘材料的等级及允许的最高温度

级别	A	E	B	F	H
允许的最高温度/℃	105	120	130	155	180

绝缘材料的最高允许温度是一台电动机负载能力的限度，而电动机的额定功率则是代表这一限度。电动机铭牌上所标的额定功率代表环境温度为 40℃ 时，电动机带动额定负载（指负载功率为额定值）长期连续工作，温度逐渐升高趋于稳定后，最高温度可达到绝缘材料允许的极限时电动机的最高功率。

既然电动机的额定功率是对应于环境温度为标准值 40℃ 时的功率，那么，当环境温度低于 40℃ 时，电动机可带动高于额定值的负载，反之，所带负载应适当降低，以保证两种情况下电动机最终达到绝缘材料的最高温度。

不同环境温度下，电动机额定功率的修正见表 6-2。

表 6-2 不同环境温度下，电动机功率的修正

环境温度/℃	30	35	40	45	50	55
电动机功率增减的百分数	+8%	+5%	0	-5%	-12.5%	-25%

选择电动机功率时，除了发热外，有时还需验算其过载能力，过载能力的验算按下式进行：

$$M_{max} \leqslant \lambda_m M_e \tag{6-1}$$

式中 λ_m——电动机允许的过载倍数；
M_{max}——电动机工作中承受的最大转矩；
M_e——电动机的额定转矩。

对于笼型转子异步电动机，有时还需要进行起动能力检验。如果该电动机的起动转矩小于负载转矩，则不能满足生产机械的要求，此时必须改选起动转矩较大的异步电动机或选功率较大的电动机。

6.4.1 电动机的发热、冷却和工作制的分类

（1）电动机的发热过程　首先，我们研究负载不变、长时连续工作情况下电动机的发热过程。

电动机的发热是由于实现能量转换的过程中，在其内部产生损耗 ΔP 造成的，其值为

$$\begin{cases} Q = P_1 - P_2 = \Delta P = P_2\left(1 - \dfrac{1}{\eta}\right) \\ Q = P_1 - P_2 = \Delta P = P_1(1 - \eta) \\ Q = \Delta P = P_0 + P_{cu} \end{cases} \tag{6-2}$$

式中 Q——热流量（电动机单位时间内的发热量）（J/s 或 W）；
P_1、P_2——电动机的输入、输出功率（W）；
η——电动机效率；
P_0——不变损耗，包括铁耗与机械损耗，仅与转速有关，与负载大小无关；
P_{cu}——可变损耗，即为铜耗，随负载的变化而变化，与负载电流的二次方成正比。

为了求得电动机的温升曲线 $\tau = f(t)$，可以从电动机发热过程中的热平衡方程着手。

设某一时刻 t，电动机的温升为 τ；经过 dt 时间，电动机温度升高了 $d\tau$，则有

$$Qdt = Cd\tau + A\tau dt \tag{6-3}$$

式中 Qdt——dt 时间内电动机所发出的热量；

$Cd\tau$——dt 时间内电动机温度升高了 $d\tau$ 而吸收的热量；

$A\tau dt$——dt 时间内电动机向周围介质散发的热量；

C——电动机的热容量，为使电动机温度升高 $1℃$ 所需的热量（$J/℃$）；

A——电动机散热系数，即电动机与周围温度相差 $1℃$ 时，单位时间内向周围介质散发的热量。

将 Adt 除式（6-3）可得

$$\tau + \frac{C}{A}\frac{d\tau}{dt} = \frac{Q}{A}$$

令 $\frac{C}{A} = T$，$\frac{Q}{A} = \tau_w$，得基本形式的微分方程

$$\tau + T\frac{d\tau}{dt} = \tau_w \tag{6-4}$$

求解式（6-4）可得：

$$\tau = \tau_w(1 - e^{-t/T}) + \tau_Q e^{-t/T} \tag{6-5}$$

式中 τ_Q——发热过程的起始温升。

显然，如发热过程由周围介质温度开始，即 $\tau_Q = 0$，则有

$$\tau = \tau_w(1 - e^{-t/T}) \tag{6-6}$$

将式（6-5）和式（6-6）绘制于图 6-1 上可得到电动机的温升曲线。

可见电动机的温升按指数规律变化，最终趋于稳定值 τ_w。

另外，从式（6-5）和式（6-6）可以看出，电动机发热过程中，温度的升高与常数 T 有很大的关系，T 值越大，电动机发热过程中达到稳定值 τ_w 的时间越长，反之则越短。T 称为电动机的发热时间常数。它的大小与电动机的结构尺寸及散热条件有关。

（2）电动机的冷却过程　电动机的冷却有两种情况，一是负载变小，二是电动机脱离电网，不再工作。电动机的冷却过程的温升曲线与式（6-5）相同，其中 τ_Q 为冷却开始时的温升，而 τ_w 则为负载降低后，由 ΔP 或 Q 所决定的稳定温降。显然，$\tau_w < \tau_Q$，若电动机脱离电网不再工作，则最终的稳定温升 $\tau_w = 0$，图 6-2 给出了电动机冷却过程中的温升曲线。

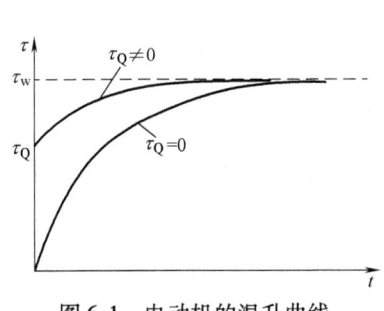

图 6-1　电动机的温升曲线

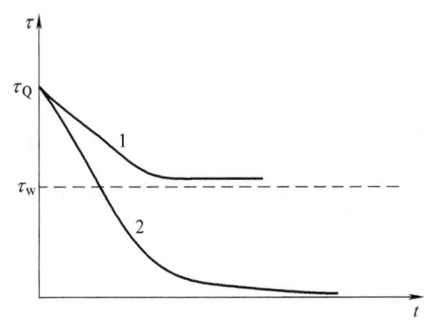

图 6-2　电动机冷却的温升曲线

（3）电动机工作制的分类　电动机工作时，负载持续时间的长短对电动机发热情况影响很大，因而也对决定电动机的功率大有影响。按电动机发热的不同情况，可分为以下三类

工作方式：

1）连续工作制（长期工作制）。电机连续工作时间很长，其温升可以达到稳定值这种工作方式称为连续工作制，电动机的工作时间 $t_g > (3 \sim 4)t_0$，如图6-3所示。

2）短时工作制。电动机的工作时间 t_g 较短，在此时间内电动机温升达不到稳定值 τ'_w，而停车时间 t_0 又相当长，电动机温度可以降到周围环境介质的温度（即 $\tau_w = 0$），这种方式称为短时工作制。负载与温升曲线如图6-4所示，图中虚线表示如带同样大小功率的负载且连续工作时的 $\tau = f(t)$。可见，如果把 t_g 结束时的温升设计为绝缘材料所允许的最高温升。该电动机带同样大小的负载连续工作时，稳定温升将超过允许温升而烧坏。我国规定的短时工作制的标准时间有15min、30min、60min和90min四种。

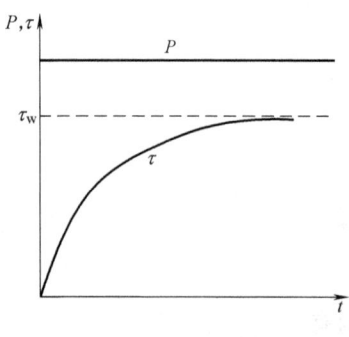

图6-3 连续工作制

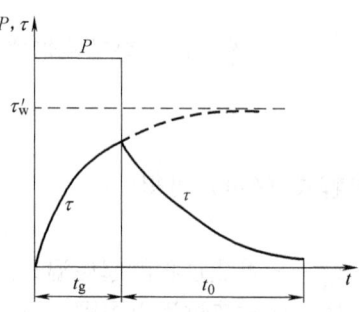

图6-4 短时工作制

3）断续周期性工作制（重复短时工作制）。在这种工作制中，工作时间 t_g 和停止时间 t_0 轮流交替，两段时间都很短，在 t_g 内，电动机温升关系来不及达到稳定值，而 t_0 内温升又来不及降到零，经过一个周期 $t_g + t_0$ 后，温升又有所上升，最后温升将在某一范围内波动。如图6-5所示，图中仍用虚线表示同样大小的负载连续工作时的温升曲线。与短时工作制一样，不可按电动机的断续周期性额定功率作连续运行，否则也将会烧坏电动机。

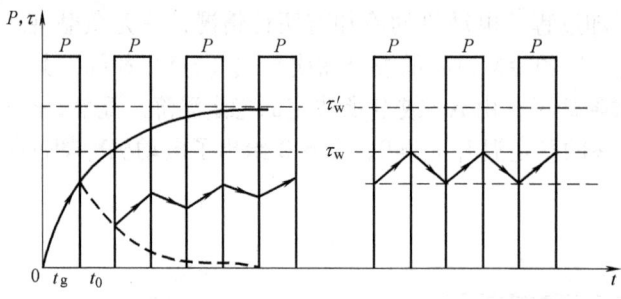

图6-5 断续工作制的负载图与温升曲线

在断续周期性工作制中，负载工作时间与整个周期时间之比称为负载持续率，用 $ZC\%$ 表示，即

$$ZC\% = \frac{t_g}{t_g + t_0} \times 100\% \tag{6-7}$$

我国规定的标准负载持续率为15%、25%、40%和60%四种，并且一个周期总时间规定为 $t_g + t_0 \leq 10\text{min}$。

另外，我国将断续周期性工作制分为两类：上一类亦为停止式断续工作制，即在 t_0 内电动机脱离电网，不再工作；另一类称为空载式断续工作制，即在 t_0 内电动机不断电，但只带空载运行，其负载图如图 6-6 所示，对于空载式断续工作制仍按式（6-7）计算负载持续率，且 $t_g + t_0 \leq 10\text{min}$。

需要指出的是，对于各种不同的生产机械，其电动机负载图是不同的，但就发热而言，一般都归于上述三种类型的工作制度，而空载断续式工作制从本质上应归于变负载的连续工作制。

6.4.2 连续工作制电动机的选择

连续工作制电动机的选择按照负载情况分为两类：一类是常值负载情况，另一类是变化负载情况（大多数的情况下属于周期性变化负载）。

1. 常值负载下电动机功率的选择

常值负载下连续工作制电动机的功率选择非常简单，只要所选电动机的额定功率 P_e 大于等于负载的功率 P_z，则电动机发热验算不成问题，即：$P_e \geq P_z$。

这是因为一般电动机是按常值负载连续工作设计的，电动机设计及出厂试验是在保证额定功率下工作，温升不超过允许值。

2. 变化负载下电动机功率的选择

（1）平均损耗法　在生产实际中，负载恒定的情况较少，大多数电动机的负载是周期性变动的。图 6-7 所示是这种负载一个周期的负载图。在这种负载下长期工作，要求电动机的温升不超过允许值，当负载为最大值时，电动机能满足其所需的功率。对于这种情况，通常是先按过载条件或按平均功率并适当放大预选一台电动机，然后再按发热条件进行发热校验，其方法与步骤如下。

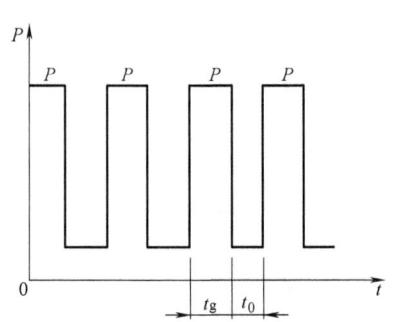

图 6-6　空载式断续工作制负载图

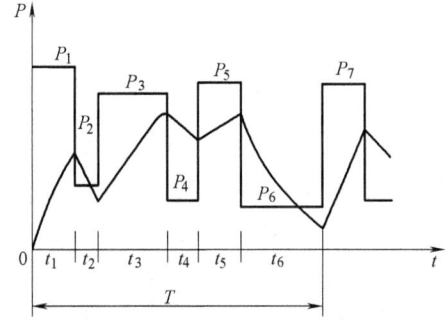

图 6-7　变载长期工作制电动机的负载图与温升曲线

1）按过载条件预选电动机功率。按照过载条件，电动机的额定功率 P_e 应满足下式：

$$P_e > \frac{P_m}{\lambda_m} \quad (6-8)$$

式中　P_m——在工作循环中，电动机所需输出的最大功率，如图 6-7 中的 P_1（kW）所示；
　　　λ_m——电动机的过载系数。

2）按发热条件校核电动机的功率。电动机的额定功率是对恒定负载下长期工作而言的，因此，在变动负载下工作时，必须按发热条件找出它所相当的恒定负载，即等效负载 P_{DZ}。

以图6-7所示的负载图为例，若在一个工作循环 T 内，电动机在等效负载 P_{DZ} 下工作发出的热量为 $Q_{DZ}T$，它应与电动机在变动负载 P_1、P_2、…下工作时发出的热量 $Q_1 t_1$、$Q_2 t_2$、…的总和相等，即

$$Q_{DZ}T = Q_1 t_1 + Q_2 t_2 + \cdots \tag{6-9}$$

式中　　Q_{DZ}——电动机在等效负载 P_{DZ} 下工作时，每秒所发出的热量；

　　　　Q_1、Q_2、…——电动机在负载 P_1、P_2、…下工作时每秒所发出的热量；

　　　　T——工作循环时间（s），$T = t_1 + t_2 + \cdots$。

根据式（6-2）给出的 Q 与 ΔP 的关系，可将式（6-9）改写为

$$\Delta P_{DZ} T = \Delta P_1 t_1 + \Delta P_2 t_2 + \cdots$$

式中　ΔP_{DZ}、ΔP_1、ΔP_2、…——电动机在功率 P_{DZ}、P_1、P_2、…下的损耗。故平均损耗为

$$\Delta P_{DZ} = \frac{\Delta P_1 t_1 + \Delta P_2 t_2 + \cdots}{T} \tag{6-10}$$

因此，变动负载下电动机的发热可看做是在等效负载为 P_{DZ} 下电动机工作产生的平均损耗 ΔP_{DZ}，故电动机的发热校核可按下式进行：

$$\Delta P_{DZ} \leq \Delta P_e \tag{6-11}$$

式中　ΔP_e——电动机在额定功率下的损耗。ΔP_e 可根据式（6-2）计算，即

$$\Delta P_e = P_e \left(\frac{1}{\eta_e} - 1 \right) \tag{6-12}$$

式中　η_e——对应额定功率 P_e 时电动机的效率。

上面所述电动机发热计算方法，通常称为平均损耗法，利用平均损耗法选择电动机发热的方法与步骤如下：

第一步：根据过载条件式（6-8）预选电动机功率。

第二步：根据电动机效率曲线 $\eta = f(P)$（笼型异步电动机的效率曲线如图6-8所示），按式 $\Delta P_i = P_i \left(\frac{1}{\eta_i} - 1 \right)$ 算出在负载为 P_1、P_2、… 时的损耗 ΔP_1、ΔP_2、…。

第三步：根据平均损耗计算公式（6-10）计算 ΔP_{DZ}。

第四步：利用式（6-12）计算电动机在额定功率 P_e 时的损耗 ΔP_e，并与 ΔP_{DZ} 相比较，如果 $\Delta P_{DZ} \leq \Delta P_e$ 则电动机不会过热。反之，若 $\Delta P_{DZ} > \Delta P_e$ 则说明电动机有过热危险，应当改选稍大功率的电动机再行验算。

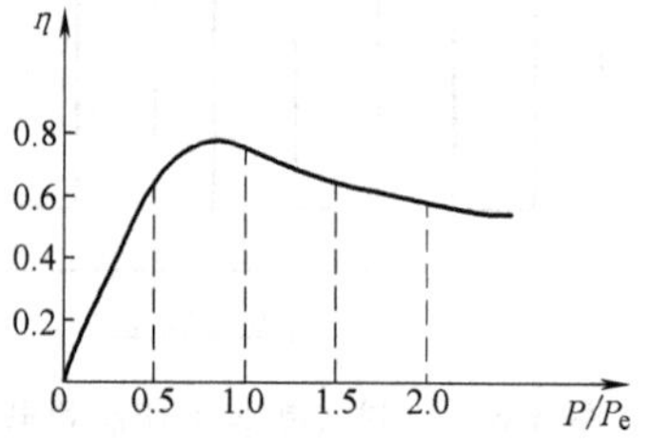

需要指出的是：如果 $\Delta P_{DZ} \ll \Delta P_e$，虽然电动机不会过热，但如果电动机功率选得过大，电动机得不到充分利用，这时需改选功率较小的电动机，重新进行发热验算。

图6-8　笼型异步电动机的效率曲线

(2) 等效法　等效法包括等效电流法、等效转矩法和等效功率法三种。

1) 等效电流法。由式（6-2）可知

$$Q = \Delta P = P_0 + P_{cu}，且\ P_{cu} = cI^2$$

故

$$\Delta P_{DZ} = P_0 + cI_{DZ}^2 \tag{6-13}$$

$$\Delta P_i = P_0 + cI_i^2 \tag{6-14}$$

由式（6-10）得

第六章 电气控制系统设计

$$\Delta P_{DZ} = \frac{\Delta P_1 t_1 + \Delta P_2 t_2 + \cdots}{T} = \frac{\sum_{i=1}^{n} \Delta P_i t_i}{T} \tag{6-15}$$

将式（6-13）、式（6-14）代入式（6-15）得

$$P_0 + c I_{DZ}^2 = \frac{\sum_{i=1}^{n}(P_0 + c I_i^2) t_i}{T} = \frac{P_0 \sum_{i=1}^{n} t_i + c \sum_{i=1}^{n} I_i^2 t_i}{T}$$

故有

$$I_{DZ}^2 = \frac{\sum_{i=1}^{n} I_i^2 t_i}{T}$$

$$I_{DZ} = \sqrt{\frac{\sum_{i=1}^{n} I_i^2 t_i}{T}} = \sqrt{\frac{\sum_{i=1}^{n} I_i^2 t_i}{\sum_{i=1}^{n} t_i}} \tag{6-16}$$

因此，等效电流法就是按照损耗相等的原则，求出一个等效不变的电流 I_{DZ} 来代替变化的负载电流，如果预选电动机的额定电流 I_e 满足条件：

$$I_e \geqslant I_{DZ} \tag{6-17}$$

则电动机发热验算通过。

2) 等效转矩法。有时已知的不是负载电流图，而是转矩图（机械设计中常常如此），如果转矩与电流成正比（当直流电流励磁不变，异步电动机磁通 Φ 与 $\cos\varphi_2$ 不变时），则可用等效转矩 M_{DZ} 代替等效电流 I_{DZ}，式（6-16）变为

$$M_{DZ} = \sqrt{\frac{\sum_{i=1}^{n} M_i^2 t_i}{\sum_{i=1}^{n} t_i}} \tag{6-18}$$

如果预选电动机的额定转矩 $M_e \geqslant M_{DZ}$，则发热验算通过。

3) 等效功率法。当电动机转速基本不变时，可由等效转矩法引出等效功率法。因为 $P = \frac{Mn}{9550}$，若 n 不变，则 P 与 M 成正比，故式（6-18）变为

$$P_{DZ} = \sqrt{\frac{\sum_{i=1}^{n} P_i^2 t_i}{\sum_{i=1}^{n} t_i}} \tag{6-19}$$

如果已知功率负载图，则可用式（6-19）计算出等效功率 P_{DZ}，然后把它与预选的电动机的 P_e 比较，如 $P_e \geqslant P_{DZ}$，则电动机发热验算通过。

(3) 有起动、制动及停歇过程时校验发热公式的修正　有时一个周期的变化负载包括起动、制动、停歇等过程，如果采用的是自扇冷式电动机，则散热条件变坏，实际温升将要升高，故需对平均损耗法和等效法的公式加以修正，即引入散热恶化系数。以等效电流为

例，修正后的公式为

$$I_{DZ} = \sqrt{\frac{I_{st}^2 t_{st} + I^2 t + I_{BK}^2 t_{BK}}{\beta_{st} t_{st} + t + \beta_{BK} t_{BK} + \beta_0 t_0}} \tag{6-20}$$

式中 I_{st}、I、I_{BK}——起动、稳定运行、制动时的电流；
t_{st}、t、t_{BK}——起动、稳定运行、制动和停歇时间；
β_{st}、β_0、β_{BK}——起动、制动和停歇散热恶化系数。

对直流电动机取：$\beta_{st} = \beta_{BK} = 0.75$，$\beta_0 = 0.5$
对交流异步电动机取：$\beta_{st} = \beta_{BK} = 0.5$，$\beta_0 = 0.25$

(4) 等效法在非恒值变化负载下的应用

非恒值变化负载的电流图（或转矩图）如图 6-9 所示，如果电流随时间变化的函数是已知的，则可用等效电流法的积分形式，即

$$I_{DZ} = \sqrt{\frac{\int_0^T I^2 dt}{\int_0^T dt}} = \sqrt{\frac{\int_0^T I^2 dt}{T}} \tag{6-21}$$

另一种较简便的方法是把变化曲线分成许多直线段，利用面积相等求出各段等效值，然后采用等效电流法的计算公式求出 I_{DZ}，值得注意的是，对图 6-9 中的三角形段和梯形段，其等效电流的求法为

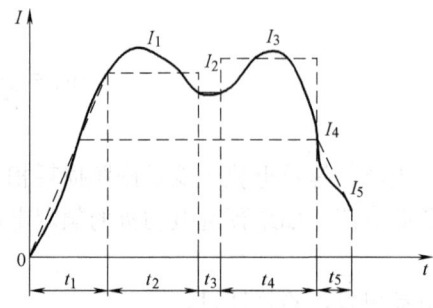

图 6-9 非恒值变化负载的电流图（或转矩图）

三角形段：
$$I_{DZ1} = \frac{I_1}{\sqrt{3}} \tag{6-22}$$

梯形段：
$$I_{DZ5} = \sqrt{\frac{I_4^2 + I_4 I_5 + I_5^2}{3}} \tag{6-23}$$

显然，上述以等效电流法为例导出的三角形段和梯形段的等效值同样适用于等效转矩法和等效功率法。

6.4.3 短时工作制电动机的选择

对于短时工作制，在电动机选型时有两种方法，一是选用专为连续工作制而设计的电动机，二是选用专为短时工作制而设计的电动机。

(1) 选用为连续工作制设计的电动机 如图 6-10 所示，设负载功率为 P_g，工作时间为 t_g。如果选择连续工作制电动机，使 $P_e \geq P_g$，显然在 $t = t_g$ 时，温升按曲线 1 只能达到 τ_g'，而达不到 τ_m，即 $\tau_g' < \tau_m$。从发热观点来看，电动机得不到充分利用。为此，可选用连续工作制电动机的 $P_e < P_g$，在工作时间 t_g 内电动机过载运行，温升曲线按 2 上升，且当 $t = t_g$ 时能达到 $\tau_g = \tau_w = \tau_m$，这样，电动机在发热上可得到充分利用。但要完全做到这一点在实际中有一定困难。可以证明，若按过载选择电

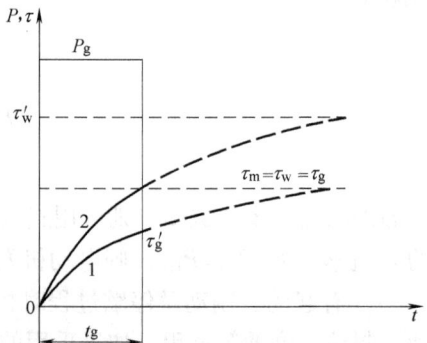

图 6-10 连续工作制的温升曲线

动机,即所选电动机的 $P_e \geq P_g/\lambda_m$,则发热肯定通过,且一般还有余量。

必须指出的是,上述情况为常值负载短时工作。如为变化负载短时工作,按发热选择电动机则需先求出等效功率 P_{DZ},即按 $P_e \geq P_{DZ}$ 选择电动机,并按最大负载功率校验过载能力,即 $P_e \geq P_{max}/\lambda_m$,$P_{max}$ 为最大负载功率。

(2)选用专为短时工作制设计的电动机 我国专为短时工作制设计的电动机,工作时间为 15min、30min、60min、90min 四种。对某一电动机,对应不同的工作时间,其功率是不同的,其关系为 $P_{15} > P_{30} > P_{60} > P_{90}$,过载能力为 $\lambda_{15} < \lambda_{30} < \lambda_{60} < \lambda_{90}$,铭牌上所标的功率为 P_{60}。

这种电动机的选择方法是,当实际工作时间接近上述标准时间时,只需按对应的时间与功率,从产品目录上直接选用。在变化负载下,可按等效功率 P_{DZ} 选择,但此时应进行过载能力校验,对笼型异步电动机还要校验其起动能力。当电动机的实际工作时间 $t_{g实}$ 与标准时间 $t_{g标}$ 不同的时候,应按下式求出相应功率:

$$P_{xd} \approx P_{实}\sqrt{\frac{t_{g实}}{t_{g标}}} \tag{6-24}$$

或

$$M_{xd} \approx M_{实}\sqrt{\frac{t_{g实}}{t_{g标}}} \tag{6-25}$$

式中 $P_{实}$——实际负载功率。

然后,按 P_{xd} 与 $t_{g标}$ 选择电动机。

如果为变化负载:则式(6-24)中的 $P_{实}$ 为等效功率 P_{DZ},此时,按 P_{xd} 与 $t_{g标}$ 选择电动机,但需进行过载能力校验。

6.4.4 断续周期性工作制电动机的选择

与短时工作制相似,断续周期性工作制也可选用普通的连续工作制电动机。但由于生产机械的拖动电动机在断续周期性工作制下工作的很多,因此,专为这一类工作制设计了电动机,并且大量生产。这类电动机的共同特点是:起动能力强、过载能力大、惯性小(飞轮矩小)、机械强度大、绝缘材料的等级高。

对一台具体电动机而言,具有不同负载持续率 $ZC\%$ 时,其额定输出功率不同,它们的关系为 $P_{15\%} > P_{25\%} > P_{40\%} > P_{60\%} > P_{100\%}$。这种电动机在产品目录中,仅给出 $ZC\% = 25\%$ 时的过载系数,这是由于这种电动机的 M_m 是一个固定值,而 M_e 则随 $ZC\%$ 的改变而变化,$ZC\%$ 越小,P_e 与 M_e 越大,则过载能力越低。

断续周期性工作制电动机功率选择的步骤与连续工作制变化负载下的功率选择相似,一般情况下,也要经过预选及校验等步骤。

1)作出生产机械的负载图,求出均负载 P_{zd} 或 M_{zd}(下式计算时不应包括停歇时间)及 $ZC\%$,预选电动机。

$$P_{zd} = \frac{\sum_{i=1}^{n} P_i t_i}{\sum_{i=1}^{n} t_i} \quad \text{或} \quad M_{zd} = \frac{\sum_{i=1}^{n} M_i t_i}{\sum_{i=1}^{n} t_i}$$

取 $P_e \geq (1.1 \sim 1.6)P_{zd}$ 或 $M_e \geq (1.1 \sim 1.6)M_{zd}$

2) 作电动机的负载图,进行发热、过载及必要时起动转矩的校验。如果工作时间内负载是变化的。可以用等效法来进行发热校验,但公式中不应把停歇时间 t_0 计入,因为它已在 $ZC\%$ 中考虑过了。另外,在计算过程中,还应验算一下实际工作时的持续率与之前初步确定的是否相同。对于自扇冷式电动机,在起动及制动时散热条件恶化,故还应考虑这一情况。散热恶化的考虑有两种方法:一是在等效值计算时用式(6-20)考虑,二是在持续率 $ZC\%$ 中考虑,即

$$ZC\% = \frac{t_{st} + t_{BK} + t}{\beta_{st}t_{st} + \beta_{BK}t_{BK} + t + \beta_0 t_0} \times 100\% \tag{6-26}$$

停歇时间 t_0 不再乘以散热恶化系数,因其影响在电动机设计时已考虑过了。另外,当计算出的电动机实际持续率 $ZC\%_{实}$ 与标准值 $ZC\%_{标}$ 不同时,应求出相当功率或转矩,即

$$P_{xd} = P_{实}\sqrt{\frac{ZC\%_{实}}{ZC\%_{标}}} \tag{6-27}$$

$$M_{xd} = M_{实}\sqrt{\frac{ZC\%_{实}}{ZC\%_{标}}} \tag{6-28}$$

与前述相同,如果为变化负载,则 $P_{实}$、$M_{实}$ 分别为等效功率 P_{DZ} 和等效转矩 M_{DZ}。

6.4.5 电动机功率选择的统计或类比法

前面介绍的选择电动机功率的原理和方法是非常重要的,是基础性的内容.但有时其计算工作量较大,经过不断总结经验,目前已陆续得出一些生产机械选用电动机功率的实用方法。这些方法比较简便,但有一定的局限性。

以机床制造业为例,对不同类型的机床的主拖动电动机的功率进行统计和分析,从中找出电动机功率和机床主要参数间的关系,再根据我国的实际情况得出相应的计算公式,这些统计分析公式如下:

(1) 车床

$$P = 36.5D^{1.54}(kW)$$

式中 D——工件的最大直径(m)。

(2) 立车

$$P = 200D^{0.88}(kW)$$

式中 D——工件的最大直径(m)。

(3) 摇臂钻床

$$P = 0.0646D^{1.19}(kW)$$

式中 D——最大的钻孔直径(mm)。

(4) 外圆磨床

$$P = 0.1KB(kW)$$

式中 B——砂轮宽度(mm);
　　　K——系数,当采用滚动轴承时 $K = 0.8 \sim 1.1$,当采用滑动轴承时 $K = 1.0 \sim 1.3$。

(5) 卧式镗床

$$P = 0.004D^{1.7}(kW)$$

式中 D——镗杆直径(mm)。

(6) 龙门铣床

$$P = \frac{B^{1.15}}{166}(\mathrm{kW})$$

式中 B——工作台宽度（mm）。

另一种实用的方法是类比法。在调查同类生产机械采用电动机的功率数值基础上，通过类比的方法，确定电动机的功率。

6.5 继电接触式控制系统的设计

生产机械电气控制系统是生产机械不可缺少的重要组成部分，它对生产机械能否正确与可靠地工作起着决定性的作用。一般，电气控制系统应满足生产机械的工艺要求，电路要安全可靠，操作维护方便，设备投资少等。为此，必须正确地设计控制电路，合理地选择电气元件。

6.5.1 控制电路的经验设计法

（1）经验设计法的基本步骤

1）收集分析现有国内外同类型机械设备的电气控制电路，使控制系统满足设计原则。

2）根据生产机械对电气控制电路的要求，首先设计各个独立环节的控制电路，然后由各个控制环节之间的关系进一步拟定联锁电路及辅助电路的设计。一般的机械设备电气控制电路设计包括动力电路、控制及辅助电路的设计。

① 动力电路设计主要考虑电动机的起动、正反转、制动、点动及多速电动机的调速等。

② 控制电路设计主要考虑如何满足电动机的各种运动功能及生产工艺要求，包括实现加工过程自动或半自动化的控制等。

③ 辅助电路设计主要考虑如何完善整个控制电路的设计，包括短路、过载、超程、零压、联锁、光电测试、信号、照明等各种保护环节。

3）合理选择各种电气元件，符合人机关系，便于使用和维修。

4）全面检查所设计的电路，在条件允许的情况下，进行模拟试验，克服在工作过程中因误动作而产生的事故因素，逐步完善整个电气控制电路的设计。

（2）经验设计法的基本特点

1）其设计过程是逐步完善的，一般不易获得最佳设计方案。但该方法简单易行，使用很广。

2）需反复修改草图，故会影响设计速度。

3）需要有一定的经验才能进行设计，在设计中往往会因考虑不周而影响电路的可靠性。

4）一般需进行模拟试验。

（3）提高经验设计法可靠性的注意事项

1）简化电路，减少触头，提高可靠性。从可靠性设计的观点看，在满足功能要求的前提下，电路要简化。电气元件越少其触头也越少，相应的控制电路故障概率就越低，工作的可靠性亦越高。因此，在设计中应尽量避免不必要的联锁动作现象。

① 合并同类触头。由图 6-11 所示，在获得同样功能的情况下，图 6-11b 比图 6-11a 在电路上少了一对触头。但是在合并触头时应当注意触头的额定电流的限制。

② 利用转换触头。利用具有转换触头的中间继电器，将两对触头合并成一对转换触头（见图 6-12）。

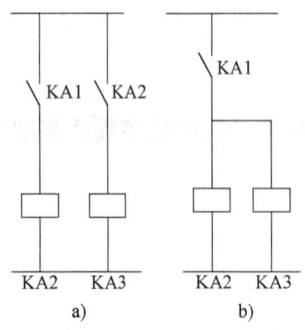

图 6-11 合并同类触头

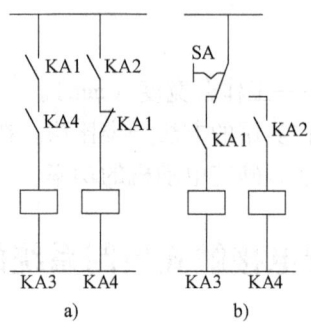

图 6-12 利用转换触头

③ 在直流电路中利用半导体二极管的单向导电性来有效地减少触头数。图 6-13 所示的电路是等效的,对于弱电电气控制电路是行之有效的,目前在自动化磨床上得到应用。

④ 利用逻辑代数法进行电路简化。

2) 正确连接电器的线圈。交流电器线圈不能串联使用,即使两个线圈额定电压之和等于外加电压,也不允许串联使用。

图 6-14 是错误的接法,因为每个线圈上分配到的电压与线圈阻抗成正比,当其中一个接触器先动作后,该接触器的阻抗要比未吸合接触器的阻抗大。因此,未吸合的接触器可能会因线圈电压达不到其额定电压而不吸合,同时电路电流将增加,引起线圈烧毁。所以若需要两个电器同时动作时,其线圈应该并联连接。

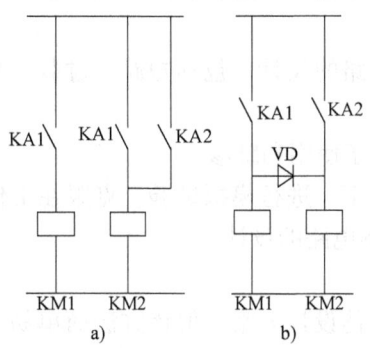

图 6-13 利用二极管等效

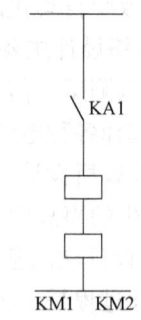

图 6-14 错误接法

图 6-15 所示电路也是一种直流电磁铁线圈与直流中间继电器线圈不正确的电路连接。当触头 KM1 断开时,电磁铁线圈 YA 电感量较大,产生的感应电动势加在中间继电器 KA1 上,使流经中间继电器的感应电流有可能大于其工作电流而使 KA1 重新吸合,且要经过一段时间后 KA1 才释放,这种误动作是不允许的。因此,一般可在 KA1 的线圈电路内单独串联一个常开触头 KM1。

3) 避免在控制电路中出现寄生回路。在控制电路的动作过程中或事故情况下,意外接通的电路称

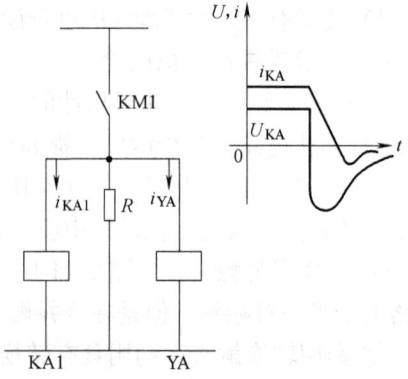

图 6-15 不正确接法

为寄生回路（见图6-16）。由图分析，在正常情况下，电路能满足各种需要的动作，但在电动机过热而使 FR1 的触头断开时，便会出现图中虚线所示的寄生回路。当 KM1 吸合使电动机运转时，由于存在寄生回路 FR1 断开时，KM1 无法释放。因此，电动机不能得到过热保护。

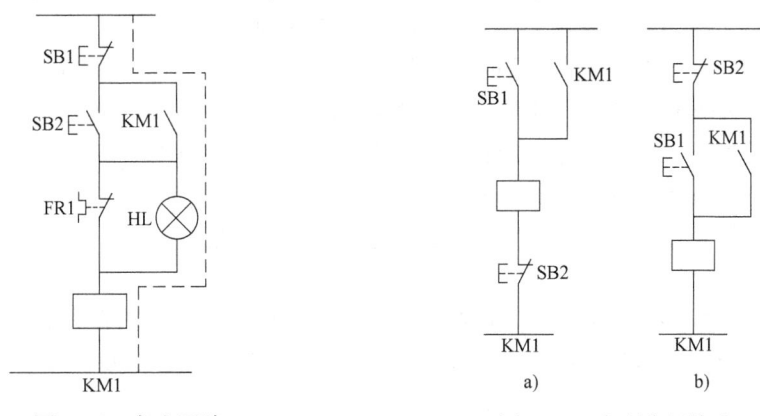

图 6-16　寄生回路　　　　　图 6-17　合理位置接法

4）根据实际情况合理安排原理图中元件位置。由图 6-17 所示，若采用图 6-17a 所示的接线方法，则需要四根从控制柜向按钮站的连线。而采用图 6-17b 所示的接线法，只需要三根从控制柜到按钮站的连线，并且图 6-17a 所示的线圈未直接与动力线相连，设计要求交流电器的线圈应并联于电源线的一侧。图 6-17a 所示的连接不合理，因此，应采用图 6-17b 给出的接线法。

5）尽量减少电器不必要的通电时间。由图 6-18 可知，当 KM2 接触器动作后，KM1 和 KT 就失去作用，不必继续通电。因此，图 6-18b 所示的电路较为合理，可节约电能和延长该电器寿命。

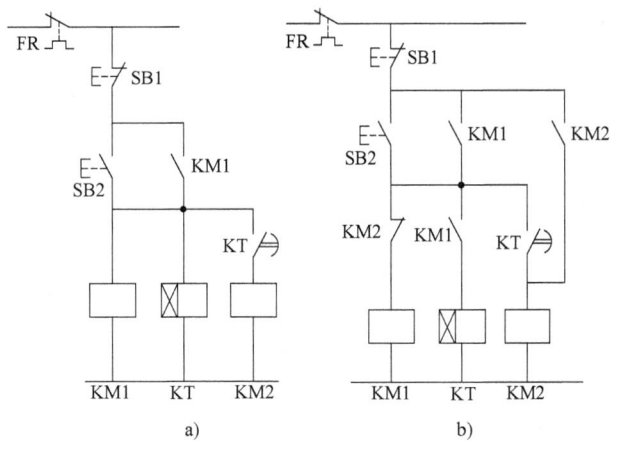

图 6-18　合理通断电路

6）在误动作情况下，应具有必要的保护环节。在日常工作中，难免由于某些原因而引起操作者的失误。因此，设计者在条件允许的情况下，应尽量考虑必要的保护环节，如自锁、互锁等控制环节。

6.5.2　实例分析

下面以龙门刨床横梁升降电气控制电路的设计为例来说明分析设计法的方法与步骤。

(1) 横梁升降机构的工艺要求

1) 由于刨床工件加工位置高低不同,要求横梁沿立柱能上、下调整。

2) 为确保切削加工的进行,正常情况下横梁应夹紧在立柱上,夹紧机构由夹紧电动机拖动,而横梁的上、下移动则由另一台横梁升降电动机拖动。

3) 在动作配合上,当横梁上升时应按照横梁松开→上升移动→横梁夹紧的顺序进行;当横梁下降时应按照横梁松开→下降移动→横梁回升后再夹紧的顺序进行。由上可知,横梁下降比横梁上升时多了一个横梁短时回升的动作,其目的在于消除螺母上端面与丝杠螺纹下端面的间隙,以防止加工时因横梁倾斜造成的误差影响加工精度。

4) 横梁升降应设有限位保护,对夹紧电动机应设有夹紧力保护。

(2) 电气控制原理图设计过程

1) 根据拖动要求设计主电路。从横梁运动出发,横梁由横梁升降电动机 M1 与夹紧放松电动机 M2 拖动,且都要求正反转。为此采用接触器 KM1、KM2 及 KM3、KM4 变换电动机的相序来实现。

考虑横梁升降为调整运动,故对 M1 采用点动控制,而 M2 需与 M1 存在一定的配合且按一定顺序工作,应统一考虑其控制。

考虑横梁夹紧时有一定的夹紧力要求,在夹紧电动机 M2 反转夹紧时,即接触器 KM4 工作时,在电动机定子电路的一相中串入过电流继电器 KI 的线圈,以此来检测电动机定子电流。随着夹紧力的增大,定子电流加大,当电流增长至 KI 动作电流值时,过电流继电器动作,其触头使 KM4 线圈断电释放,夹紧电动机停转,夹紧结束。据此可设计出图 6-19 所示的主电路。

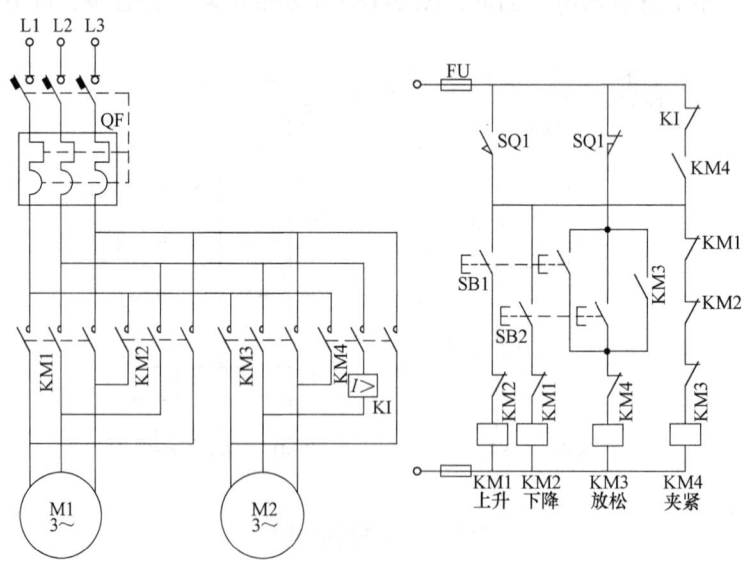

图 6-19 横梁升降控制电路草图之一

2) 设计控制电路草图。根据电动机 M1 与 M2 工作之间有一定的顺序关系,当发出"上升"指令后,应使放松接触器 KM3 线圈通电吸合,M2 正转起动,拖动夹紧机构将横梁松开;待横梁完全松开后发出松开信号,使 M2 停止工作,同时使上升接触器 KM1 线圈通电,升降电动机 M1 正转起动,拖动横梁上升;当横梁上升到所需位置时撤除"上升"指令,KM1 线圈断电,M1 停转,此时应使夹紧接触器 KM4 线圈通电,M2 反转,拖动夹紧机构将横梁夹紧在立柱上;当夹紧到一定程度时,夹紧电动机负载加大;主电路电流升高,当达到过电流继电器 KI 的动作值时,KI 动作,发出"已夹紧"信号,切断 KM4 线圈电路,M2 停转,夹紧结束,横梁上升移动结束。

横梁松开信号的发出是由复合行程开关 SQ1 完成的。当横梁处于夹紧状态时,SQ1 不受压;当横梁完全松开时,夹紧机构经杠杆将 SQ1 压下,发出"松开"信号。在不考虑横梁下降的回升时,横梁下降控制情况与横梁上升时完全相同。由此设计出图 6-19 所示的横梁升降控制电路草图之一。

3)完善设计草图。图 6-19 给出的设计草图功能不完善,主要是缺少横梁下降时的短时回升。为此引入断电延时型时间继电器 KT。当横梁下降时,KM2 线圈通电,将 KM2 常开触头接通 KT 线圈电路,当横梁下降到位时,下降指令撤除,KM2 线圈断电释放,KT 线圈断电释放,但接于上升接触器 KM1 线圈电路中的 KT 断电延时断开触头仍闭合,接通 KM1 线圈电路,使 M1 正转,拖动横梁回升,延时时间到,KT 常开触头复位,KM1 线圈断电,M1 停转,回升动作完成。于是设计出如图 6-20 所示的横梁升降控制电路草图之二。

4)检查并改进设计草图。图 6-20 给出的电路在控制功能上已达到上述控制要求。但仔细检查会发现,图 6-19 电路要求采用具有两对常开触头的按钮,而常用的按钮是一对常开一对常闭,为此引入中间继电器 KA,用按钮常开触头去控制 KA,用按钮常闭触头实现 KM1、KM2 的互锁,用 KA 的常开触头与常闭触头去控制 KM1、KM2、KM3、KM4。于是设计出图 6-21 所示的横梁升降控制电路草图之三。

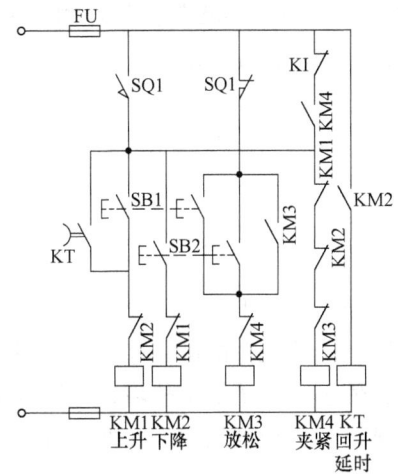

图 6-20 横梁升降控制电路草图之二

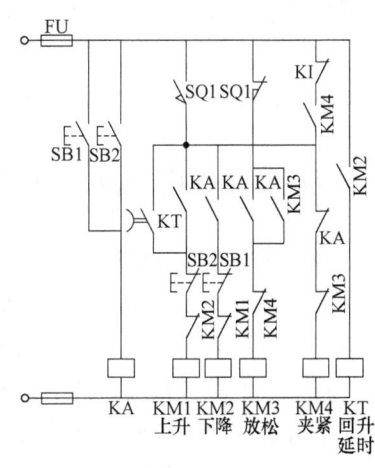

图 6-21 横梁升降控制电路草图之三

5)总体校核。控制电路设计完成,最后需进行总体校核,看其是否满足生产工艺要求,电路是否合理,有无需进一步简化之处,触头数量是否够,联锁与保护是否完善,电路工作是否安全可靠等。在这里考虑横梁上升的极限位置保护而引入行程开关 SQ2,考虑横梁下降过程中与立柱上的侧刀架的限位保护而引入行程开关 SQ3。将 SQ2、SQ3 常闭触头分别串接于 KM1、KM2 线圈电路中,最后形成图 6-22 所示的横梁升降控制电路图。

6.5.3 逻辑设计法

逻辑设计法是利用逻辑代数这一数学工具来进行电路设计。它是从工艺资料（工作循环图、液压系统图等）出发，将控制电路中的接触器、继电器线圈的通电与断电，触头的闭合与断开，以及主令元件的接通与断开等看成逻辑变量，并根据控制要求，将这些逻辑变量关系表示为逻辑函数关系式，再运用逻辑函数基本公式和运算规律对逻辑函数式进行化简，然后按化简后的逻辑函数式画出相应的电路结构图，最后再作进一步的检查和完善，以期获得最佳设计方案，使设计出的控制电路既符合工艺要求，又达到电路简单、工作可靠、经济合理的要求。

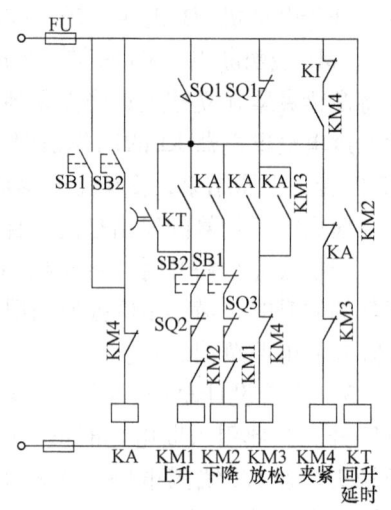

图 6-22　横梁升降控制电路图

逻辑设计法设计控制电路的方法步骤：
1) 按工艺要求作出工作循环图。
2) 决定执行元件与检测元件，并作出执行元件动作节拍表和检测元件状态表。
3) 根据检测元件状态表写出各程序的特征数，并确定待相区分组，设置中间记忆元件，使各待相区分组所有程序区分开。
4) 列写中间记忆元件开关逻辑函数式及其执行元件动作逻辑函数式，并画出相应的电路结构图。
5) 对按逻辑函数式画出的控制电路进行检查、化简和完善。

逻辑设计法与经验设计法相比，设计所得电路较为合理，能节省所用元件的数量，能算得某逻辑功能的最简电路，但逻辑设计法整个设计过程较复杂，对于一些复杂的控制要求，还必须增设许多新的条件，同时对电路竞争问题也较难处理。因此，在一般的电气控制电路设计中，逻辑设计法仅作为经验设计法的辅助和补充。

6.6　机械设备电气元件的选择

6.6.1　电气元件的可靠性

随着工业生产和科学技术的发展，自动化控制系统的规模越来越大，一个大型的自动化控制系统往往需要几万个元件。因此，整个系统的可靠性与其所用元件的可靠性有着密切的关系。若某一个串联系统，其中只要有一个元件失效，就会使整个系统发生故障，致使整个设备停工所造成的损失要远远超过该元件本身的价值。可见，如何正确选用好元件，对控制系统电路的设计是很重要的。

6.6.2　电气元件选择的基本原则

1) 根据控制元件功能的要求，确定电气元件类型。以继电接触器控制系统为例，当元件用于通、断功率较大的动力电路时，应选交流接触器；若元件用于切换功率较小的电路（控制电路或微型电动机的主电路）时，则应选择中间继电器；若还伴有延时要求，则应选用时间继电器；伴有限位控制，则应选用行程开关等。
2) 确定元件承载能力的临界值及使用寿命。主要是根据电气控制的电压、电流及功率

第六章 电气控制系统设计

的大小来确定元件的规格。

3）确定元件预期的工作环境及供应情况。如防油、防尘、防爆及货源等。

4）确定元件在应用时所需的可靠性等。采用与可靠性预计相适应的降额系数，进行一些必要的计算或校核。

6.6.3 电气元件的选择

（1）组合开关、按钮、行程开关的选择

1）组合开关。机械设备的电源引入与隔离，一般选用组合开关。主要依据电源种类、电压等级、相数、电气设备的额定容量进行选用。开关的额定电压应大于被控电气设备的额定电压等级，额定电压500V的开关适用于交流380V，额定电压250V的开关适用于交、直流220V的控制。开关的额定电流一般取机械设备额定电流的1.5~3倍。常用产品有HZ系列：HZ1、HZ2、…、HZ10等。组合开关的技术参数见表6-3。

2）按钮。按钮是短时切换小电流控制电路的开关。依据控制功能选择按钮的结构形式及颜色，如紧急操作选蘑菇形钮帽的紧急式；特殊需要选指示灯式的或旋钮式的等。停止按钮用红色的，起动用绿、黄等色。据同时控制的路数、通或断，选择触头对数及种类，进而确定所需型号。按钮的额定电压：交流500V，直流440V。额定电流：5A。机械设备常用型号有LA2、LA10、LA18、LA19、LA20等产品。

表6-3 组合开关的技术参数

型号	额定电流/A	极数	DC220V 最大分断电流/A	AC380V 最大分断电流/A	外形尺寸/mm
HZ2-10/3	10	3	10	6	63.6×67×89
HZ1-25/3	25	3	25	15	100×106×120.5
HZ2-60/3	60	3	60	35	100×106×150.5

3）行程开关。行程开关也称限位开关，用于控制电路的自动限位切换。根据控制功能及安装位置、控制路数，选择触头种类、数量、结构型号及安装尺寸。机械设备常用行程开关有LX2、LX19、JXK1及LXW-11、JLXK1-11型等系列产品。

行程开关的额定电压：交流500V，直流440V，额定电流：5A。操作频率：1200~2400次/h。LX19型及JLXK1型行程开关均备有一对常开和一对常闭触头，且有自动复位和非自动复位两类。LXW-11型及JLXK-11型是微动开关，体积小，动作灵敏，机械设备中应用较多。JW2型为组合行程开关，最多可备有5对常开、5对常闭共10对触头，可实现多路控制。JLXK1系列行程开关的结构特征与技术参数见表6-4。

表6-4 JLXK1系列行程开关的结构特征与技术参数

基本型号	传动结构及复位方式	动作力/kg	触头对数	
JLXK1-111	单轮防护式　能自动复位	>1	常开	常闭
JLXK1-111M	单轮密封式　能自动复位		1	1
JLXK1-211	双轮防护式　非自动复位	>1.5	额定电压/V	
JLXK1-211M	双轮密封式　非自动复位		交流	直流
JLXK1-311	直动防护式　能自动复位	>2	500	440
JLXK1-311M	直动密封式　能自动复位		额定电流/A	
JLXK1-411	直动滚轮防护式　能自动复位	>2	5	
JLXK1-411M	直动滚轮密封式　能自动复位		操作频率	1200 次/h

(2) 接触器的选择 根据所控制电动机及电源种类,选择交流接触器或直流接触器。原有机械设备中,交流接触器多用 CJ10 系列;直流接触器多用 CZD 系统产品。目前,符合《GB 8871—2001》和《IEC158-1》的新产品有 LC1-D 系列产品,西门子 3TB 系列产品,它们已替代了 CJ 系列和 CZD 系列产品。几种系列接触器及其所能控制的电动机的最大容量见表 6-5。

表 6-5 几种系列接触器及其所能控制的电动机的最大容量

型号	额定电流 /A	可控制的笼型电动机的最大容量/kW　AC3				
		220V	380V	440V	500V	660V
CJ10-5	5	1.2	2.2		2.2	
CJ10-10	10	2.2	4.0		4.0	
CJ10-20	20	5.5	10.0		10.0	
CJ10-40	40	11	20.0		20.0	
CJ10-60	60	17	30.0		30.0	
CJ10-100	100	30	50		50	
	AC3/AC4					
LC1-D09	9　4	2.2	4	4		5.5
LC1-D12	12　5	3	5.5	5.5		7.5
LC1-D16	16　7	4	7.5	9		9.5
LC1-D25	25　10	5.5	11	11		15
LC1-D40	40　16	11	18.5	22		30
LC1-D50	50　20	15	22	30		33
LC1-D63	63　25	18.5	30	37		37
LC1-D80	80　32	22	37	45		45
3TB40	9　3.3	2.2	4			5.5
3TB41	12　4.3	3	5.5			7.5
3TB42	16　7.7	4	7.5			11
3TB43	22　8.5	5.5	11			11
3TB44	32　15.6	8.5	15			15

一般接触器的选用,主要考虑主触头的额定电流、额定电压;辅助触头的数量和种类;吸引线圈的电压等级;操作频率等。值得注意的是:吸引线圈的电压等级应等于控制电路的电压。

根据被控电动机的容量 P_e,用经验公式来计算主触头的额定电流。主触头的额定电压应满足式中 $U_{ec} \geq U_{ex}$;

$$I_{ec} \geq I_c = \frac{P_e \times 10^3}{KU_e} \tag{6-29}$$

式中　K——经验常数,一般取 1~1.4;

U_e——被控电动机额定线电压(V);

I_{ec}——应选定的接触器额定电流(A);

U_{ec}——应选定的接触器额定电压(V);

P_e——被控电动机额定功率(kW);

I_c——接触器主触头电流(A);

U_{ex}——被控线路额定电压(V)。

(3) 中间继电器的选择 中间继电器用于控制电路中传递与转换信号,扩大控制路线,将小功率控制信号转换为大容量的触头控制，扩充交流接触器及其他电器的控制作用。根据触头的数量及种类确定型号，同时注意吸引线圈的额定电压应等于控制电路的电压等级。老产品有 JZ7 系列；新产品有 CA2—DN1 系列及西门子 3TH 系列等。表 6-6 给出了三种系列中间继电器的技术参数。

表 6-6 三种系列中间继电器的技术参数

型号	触头额定电压/V	触头额定电流/A	触头数量 常开	触头数量 常闭	吸引线圈额定电压/V	额定操作频率/(次/h)
JZ7-44	550	5	4	4	交流 50Hz,12,36,127,220,380	1200
JZ7-62	550	5	6	2	交流 60Hz 12,36,127,220,380	
JZ7-80	550	5	8	0		
CA2-DN140			4	0	AC50 Hz/60Hz ~ 48、110、120	10800
CA2-DN131	660		3	1	220、240、440、500	
CA2-DN122			2	2		
3TH80 40	220	10	4	0		
31	380	6	3	1		
22	550	4	2	2		
13	880	2	1	3	AC50/60Hz 24、42、110、115、120	
04			0	4	280、220、230、240、440、257、	
3TH82 80			8	0	DC 12、21.5、24、30、36、42、	~ 3000
71			7	1	48、60、110、125、180、220、230 共 13 种	
62			6	2		
53			5	3		
44			4	4		

（4）时间继电器的选择　时间继电器是实施时间原则控制的继电器。选择参数及内容有：触头数量、种类、延时方式及延时整定范围；线圈电压等级；操作频率等。JSK 系列时间继电器的技术参数见表 6-7。

表 6-7 JSK 系列时间继电器的技术参数

动作方式/复位方式		通电延时/自动复位		断电延时/自动复位	
	延时触头	1NO. 1NC	产品构成	1NO. 1NC	产品构成
	瞬动触头	2NO. 2NC		2NO. 2NC	
表面刻度	最大延迟时间 3s	JSK□-3/1	LA2-D20 + CA2-DN122	JSK□-3/2	LA3-D22 + CA2-DN122
	最大延迟时间 30s	JSK□-30/1	LA2-D22 + CA2-DN122	JSK□-30/2	LA3-D22 + CA2-DN122
	最大延迟时间 180s	JSK□-180/1	LA2-D24 + CA2-DN122	JSK□-180/2	LA3-D22 + CA2-DN122

常用的时间继电器有：电磁式、空气阻尼式、电动式和电子式等类型。应根据不同条件要求，选择不同类型的时间继电器。如对延时要求不高的控制，可采用空气阻尼式的；对直流断电延时，可采用造价较低的电磁式；对延时要求较高的则宜采用电动式或电子式的。常用空气阻尼式时间继电器有 JS7—A 系列产品及新标准 JSK 系列产品。西门子 7PR 系列产品是电动式小型时间继电器。

（5）热继电器的选择　热继电器主要对异步电动机进行过载保护。热继电器有双金属片式和电子式两种，电子式的热继电器保护性能好，适用于重要电动机的保护。对短时工作制，过载可能性小的电动机不必选设热继电器。

热继电器的额定电流值，一般按被保护电动机额定电流的 0.95~1.05 倍选用。对过载能力差的电动机，其额定电流可调节在下限值或更小一些。老产品常用 JR0 系列；新产品有 LR1—D 系列及西门子 3UA 系列，其技术参数见表 6-8。

表 6-8　JR0-40/LR1-D 型热继电器技术参数

型号	额定电流/A	热元件等级	
		额定电流/A	电流调节范围/A
JR0-40	40	0.64	0.4~0.64
		1	0.64~1
		1.6	1~1.6
		2.5	1.6~2.5
		4	2.5~4
		6.4	4~6.4
		10	6.4~10
		16	10~16
		25	16~25
		40	25~40
LR1-D09	9		0.1~10
LR1-D12	12		10~13
LR1-D16	16		13~18
LR1-D25	25		18~25
LR1-D40	40		23~40
LR1-D63	63		38~66
LR1-D80	80		63~80

（6）熔断器的选择　熔断器是对电气设备起过载延时和短路瞬时保护的电器。其主要结构有：插入式、螺旋式、填料封闭管式类型。

熔断器的选择方法是，根据电路的特点及参数求出熔体电流，再根据熔体电流大小选择熔断器的额定电流来确定其规格型号。

1）负载电流平稳的电气设备，如照明信号、电阻炉等，熔体电流略大于电路的额定电流。

2）具有冲击电流的电气设备，如感应电动机，起动电流为额定电流的 5~7 倍，则应按经验公式计算选用。在确定熔断器额定电流时还应考虑接触器触头的承受能力。表 6-9 给出了 RL1 系列熔断器的技术参数。

表 6-9　RL1 系列熔断器的技术参数

型号	熔断器额定电流/A	熔体额定电流/A
RL1-15	15	2,4,5,6,10,15
RL1-60	50	20,25,30,35,40,50,60
RL1-100	100	60,80,100
RL1-200	200	100,125,150,200

对单台长期工作（不频繁起动）的电动机，则有

$$I_r = (2 \sim 3) I_{em} \tag{6-30}$$

对单台频繁起动的电动机，则有

$$I_r = (3 \sim 4) I_{em} \tag{6-31}$$

对多台电动机长期共用一组熔断器保护，则有

$$I_r = (2 \sim 3) I_{emax} + \sum I_{em} \tag{6-32}$$

式中 I_r——熔体额定电流（A）；

I_{em}——电动机额定电流（A）；

I_{emax}——容量最大电动机的额定电流（A）；

$\sum I_{em}$——除容量最大电动机之外，其余电动机额定电流之和（A）。

（7）控制变压器的选择 控制变压器是用来降低控制和信号电路电压，满足电气元件电压要求，保证控制电路安全可靠的控制电路。可从两方面考虑进行选用。

1）由控制电路在最大工作负载时所需要的功率进行选择。

$$S_b \geq K_b \sum S_{xc} \tag{6-33}$$

式中 S_b——变压器所需的容量（V·A）；

$\sum S_{xc}$——控制电路在最大负载时工作的电器所需要的功率（V·A），对于交流电路（交流接触器、交流中间继电器及交流电磁铁等）S_{xc}应取吸持功率值，一般认为这些电器功率因数近似相等；

K_b——变压器容量的储备系数，一般取 1.1~1.25。

2）变压器的容量应满足以下条件：若部分电器已吸合后又起动吸合另一些电器时，要保证已吸合电器仍能吸合。此时 S_b 按下式计算：

$$S_b \geq 0.6 \sum S_{xc} + 0.25 \sum S_{jq} + 0.125 K_l \sum S_{dq} \tag{6-34}$$

式中 $\sum S_{jq}$——所有同时起动的交流接触器、交流中间继电器在起动时所需要的总功率（V·A）；

$\sum S_{dq}$——所有同时起动的电磁铁在起动时所需的总功率（V·A）；

K_l——电磁铁的工作行程 L_g 与额定行程 L_e 之比的修正系数（当 $L_g/L_e = 0.5 \sim 0.8$ 时；$K_l = 0.7 \sim 0.8$；当 $L_g/L_e > 0.9$ 时，$K_l = 1$）。

式中的 $\sum S_{xc}$ 应是已经吸合的电器所需要的功率。

常用交流电磁电器的起动与吸持功率见表6-10。

表 6-10 常用交流电磁电器的起动与吸持功率

电器型号	起动功率 S_{qd}/V·A	吸持功率 S_{xc}	S_{qd}/S_{xc}
JZ7	75	12	6.3
CJ10-5	35	6	5.8
CJ10-10	65	11	5.9
CJ10-20	140	22	6.4
CJ10-40	230	32	7.2
CJ0-10	77	14	5.5
CJ0-20	156	33	4.75
CJ0-40	280	33	8.5
MQ1-5101	≈450	50	9
MQ1-5111	≈1000	80	12.5
MQ1-5121	≈1700	95	18
MQ1-5131	≈2200	130	17
MQ1-5141	≈10000	480	21

从表6-10可以看出，一般交流接触器和继电器的 $S_{qd}/S_{xc} \approx 6$，而交流电磁铁的 $S_{qd}/S_{xc} \approx 12$。

$$S_{b} \geqslant 0.6 \sum S_{xc} + 1.5 \sum S_{xc(qd)} \tag{6-35}$$

式中 $\sum S_{xc(qd)}$——同时起动电器的总吸持功率。

(8) 电磁铁的选择 电磁铁是实现机械、液压、气动自动控制的动力元件。电磁铁的种类按功用分有牵引电磁铁、阀用电磁铁；按电源分有交流和直流两大类。

根据具体用途、控制功能，选择电磁铁的型号、额定电压、额定吸力、额定行程、操作频率、外形及安装尺寸等参数。表 6-11 ~ 表 6-13 分别给出了 MQ2 交流牵引电磁铁、MFB1-YC2 交流湿式电磁铁、MFZ1 直流阀用电磁铁的参数。

表 6-11 MQ2 交流牵引电磁铁的参数

序号	型号	额定吸力 /N	额定行程 /mm	额定电压 /V	通电持续率 (%)	操作频率 /(次/h)
1	MQ2-0.7N	7	10	110	60	200
2	MQ2-1.5N	15	20	(127)		
3	MQ2-3N	30	25	220		
4	MQ2-5N	50	25	380		
5	MQ2-7N	70	25			
6	MQ2-15N	150	50	220		
7	MQ2-20N	200	30	380		

表 6-12 MFB1-YC2 交流湿式电磁铁的参数

序号	型号	额定电压 /V	额定吸力 /N	额定行程 /mm	操作频率 /(次/h)	通电持续率 (%)
1	MFB1-1.5YC	220	15	3	3000	60
2	MFB1-2.5YC		25	3		
3	MFB1-4YC		40	6		
4	MFB1-5.5YC	380	55	4		
5	MFB1-7YC		70	7		

表 6-13 MFZ1 直流阀用电磁铁的参数

序号	型号	额定电压 /V	额定吸力 /N	额定行程 /mm	操作频率 /(次/h)	通电持续率 (%)
1	MFZ1-0.7		7	4	3000	60
2	MFZ1-1.5	24	15	4		
3	MFZ1-2		20	5		
4	MFZ1-4.5	110	45	6		
5	MFZ1-7		70	8		

(9) 限流电阻的计算

1) 笼型式异步电动机起动限流电阻。在电动机串联电阻减压起动方式中，限流电阻由下式近似计算：

$$R_{q} = \frac{220\sqrt{(K_{q}/K_{qr}) - 1}}{I_{e}K_{q}} \tag{6-36}$$

式中 R_{q}——每相起动限流电阻的阻值（Ω）；

I_{e}——电动机的额定电流（A）；

K_{q}——不接电阻时电动机的起动电流与额定电流之比（有手册可查）；

K_{qr}——接入起动限流电阻后，电动机起动电流与额定电流之比。

接入限流电阻后,其起动转矩 T_{qr} 可由下式估算:

$$T_{qr} = \left(\frac{K_{qr}}{K_q}\right)^2 T_q = \left(\frac{K_{qr}}{K_q}\right)^2 K_t T_e \tag{6-37}$$

式中 T_q——电动机在不接起动电阻时的起动转矩;

T_e——电动机的额定转矩;

K_t——电动机的起动转矩与额定转矩之比(可由手册查得)。

2) 笼型异步电动机反接制动限流电阻。反接制动限流电阻由下式计算:

$$R_{zr} = \frac{110\sqrt{4(K_q/K_{zr})-3.5}}{K_q} \tag{6-38}$$

式中 K_{zr}——接入限流电阻之后,反接制动电流与额定电流之比。

电动机转速反接制动到零的瞬时,其制动转矩可估算为

$$T_{zr} = (K_{zr}/K_q)^2 T_q = (K_{zr}/K_q)^2 K_t T_e \tag{6-39}$$

第七章 可编程序控制器

7.1 PLC 概述

可编程序控制器是在继电器控制和计算机控制的基础上发展而来的新型工业自动控制装置。早期的可编程序控制器在功能上只能实现逻辑控制，因而被称为可编程序逻辑控制器（Programmable Logic Controller），简称 PLC。

国际电工委员会在 1987 年颁布的 PLC 标准草案中对 PLC 作了如下定义："PLC 是一种专门为在工业环境下应用而设计的数字运算操作的电子装置。它采用可以编制程序的存储器在其内部存储执行逻辑运算、顺序运算、定时、计数和算术运算等操作的指令，并能通过数字式或模拟式的输入或输出，控制各种类型的机械或生产过程"。PLC 及其有关的外围设备都应按照易于与工业控制系统形成一个整体，易于扩展其功能的原则而设计。

相对于一般意义上的计算机，PLC 并不仅仅具有计算机的内核，它还配置了许多使其适用于工业控制的器件。它实质是经过了一次开发的工业控制计算机。但是，从另一方面来说，它是一种通用机，若不经过二次开发，它就不能在任何具体的工业设备上使用。不过自其诞生以来，电气工程技术人员感受最深刻的也正是 PLC 二次开发十分容易。它在很大程度上使得工业自动化设计从专业技术学院走进了矿产企业，变成了普通工程技术人员甚至普通电气工人都力所能及的工作。再加上其体积小、可靠性高、抗干扰能力强、控制功能完善、适应性强、安装接线简单等众多显著优点，PLC 在问世后的短短几十年中便获得了突飞猛进的发展，在工业控制中得到了极其广泛的应用，已成为现代工业四大支柱（PLC、数控机床、工业机器人、CAD/CAM）之一。

7.1.1 PLC 的结构

（1）PLC 的基本结构　PLC 实际上是一种工业控制微机，因而它的硬件结构与一般微机控制系统相似，其主体由微处理器（CPU）、存储器、输入模块、输出模块、电源及编程器等组件构成。图 7-1 是 PLC 的系统构成框图。

电源单元将交流电转换为 PLC 内部所需的直流电，电源组件具有较高的抗干扰能力，使供电稳定、安全可靠。电源组件内还装有备用电池（锂电池），以保证在断电时，存放在读写存储器（RAM）中的信息仍能保持。

PLC 的存储器包括只读存储器（ROM）和读写存储器（RAM），前者用来存放系统程序，它相当于单板机的监控程序或个人计算机的操作系统。系统程序由生产厂家固化在 ROM 内。读写存储器用来存放用户程序，它通过外接的专用编程器写入。

输入模块主要包括光耦合器输入接口、输入状态寄存器和输入数据寄存器。输入端子接收各种有触头的和无触头的开关量信号或连续变化的模拟量信号（经 A-D 转换），输入到输入状态（映像）寄存器或输入数据寄存器中。

输出模块包括输出状态（映像）寄存器、输出锁存器、光耦合器和功率放大器等部分。

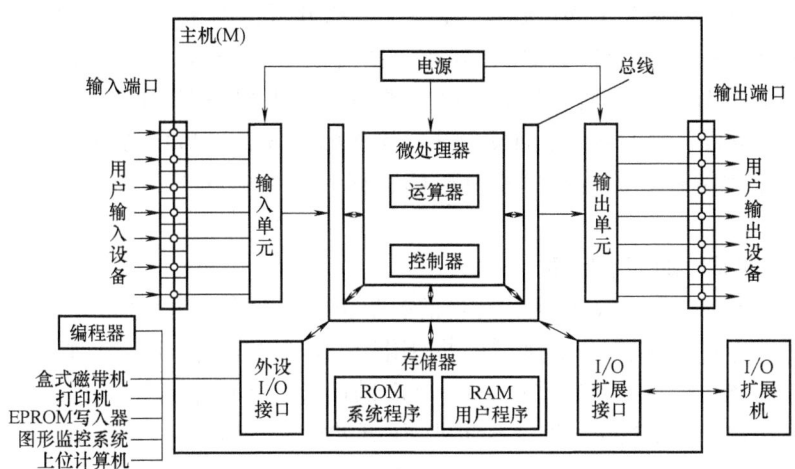

图 7-1 PLC 的系统构成框图

PLC 提供三种类型的输出：机械触头继电器、无触头型交流开关（双向晶闸管开关）、无触头型直流开关（晶体管输出），以供驱动不同类型的负载。继电器输出型的输出接口是微电磁继电器，它提供一常开触头，可直接驱动交流接触器线圈、交流电磁阀、直流电磁铁等功率器件，而不用外加接口，这就给用户带来了极大方便。

微处理器（CPU）是 PLC 的控制中枢，它包括运算器和控制器。由于它采用循环处理方式工作，对于小型 PLC，指令类型又较少，因而 PLC 的控制器比微机简单。PLC 的运算器具有很强的逻辑运算功能，但其他的运算功能一般比微机少。

编程器除了用来输入和编辑用户程序外，还可用来监视 PLC 工作时各种编程元件的工作状态。

（2）PLC 内部的等效继电器系统　虽然，PLC 是以微处理器为基础的装置，而 PLC 的工作酷似一个继电器系统。只不过组成 PLC 的继电器、定时器和计数器等是用编程方式来实现的软继电器，PLC 内部的等效继电器系统如图 7-2 所示。

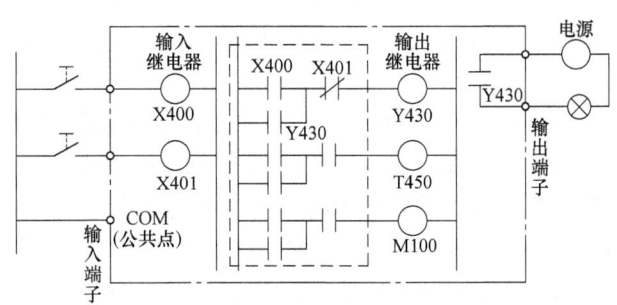

图 7-2 PLC 内部的等效继电器系统

输入端子是 PLC 从外部输入信号的端口。输出端子是 PLC 驱动外部负载的端口。

PLC 内部的输入继电器（如用 X 表示）由外部信号通过输入端子驱动。输入继电器可提供无限多对常开、常闭的软触头供内部使用。

输出继电器（如用 Y 表示）的触头与输出端子相连，通过输出端子驱动外负载。输出端子除了提供一对常开触头驱动负载以外，还可以提供无限对常开、常闭触头供内部使用。

PLC 内部还备有多种类型的元器件如定时器（如用 T 表示）、计数器（如用 C 表示）、辅助继电器（如用 M 表示）等。所有这些元器件都是用软件实现的，又称为编程继电器，它们都有许多用软件实现的常开、常闭触头，这些触头只能在 PLC 内部（即编程时）使用。虚线框内的就是用编程触头构成的控制电路，称为继电器梯形图，它是虚拟的，无实际连线。

7.1.2 PLC 控制系统的等效电路

PLC 实现的控制功能与继电器-接触器的控制功能是否等效呢？我们先从继电器-接触器的控制功能说起。图 7-3 是一个典型的机床继电器控制电路，KT 是时间继电器；KM1、KM2 是两个接触器，分别控制电动机 M1 和 M2 的运转；SB1 为停止按钮，SB2 为起动按钮。控制过程如下：按下起动按钮 SB2，电动机 M1 开始运转，10s 后，电动机 M2 开始运转；按下停止按钮 SB1，电动机 M1 和 M2 同时停止运转。

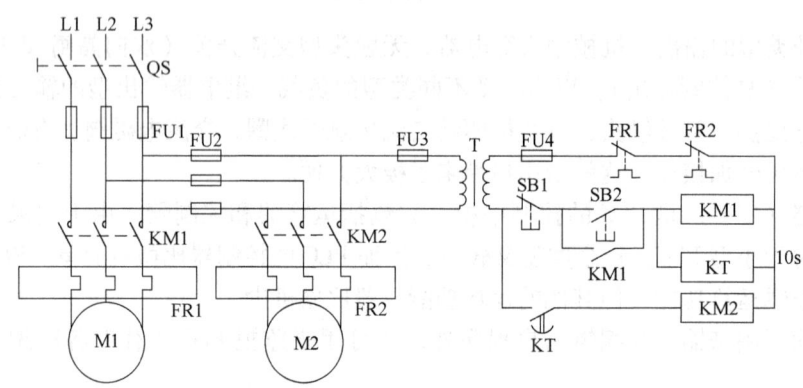

图 7-3 典型的继电器控制电路

在控制电路中，当按下 SB2 时，KM1、KT 线圈同时通电，KM1 的一个常开触头闭合并自锁，M1 开始运转；KT 线圈通电后开始计时，10s 后 KT 的延时常开触头闭合，KM2 线圈通电，M2 开始运转。当按下 SB1 时，KM1、KT 线圈同时断电，KM2 线圈也断电，M1 和 M2 随之停转。

现改用日本三菱公司生产的 FX 系列微型 PLC 来实现上述控制功能，图 7-4 为改用 PLC 控制的等效电路图。在 PLC 的面板上有一排输入端子和一排输出端子，输入端子和输出端子各有自己的公共接线端子 COM，输入端子的编号为 X0、X1、…，输入端子的编号为 Y0、Y1、…。停止按钮 SB1、起动按钮 SB2、热继电器 FR1 和 FR2 的一端接到输入端子上，另一端接到公共端子 COM 上；接触器 KM1、KM2 的线圈接到输出端子上，输出公共端子 COM 上接 AC220V 负载驱动电源。PLC 控制的等效电路由三部分组成：

（1）输入部分 接收操作指令（由起动按钮、停止按钮、开关等提供），或接收被控对象的各种状态信息（由行程开关、接近开关、各种传感器等提供）。PLC 的每一个输入点对应一个内部输入器，当输入点与输入 COM 端接通时，输入继电器线圈通电，它的常开触头闭合、常闭触头断开；当输入点与输入 COM 端断开时，输入继电器线圈断电，其常开触头断开、常闭触头接通。

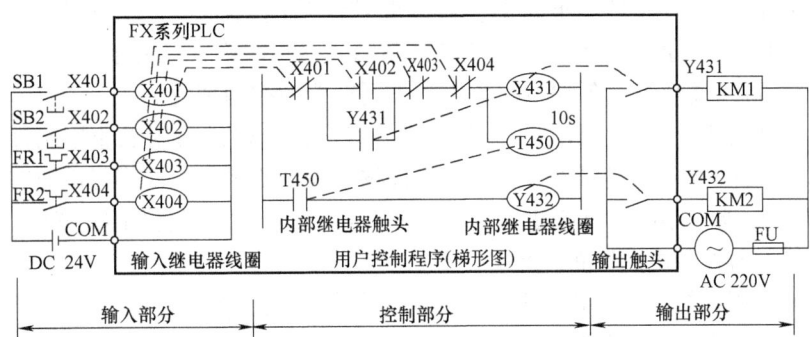

图 7-4 将图 7-3 所示电路改为 PLC 控制的等效电路图

(2) 控制部分 这部分是用户编制的控制程序，通常用梯形图的形式表示，用户控制程序放在 PLC 的用户程序存储器中。系统运行时，PLC 依次读取用户程序存储器中的程序语句，对它们的内容进行解释并加以执行，需要输出的结果则送到 PLC 的输出端子，以控制外部负载的工作。

(3) 输出部分 根据程序执行的结果直接驱动负载。PLC 的每一个输出点对应于一个内部输出继电器，每个输出继电器仅有一个硬触头与输出点相对应。当程序执行的结果使输出继电器线圈通电时，对应的硬输出触头闭合，控制外部负载动作。

其 PLC 控制过程为：当按下 SB2 时，输入继电器 X402 的线圈通电，X402 的常开触头闭合，使输出继电器 Y431 的线圈得电，Y431 对应的硬输出触头闭合，KM1 得电，M1 开始运转；同时 Y431 的一个常开触头闭合并自锁；定时器 T450 的线圈通电开始计时，延时 10s 后 KT 的常开触头闭合，输出继电器 Y432 的线圈得电，Y432 对应的硬输出触头闭合，KM2 得电，M2 开始运转。当按下 SB1 时，输入继电器 X401 的线圈通电，X401 的常开触头断开，Y431、Y430、Y432 的线圈均断电，Y431、Y432 对应的两个硬输出触头随之断开，KM1、KM2 断电，M1 停转。

7.1.3 PLC 的特点与应用领域

(1) PLC 的特点

1) 可靠性高，抗干扰能力强。PLC 由于采用现代超大规模集成电路技术、严格的生产工艺制造，内部电路采用了先进的抗干扰技术，具有很高的可靠性。例如日本三菱公司生产的 F 系列 PLC 平均无故障时间已达 30 万小时。一些使用 CPU 的 PLC 的平均无故障时间则更长。从 PLC 的机外电路来说，使用 PLC 构成控制系统，和同等规模的"继电器-接触器控制系统"相比，电气接线及开关触头减少到原来的数百甚至数千分之一，故障也将随之大大降低。此外，PLC 具有硬件故障的自我检测功能，出现故障时可迅速及时发出报警信息。应用软件中，用户还可编入外围器件的故障自诊断程序，使系统中 PLC 以外的电路及设备也获得故障自诊断保护。整个 PLC 都具有了极高的可靠性。

2) 配套齐全，功能完善，通用性强。PLC 发展到今天，已经形成了大、中、小、微各种规模的系列化产品，可用于各种规模的工业控制场合。除了逻辑控制功能外，现代 PLC 大都具有完善的数据运算能力，可用于各种数字运算控制领域。近年来 PLC 的功能模块大量涌现，使 PLC 已渗透到了位置控制、运动控制、过程控制、温湿度控制、计算机数控 (CNC) 等各种工业控制中。加上 PLC 通信能力的增强及人机界面技术的发展，使用 PLC 组成各种控制系统变得非常容易。

PLC 这种控制装置硬件是标准化的，要改变控制功能只需改变程序即可。同一台 PLC 可以用于不同的控制对象。加之 PLC 的产品已系列化，功能模块品种多，按功能不同有低、中、高档之分，可以灵活组成各种不同大小和不同功能的控制装置。

3）易学好懂易用，深受工程技术人员欢迎。PLC 作为现代通用工业控制计算机，是面向工矿企业的工控设备，其编程语言易于为工程技术人员所接受。像梯形图语言的图形符号和表达方式与继电器电路图非常接近，只用 PLC 的少量开关逻辑控制指令就可以方便地实现"继电器-接触器控制电路"的功能。

4）系统设计周期短，硬件设计和接线简单，维护方便，改造容易。

5）体积小，重量轻，能耗低。

以超小型 PLC 为例，其新近产品的品种底部尺寸小于 $100mm^2$，重量小于 150g，能耗仅数瓦。由于体积小很容易嵌入机械内部，是实现机电一体化首选的最理想控制器件。

(2) PLC 的应用领域　目前，PLC 在国内外已广泛应用于钢铁、石油、化工、电力、建材、机械制造、轻纺、交通运输、环保及文化娱乐的各行各业，使用情况可归纳为以下几类：

1）开关量的逻辑控制。这是 PLC 最基本、最广泛的应用领域，可用它取代传统的"继电器-接触器控制电路"，实现逻辑控制、顺序控制，既可用于单机设备的控制，又可用于多机群控制及自动化流水线。如电梯控制、高炉上料、注塑机、印刷机、数控与组合机床、磨床、包装生产线和电镀流水线等。

2）模拟量控制。在工业生产过程中，有许多连续变化的模拟量，如温度、压力、流量、液位和速度等。为使 PLC 处理模拟量信号，PLC 厂家都生产有配套的 A-D 和 D-A 转换模块，使 PLC 可直接用于模拟量控制。

3）运动控制。PLC 可用于圆周运动或直线运动的控制。从控制机构配置来说，早期直接开关量 I/O 模块连接位置传感器和执行机构；现在可使用专用的运动控制模块，如可驱动步进电动机或伺服电动机的单轴或多轴控制模块。世界上各主要 PLC 厂家的产品几乎都有运动控制功能，广泛用于各种机械、机床、机器人和电梯等场合。

4）过程控制。过程控制是指温度、压力、流量等模拟量的闭环控制。作为工业控制计算机，PLC 能编制各种各样的控制算法程序，完成闭环控制。PID 控制是一般控制系统中常用的控制方法。目前不仅大中型 PLC 都有 PID 模块，而且许多小型 PLC 也具有 PID 功能。PID 处理一般是运行专用的 PID 子程序。过程控制在冶金化工、热处理锅炉控制等场合有非常广泛的应用。

5）数据处理。现代 PLC 具有数学运算（含矩阵运算、逻辑运算）、数据传送、数据转换、排序、查表、位操作等功能，可以完成数据的采集、分析及处理。这些数据可以与储存在存储器中的参考值比较，完成一定的控制操作，也可以利用通信功能传送给别的智能装置，或将它们打印制表。数据处理一般用于大型控制系统，如无人控制的柔性制造系统；也可用于过程控制系统，如造纸、冶金、食品工业中的一些大型控制系统。

6）通信及联网。PLC 通信包含 PLC 之间的通信以及 PLC 与其他智能设备之间的通信。随着计算机控制技术的不断发展，工厂自动化网络的发展也将会更加迅猛。各 PLC 厂商都十分重视 PLC 的通信功能，纷纷推出各自的网络系统。最新生产的 PLC 都具有通信接口，实现通信非常方便。

7.1.4 PLC 的发展

PLC 作为现代工业四大支柱之首，在先进发达工业国家中已成为自动化控制系统重要的基本电控装置，它具有控制方便、可靠性强、容易掌握、体积小、价格适宜等显著特点。

新一代的 PLC 具有 PID 调节功能，它的应用已从开关量控制扩大到模拟量控制领域，广泛地应用于航天、冶金、轻工、建材等行业。PLC 的主要发展方向如下：

（1）微型、小型 PLC 功能明显增强　很多著名的 PLC 厂家相继推出高速、高性能、小型、特别是微型的 PLC。三菱公司的 FXOS14（8 个 24VDC 输入，6 个继电器输出），其尺寸仅为 58mm×89mm，仅大于信用卡几个毫米，而功能却有所增强，使 PLC 的应用领域扩大到远离工业控制的其他行业，如快餐厅、医院手术室、旋转门和车辆等，甚至引入家庭住宅、娱乐场所和商业部门。

（2）集成化发展趋势增强　由于现代高新技术控制内容的复杂化和高难度化，使 PLC 向集成化方向发展，PLC 与 PC 集成、PLC 与 DCS 集成、PLC 与 PID 集成等，并强化了通信能力和网络化功能，尤其是以 PC 为基础的控制产品增长率最快。PLC 与 PC 集成，即将计算机、PLC 及操作人员的人机接口结合在一起，使 PLC 能利用计算机丰富的软件资源，而计算机能和 PLC 的模块交互存取数据。以 PC 为基础的控制容易编程和维护用户的利益，开放的体系结构可提供较大的灵活性，最终将提高生产率和降低生产成本。

（3）向开放性转变　PLC 目前存在的最严重缺点，主要是 PLC 的软、硬件体系结构是封闭的而不是开放的。绝大多数的 PLC 是专用总线、专用通信网络及协议，编程虽多为梯形图，但各公司的组态、寻址、语言结构不一致，导致各种 PLC 互不兼容，致使广大 PLC 用户开发应用互不统一，使用很不方便，学习开发费力费神、劳民伤财。国际电工委员会（IEC）在 1992 年颁布了 IEC1131-3 开发《可编程序控制器的编程软件标准》，为各 PLC 厂家编程的标准化铺平了道路。现在开发以 PC 为基础、在 Windows 平台下，符合 IEC1131-3 国际标准的新一代开放体系结构的 PLC 正在规划中。

（4）将来的新一代 PLC　PLC 将实现：

1）CPU 处理速度进一步加快。
2）控制系统分散化。
3）可靠性进一步提高。
4）控制与管理功能一体化。
5）向两极化（大型化和小型化）方向发展。
6）编程语言和编程工具向标准化和多样化发展。
7）I/O 组件标准化、功能组件智能化。
8）通信网络化。
9）大记忆容量，快处理速度。
10）发展故障诊断技术和容错技术。

7.2　PLC 的编程语言及指令系统

7.2.1　PLC 的程序表达方式

PLC 的使用对象是广大电气技术人员及操作维护人员。为了满足他们的传统习惯，通常，PLC 不采用难于掌握的微机编程语言，而采用面向控制过程、面向问题的"自然语言"编程。下面就常用的程序表达方式作简要介绍。

（1）继电器梯形图 这种表达方式与传统的继电器电路图非常相似、直观、形象，对于熟悉继电器控制的人来说，最易被接受。

图 7-5 为继电器控制电路原理图，等效的梯形图如图 7-6 所示。梯形图按自上而下、从左到右的顺序排列。每个继电器线圈为一个逻辑行，即一层阶梯。每一逻辑行起于左母线，然后是触头的各种连接，最后终止于继电器线（通常加上一条右母线）。整个图形呈阶梯状。

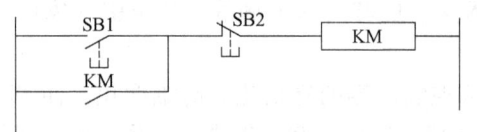

图 7-5 继电器控制电路原理图

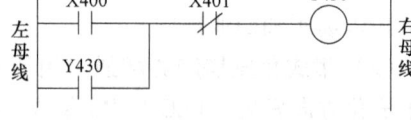

图 7-6 等效的 PLC 梯形图

梯形图是形象化的编程手段。梯形图的左、右母线是不接任何电源的，因而梯形图中没有真实的物理电流，而只有"概念"电流。"概念"电流只能先从左到右流动，层次的改变只能先上后下。

（2）顺序功能图 顺序功能图又称状态转移图 SFC，用来编制顺序控制程序。步、转换和动作是顺序功能图中的三大部件，如图 7-7 所示。步是一种逻辑块，即对应于特定的控制任务的编程逻辑；动作是控制任务的独立部分；转换是从一个任务变换到另一个任务的原因或条件。

（3）逻辑功能图 对应于图 7-7 的逻辑功能图如图 7-8 所示。它基本上沿用了半导体逻辑电路的逻辑图来表达。该编程语言用类似"与门"、"或门"、"非门"的方框来表示逻辑运算关系，方框的左侧为逻辑运算的输入变量，右侧为输出变量，输入、输出端的小圆圈表示"非"运算，信号是自左向右流动的。

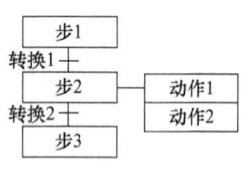

图 7-7 顺序功能图

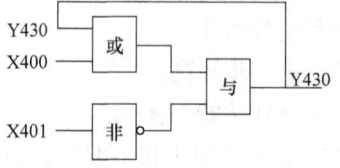

图 7-8 对应于图 7-7 的功能块图

（4）指令语句程序 用梯形图等图形编程虽然直观、简便，但要求 PLC 配置 LRT 显示器方可能输入图形符号。在许多小型、微型 PLC 的编程器中没有 LRT 屏幕显示，或没有较大的液晶屏幕显示，就只能用一系列 PLC 操作指令组成的命令程序将梯形图控制逻辑描述出来，并通过编程器输入到 PLC 中去。

PLC 的指令表（语句表、指令字程序、助记符语言）是由若干条 PLC 指令组成的程序。PLC 的指令系统比计算机汇编语言的指令系统简单得多。通过 PLC 的基本逻辑指令，可以编制出能替代继电器控制系统的梯形图。因此指令表也是一种应用很广的编程语言。

与此同时，为了增强 PLC 的各种运算功能，有的 PLC 还配有 BASIC 语言，并正在尝试用其他高级语言来编程。

7.2.2 PLC 的编程元件

PLC 的指令一般都是要针对一个元器件而言的,每个器件有器件名称和编号。生产厂家不同,元件类型有所不同,但主要元件的功能是一致的,下面以日本三菱公司的小型 PLC F-40M 为例来进行介绍。

(1) 输入继电器 X (X400~X407,X500~X507,X410~X413,X510~X513 共 24 个点) PLC 的输入端子是接收外部输入信号的窗口。输入继电器(X 线圈)是 PLC 用来接收外部输入信号的编程元件,它的线圈与 PLC 的输入端连接,只能由外部信号驱动,即由外部开关控制,而不能由程序指令或其他编程元件驱动。它的常开(动合)和常闭(动断)"软"触头只能在用户程序中使用,但可以多次使用,如图 7-9 所示。

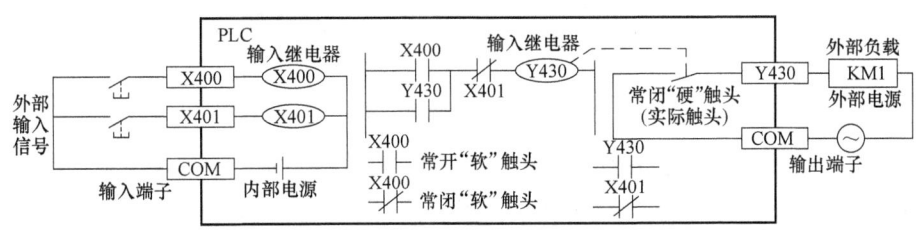

图 7-9 输入继电器与输出继电器示意图

(2) 输出继电器 Y (Y430~Y437,Y530~Y537 共 16 个点) PLC 的输出端子是向外部负载输出信号的窗口。输出继电器(Y 线圈)是 PLC 向外部负载输出信号的编程元件。它仅有一个向外部负载输出的常开"硬"触头(实际触头,物理触头)连接到 PLC 的输出端,除此之外,它还有常开和常闭"软"触头,"软"触头可以在用户程序中多次使用,其触头的接通和断开只能由用户程序执行的结果决定,不能由外部信号直接控制。

(3) 辅助继电器 M M100~M277 共计 128 点为普通型,其主要特点是没有断电保持功能,常用于逻辑运算的中间状态存储信号类型的变换,主要起数据传递作用。其线圈只能由程序驱动,具有内部触头。

M300~M377 共计 64 点为断电保持型。断电保持是指 PLC 外部电源停止后,由机内电池为某些特殊工作单元供电,可记忆它们在断电前的状态。断电保持的辅助继电器具有记忆力,可用于控制系统要求记忆电源中断瞬时的状态,重新通电后再现其状态的情况。

辅助继电器(M 线圈)是 PLC 的内部编程元件,其常开和常闭"软"触头只能在用户程序中使用,但可多次使用,如图 7-10a 所示。辅助继电器是用软件编程实现的,它们不能接收外部的输入信号,也不能直接驱动外部负载,相当于继电器控制系统中的中间继电器。

辅助继电器分为一般(通用)辅助继电器、断电保持辅助继电器和特殊辅助继电器三类。在 PLC 中,有以下几种特殊辅助继电器:

1) M70:运行监视。当 PLC 处于运行状态时,M70 接通。

2) M71:初始化脉冲。当 M70 接通时,第一执行周期 M71 接通,可用作计数器、移位寄存器的初始化复位。

3) M72:100ms 时钟。产生脉冲间隔为 100ms 的时钟。

4) M76:电池电压下降。锂电池电压下降到规定值时接通。可以用它的触头通过输出继电器接通指示灯,提醒操作者更换电池。

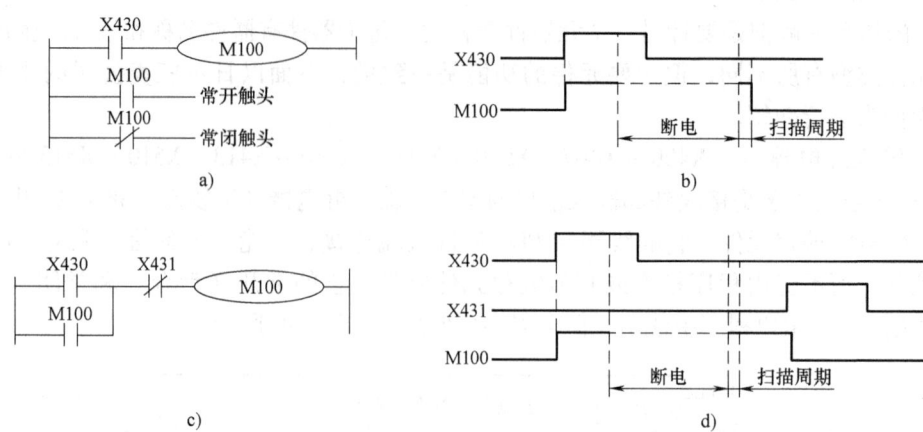

图 7-10 辅助继电器

5) M77：禁止全部输出，在梯形图中，若 M77 的线圈接通，全部输出继电器 Y 的输出将自动断开。但是 M、T、C 仍继续工作。在紧急情况下可用 M77 切断全部输出。

(4) 移位寄存器 移位寄存器由辅助继电器构成。可组成 8 位或 16 位的移位寄存器，如图 7-11 所示。移位寄存器的第一个辅助继电器的代号，就是这个移位寄存器的代号。当辅助寄存器已构成移位寄存器时，不可再作他用。

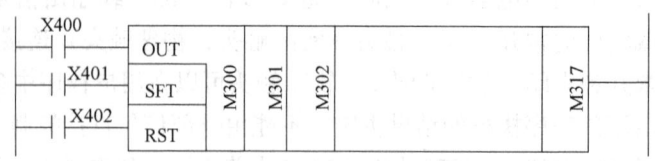

图 7-11 移位寄存器

1) 该移位寄存器的代号为 M300，它是一个 16 位的移位寄存器。

2) 输入：由接在输入端的 X400 的状态所决定，当 X400 接通时（1 态），置第一个辅助继电器 M300 的状态。

3) 移位指令 SFC：当移位输入端的信号 X401 接通（由 0 变 1）一次，每个辅助继电器的状态（1 或 0）向右移一位（原 M317 的信号溢出）。

4) 复位指令 RST：当复位端的信号 X402 接通时（1 态）M301～M317 全部处于复位状态（0 态）。因此当移位寄存器按照移位方式工作时，复位输入（在此即指 X402）应断开。

(5) 定时器 T（T450～T457，T550～T557 共 16 点） 定时器（计时器）的作用相当于继电器控制系统中的时间继电器。定时器用程序存储器内的常数 K 作为设定值，定时时间为 0.1～999s。定时器是通过对时钟脉冲进行累加计时的，当所计时间达到设定值时，其输出触头动作。也可以用数据寄存器 D 中的内容来设定，这时设定值等于指定数据寄存器中的数。例如指定数据寄存器为 D0，而 D0 的内容为 123，则与设定 K 为 123 等效。

图 7-12 为通用定时器的工作原理图。图中的 T8 为 100ms 的通用定时器，它的计数脉冲为 100ms，它的驱动输入端与输入继电器 X0 的常开触头相连。当输入继电器 X0 的常开触头接通时，定时器 T8 的线圈得电，其当前值计数器从零开始对 100ms 的时间脉冲进行累加计

数。在该值与设定值 K = 20 相等（即计时时间为 100ms × 20 = 2s）时，定时器 T8 的常开触头接通，常闭触头断开，即定时器 T8 的输出触头在其线圈被驱动 2s 后动作。当输入继电器 X0 的常开触头断开时，定时器 T8 的线圈断电，它的当前值恢复为零，常开触头断开，常闭触头接通。

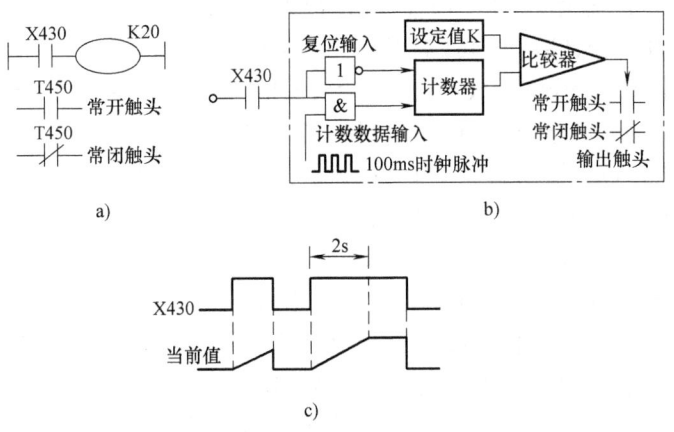

图 7-12 通用定时器工作原理图

图 7-13 中 X400 闭合，定时器启动，每隔 0.1s 对 K 减 0.1，直至 3s 后 K 减到 0，定时器输出，其常开触头闭合（常闭触头打开）接通 Y430。若 X400 一直接通，定时器维持输出。当 X400 断开时，T450 复位，它的常开触头打开，常闭触头闭合，定时值 K 恢复到设定值。可见定时器为延时接通定时器。在需要延时断开定时器时，可使用图 7-11 所示的电路。

定时器亦有若干常开、常闭触头供限制时间操作之用。若在需要延时动作触头的同时还需要瞬时动作触头，可将辅助继电器线圈与定时器线圈并联，该辅助继电器的触头即为瞬时动作触头。

（6）计数器 C（C460 ~ C467，X560 ~ 567 共 16 点） 计数器的作用是用来计数。在 PLC 运行中可观察和修改定时器的设定值和当前值。计数器的设定值由常数 K 设定，K 为 1 ~ 999。

每个计数器均有断电保持功能，在电源中断时，当前的计数值仍保持着。在不需要电源中断保持计数值的场合，可用初始化脉冲 M71 复位。图 7-14 是无电源中断保持的减法计数器。

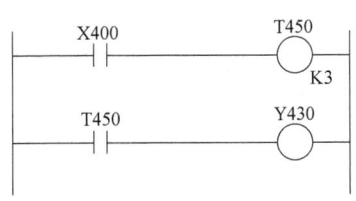

图 7-13 延时接通定时器

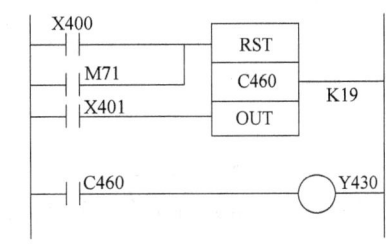

图 7-14 计数器

运行一开始，初始化脉冲 M71 将 C460 复位，它的常开触头断开，常闭触头闭合，计数器当前值等于设定值 19。

当复位输入断开,计数输入 X401 接通一次(由 0 变 1),计数值减 1,直至计数值减到 0 时,C460 常开触头闭合(常闭触头打开),Y430 接通。若再来计数脉冲,计数器当前值仍保持为 0,C460 的常开触头一直保持接通。直到复位输入 X400 接通,C460 断开,计数值恢复为设定值。

计数器也可作定时器用。图 7-15 是由计数器 C461 组成的 60s 定时器。X402 接通,100ms 的时钟脉冲 M72 使计数器 C461 计数,当计数值达到设定值 600(即 $0.1s \times 600 = 60s$)时,触头 C461 闭合使 Y531 接通。输入继电器 X402 断电时,其常闭触头闭合,使 C461 复位,输出触头 C461 打开从而使 Y531 断电。利用此特点可用计数器构成长延时定时器。

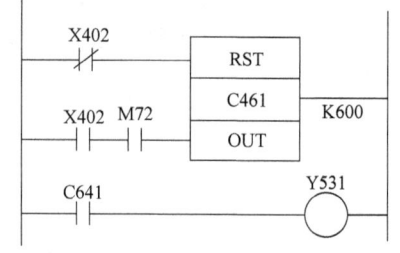

图 7-15   60s 定时器

若要在电源断开以后,计数器不复位,可将 X402 的常闭触头改为常开触头。这样,如在运行中因断电引起计数器中断计数,在电源再次接通后,计数器将在此值上继续计数,总共计数 600 次,计数器输出触头接通。

7.2.3 PLC 的指令系统

本节以 F 系列的 PLC 为例简单介绍一下 PLC 的基本指令。

1. 输入、输出指令

LD、LDI、OUT 指令的功能、梯形图表示、操作组件、所占程序步见表 7-1 所示。

LD、LDI 指令可用于将触头与左母线连接,也可以与后面介绍的 ANB、ORB 指令配合使用于分支起点处。

OUT 指令是对输出继电器 Y、辅助继电器 M、状态继电器 S、定时器 T、计数器 C 的线圈进行驱动的指令,但不能用于输入继电器 X。OUT 指令可多次并联使用。对于定时器和计数器使用 OUT 指令后,必须设定常数 K,常数 K 的设定也作为一条指令。图 7-16 是这三条指令的使用举例。

表 7-1   LD、LDI、OUT 指令助记符及功能

符号、名称	功能	梯形图表示和可操作组件	程序步
LD 取	逻辑运算开始的常开触头	X、Y、M、S、T、C	1
LDI 取反	逻辑运算开始的常闭触头	X、Y、M、S、T、C	1
OUT 输出	线圈驱动指令	Y、M、S、T、C	Y、M:1;S、特、M:2;T:3;C:3~5

对图 7-16 进行编程如下:

```
LD   X400    取常开触头 X400 的状态
OUT  Y430    驱动输出继电器 Y430
LDI  X401    取常闭触头 X401 的状态
OUT  M100    驱动辅助继电器 M100
OUT  T450    驱动定时器 T450
```

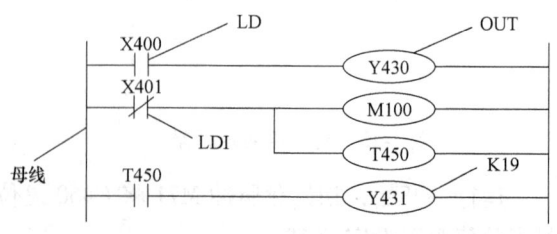

图 7-16   LD、LDI、OUT 指令使用举例

K   19   设定时间常数
LD T450   取定时器常开触头的状态
OUT Y431   驱动输出继电器 Y431

2. "与"指令

AND、ANI 指令的功能、梯形图表示、操作组件、所占程序步见表 7-2。

表 7-2 AND、ANI 指令助记符及功能

符号、名称	功能	梯形图表示和可操作组件	程序步
AND 与	常开触头串联连接	⊢⊣⊢⊣─○ X、Y、M、S、T、C	1
ANI 与非(And Inverse)	常闭触头串联连接	⊢⊣⊬⊣─○ X、Y、M、S、T、C	1

AND、ANI 指令为单个触头的串联连接指令。AND 用于常开触头;ANI 用于常闭触头;串联触头的数量不受限制。图 7-17 是 AND、ANI 的使用举例。

对图 7-17 进行编程如下:

1) LD   X402   取常开触头 X402 的状态
2) AND M101   与常开触头 M101 串联
3) OUT Y433   驱动输出继电器 Y433
4) LD   Y433   取输出继电器 Y433 的状态
5) ANI X403   与常闭触头 X403 串联
6) OUT M101   驱动辅助继电器 M101
7) AND T451   与时间继电器的常开触头串联
8) OUT T434   驱动输出继电器 Y434

在图 7-17 中运行 OUT Y433 指令后,经过 T451 触头,再利用 OUT 指令驱动 Y434,称为连续输出。由于编程的顺序规定由上到下、从左至右,因而不允许使用图 7-18 的电路。

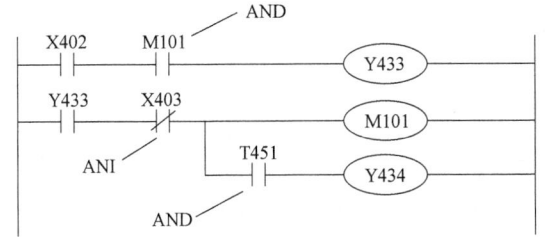

图 7-17 AND、ANI 的使用

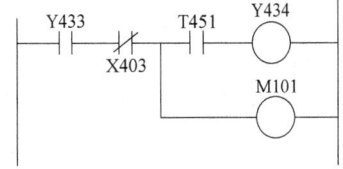

图 7-18 不能编程的电路

3. "或"指令

OR、ORI 指令的功能、梯形图表示、操作组件、所占程序步见表 7-3。

表 7-3 OR、ORI 指令助记符及功能

符号、名称	功能	梯形图表示和可操作组件	程序步
OR 或	常开触头并联连接	⊢⊣─○ X、Y、M、S、T、C	1
ORI 或非(Or Inverse)	常闭触头并联连接	⊢⊬─○ X、Y、M、S、T、C	1

OR、ORI 指令为单个触头的并联连接指令。OR 用于常开触头；ORI 用于常闭触头；

与 LD、LDI 指令触头并联的触头要使用 OR、ORI 指令，并联触头的个数没有限制，但限于编程器和打印机的幅面限制，尽量做到 24 行以下。若两个以上触头的串联支路与其他回路并联时，应采用后面介绍的电路块或（ORB）指令。

图 7-19 是该两指令的使用举例。

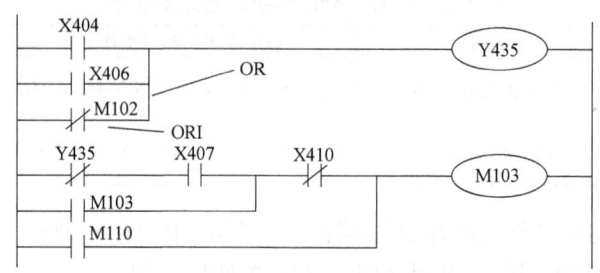

图 7-19　OR、ORI 指令的使用

图 7-19 编程如下：

1）LD　X404；取常开触头 X404 的状态
2）OR　X406；与常开触头 X406 并联
3）ORI　M102；与常闭触头 M102 并联
4）OUT　Y435；驱动输出继电器 Y435
5）LDI　Y435；取输出继电器 Y435 的状态
6）AND　X407；与常开触头 X407 串联
7）OR　M103；与 M103 常开触头并联
8）ANI　X410；与常闭触头 X410 串联
9）OR　M110；与常开触头 M110 并联
10）OUT　M103；驱动辅助继电器 M103

4. 块电路"或"指令

ORB：两个以上角点串联的支路与前面支路并联。使用该指令对各个支路进行并联时，各个支路的起点须使用 LD、LDI 指令。图 7-20 是 ORB 指令的使用举例。

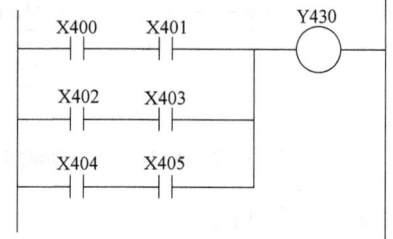

图 7-20　块电路"或"指令的使用

对图 7-20 的梯形图有两种方式编程。

1）多个支路组成的并联电路，每写一条并联支路后紧跟一条 ORB 指令，则并联支路的条数没有限制，这种编程方式较好。具体编程如下：

① LD　X400　② AND　X401　③ LD　X402　④ AND　X403　⑤ ORB
⑥ LD　X404　⑦ AND　X405　⑧ ORB　⑨ OUT　Y430

2）对多个并联支路，也可以在最后集中写若干个 ORB，但这种编程方式并联支路不能超过 8 条，是不好的编程方式。具体编程如下：

① LD　X400　② AND　X401　③ LD　X402　　④ AND　X403

⑤ LD X404 ⑥ AND X405 ⑦ ORB ⑧ ORB ⑨ OUT Y430

5. 电路块串联连接指令

ANB：将并联电路块与前面电路串联。

使用该指令的原则是：

① 先组块后串联。

② 在每一电路块开始时，须使用 LD、LDI 指令。

③ 许多电路块组成的串联电路，在组成一个电路块后，紧跟一条 ANB 指令，则串联电路块的个数没有限制。也可以在所有的电路块组成后，集中写若干条 ANB 指令，但这种写法串联电路块数不能超过 8 个，这是不好的编程方式。

图 7-21 是 ANB 指令使用举例。

6. 复位指令

RST 指令用于计数器、移位寄存器的复位。

图 7-22 中 X427 或 M71 之一接通，计数器复位，输出触头 C461 断开，计数器的当前值恢复到设定值（K19）。在 RST 有输入的情况下，计数器不能接收输入（计数输入端）数据。复位电路与计数器的计数电路、移位寄存器的移位电路是相互独立的，它们的先后次序可任意交换。

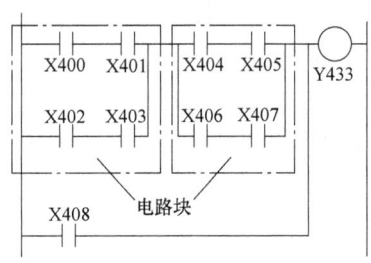

图 7-21 ANB 指令的使用

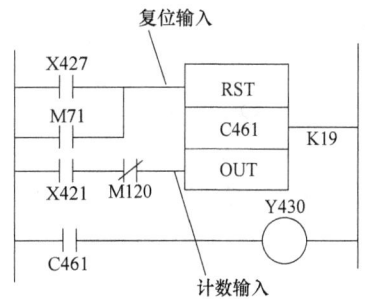

图 7-22 RST 指令的使用

所有的计数器和一部分移位寄存器具有断电保持功能。因此在开始运行之前，通常须用初始化脉冲将这些计数器和移位寄存器复位，以免出错。

7. 移位指令

SFT 为移位寄存器移位输入指令。

图 7-23 是一个 8 位移位寄存器。OUT M120 对移位寄存器的第一位输入，SFT M120 使移位寄存器每一位的状态逐位向右移一位，RST M120 使 M121～M127 复位。

8. 脉冲指令

PLS 指令用于产生脉冲信号。PLS 指令只能用于 M100～M377。

图 7-24 中，在 X400 的上升沿（由 0 变 1）M101 产生一个宽度为一个演算周期的脉冲。演算周期为：从程序执行开始到程序结束（END）之间所需要的时间。F-40M 每查询一步的平均时间为 45 μs，因此总步数乘上每步的时间为演算周期时间。

计数器和移位寄存器的复位，移位寄存器的移位通常需要这种脉冲。图 7-25 是继电器脉冲输出用于计数器复位的例子。

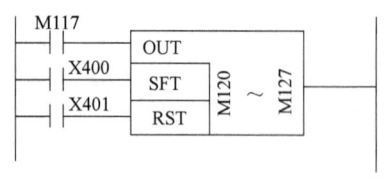

图 7-23　SFT 指令的使用

```
LD    X400
PLS   M101
```

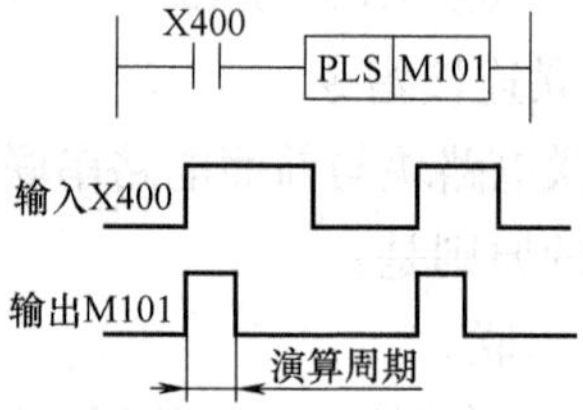

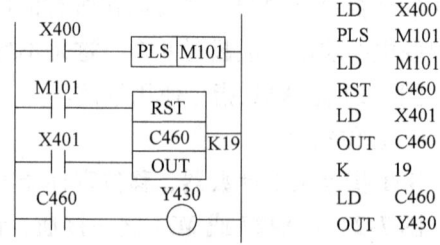

图 7-24　PLS 指令的使用

9. 空操作指令

NOP 指令使该步序作空操作。以下为空操作的具体用法：

空操作指令是使该步无操作，在程序中加入空操作指令，在变更程序或增加指令时可以使步序号不变化。用 NOP 指令也可以替换一些已写入的指令，修改梯形图或程序。但要注意：若将 LD、LDI、ANB、ORB 等指令转换成 NOP 指令后，会引起梯形图电路的构成发生很大的变化，导致出错，例如：

```
LD    X400
PLS   M101
LD    M101
RST   C460
LD    X401
OUT   C460
K     19
LD    C460
OUT   Y430
```

图 7-25　PLS 指令用于计数器复位

1）AND、ANI 指令改成 NOP 指令时会使相关触头短路，如图 7-26a 所示。

2）ANB 指令改为 NOP 指令时，使前面的电路全部短路，如图 7-26b 所示。

3）OR 指令改为 NOP 指令时，使相关电路切断，如图 7-26c 所示。

4）ORB 指令改为 NOP 指令时，使前面的电路全部切断，如图 7-26d 所示。

5）图 7-26e 中 LD 指令改为 NOP 指令时，则与上面的 OUT 电路纵接，电路如图 7-26f 所示；若图 7-26f 中 AND 指令改为 LD 指令时，电路就变成了图 7-26g 所示。

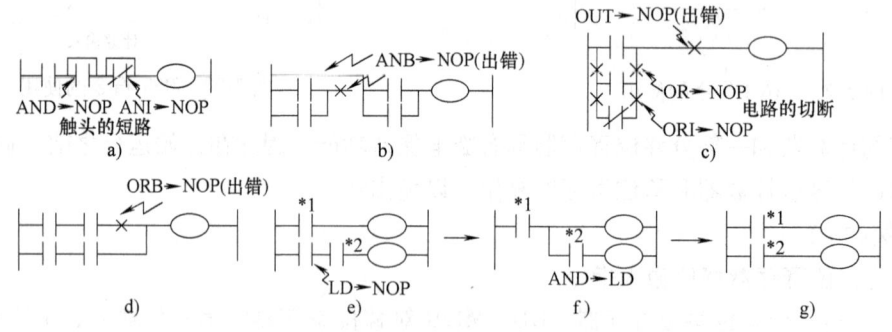

图 7-26　用 NOP 指令修改电路

10. 结束指令

END 指令在编程结束时写入。

在有效程序结束后，写一条 END 指令，可缩短演算周期。以 F-40M 为例，它的总程序步是 890 步，若不写 END 指令，控制器将从 000 步一直查询到 890 步才算完成一个演算周期，转入下一个工作周期。如有 END 指令，则查询到 END 后，就结束此周期而开始下一周期。

11. 保持指令

S 指令为操作保持置位指令。R 指令为操作保持复位指令。

只能对 M200～M377 使用这两条指令。这两条指令用来保持上述继电器的置位或复位状态。图 7-27 是 S、R 指令的使用举例。S、R 指令之间可以插入别的程序，若 X401 和 X402 同时出现，将优先执行 R 指令。

12. 跳转指令

CJP 指令为条件跳转指令，用于跳转开始。EJP 指令为跳转结束指令，用于指示跳转结束。

跳转指令规定的目标元件号为 700～777 共 64 点。当 CJP 前的条件满足时（为 1），CJP 与 EJP 之间的程序被跳过去，不予执行。CJP 与 EJP 必须成对使用，它们的目标元件号必须相同。图 7-28 是跳转指令的使用举例。当 X411 常开触头闭合时，跳过程序 B，执行程序 A，C。否则顺序执行程序 A、B、C。

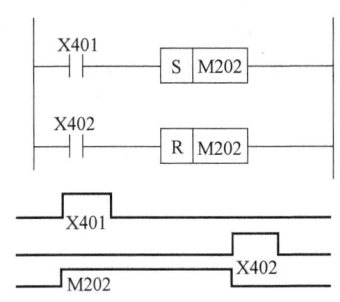

图 7-27　S、R 指令的使用

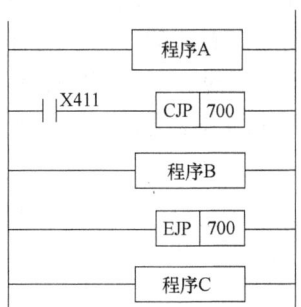

图 7-28　CJP/EJP 指令的使用

7.3　梯形图程序设计的规则及方法

梯形图编程是各种 PLC 的通用编程方式。由于它直观、易懂，因而是应用最多的一种编程方式。自然，梯形图的设计规则和设计方法就成为 PLC 程序设计的核心内容，下面分别介绍。

1）梯形图的各种符号，要以左母线为起点，右母线为终点（可允许省略右母线），从左向右分行绘出。每一行的开始是触头群组成的"工作条件"，最右边是线圈表达的"工作结果"。换句话说，与每一个线圈连接的全部支路形成一个逻辑关系（实现一组逻辑关系，控制一个动作），线圈只能接在右边的母线上，而不能直接接在左母线上，并且所有的触头不能放在线圈的右边。一行写完，自上而下依次再写下一行。

2）除有跳转指令外，一般某编号的线圈在梯形图中只能出现一次。

3）梯形图中，前面所示逻辑行的逻辑执行结果将立即被后面逻辑行的逻辑操作所利用。

4）对并联电路的逻辑行，串联触头多的支路应排在上面，这样可减少指令的条数，如图 7-29 所示。

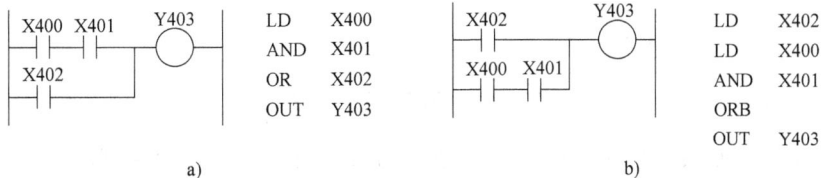

图 7-29　并联电路的排列

同理,对于有串联电路块的逻辑行,并联支路的电路块应排在左边,如图 7-30 所示。

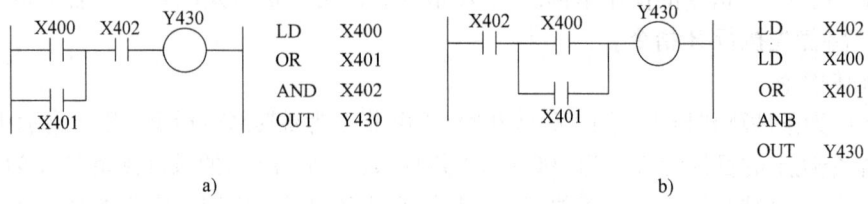

图 7-30 串联电路的排列

5)触头应画在水平线上,不能画在垂直分支线上,也就是在梯形图中,"电流"的方向只能由左向右流动,而不能双向流动。在图 7-31a 所示的桥式电路中,由于触头 X405 处有双向电流通过,所以该电路不符合编程规则,不能直接进行编程。对于这类电路,必须使用等效变换的方法进行变换处理后编程,如图 7-31b、c 所示。

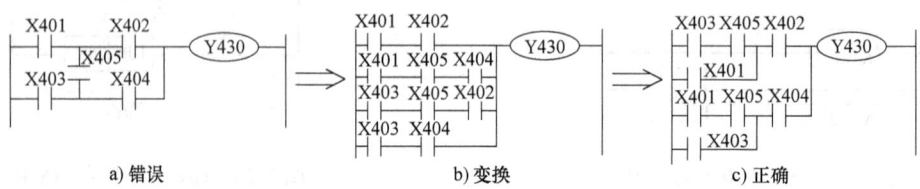

图 7-31 双电流电路的处理

6)输入继电器的线圈由输入端子上的外部信号驱动,因而输入继电器的线圈不应出现在梯形图中。梯形图中输入继电器触头的通断取决于外部信号。

7)在梯形图中,所有编程元件的线圈不能与左母线直接连接,即它们之间必须有连接触头。如果需要 PLC 在开机时就有输出,可以通过一个没有使用的辅助继电器的常闭触头来连接,如图 7-32 所示。

图 7-32 没有触头的线圈连接方法

8)在梯形图中,所有编程元件的线圈不得串联连接,如图 7-33 所示。

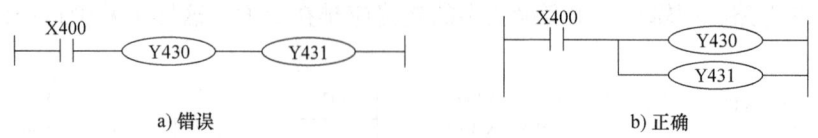

图 7-33 线圈位置的放置

9)电路等效。如果电路的结构比较复杂,用 ANB 和 ORB 等指令难以解决,可重复使用一些触头画出它们的等效电路后再进行编程,且不易出错,如图 7-34 所示。

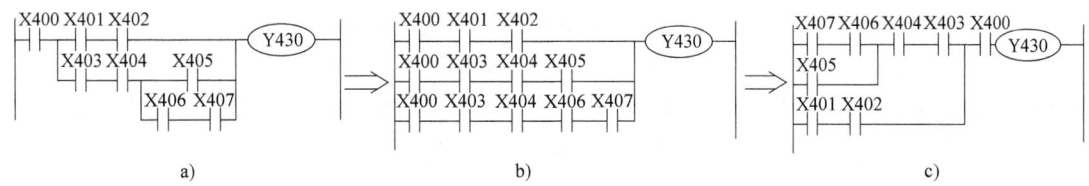

图 7-34 复杂电路的等效变换

7.4 机床 PLC 的常用编程环节

机械设备的 PLC 控制与机床电气控制的基本电路环节一群也是由一些最基本的编程环节组成的。下面介绍机床 PLC 的常用编程环节。

7.4.1 起动、保持和停止电路

在 PLC 的程序设计中，接通（起动）、保持（自保、自锁）、关断（停止）电路是构成梯形图最基本的常用电路，其基本形式有以下两种。

(1) 关断优先式　在图 7-35a 中，当输入继电器 X400 线圈得电时，其常开触头 X400 闭合，输出继电器 Y430 线圈得电并自锁。这时，即使 X400 断开，线圈 Y430 仍然得电。当输入继电器 X401 接通时，其常闭触头 X401 断开，Y430 线圈失电。当 X400 和 X401 同时接通时，关断信号 X401 有效优先，故称此电路为关闭优先式控制电路。

在图 7-35b 中，当 X400 接通时，Y430 置位；当 X401 接通时，Y430 复位；当 X400 和 X401 同时接通时，Y430 复位，关断优先。

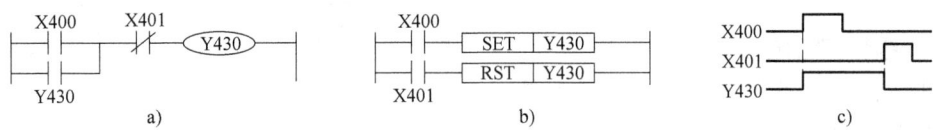

图 7-35　关断优先式起-保-停电路

(2) 接通优先式　在图 7-36a 中，当接通信号 X400 为 ON 时，无论关断信号 X401 状态如何，Y430 被接通，并且当 X401 为 OFF 时，通过 Y430 的常开触头闭合实现自锁；当 X400 为 OFF 时，使 X401 为 ON，可实现 Y430 的关断；当 X430 和 X431 同时接通时，接通信号 X400 有效优先，故称此电路为接通优先式控制电路。

在图 7-36b 中，当 X401 接通时，Y430 复位；当 X400 接通时，Y430 置位；当 X400 和 X411 同时接通时，Y430 置位，接通优先。

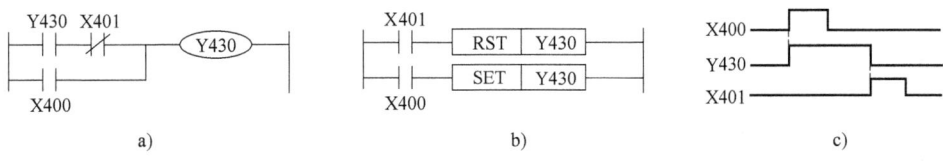

图 7-36　接通优先式起-保-停电路

7.4.2 多地点控制电路

在某些机床设备上，为了操作方便，常要求能在多个地点对电动机进行控制，这时可将

安装在不同位置的起动按钮并联连接，停止按钮串联连接，如图 7-37a 所示。

在某些大型设备上，需要几个操作者在不同位置同时工作。为了操作者的安全，要求所有操作者都发出起动信号才能使电动机运转，这时可将安装在不同位置的起动按钮串联连接；若要求在多处可控制电动机的停转，则停止按钮也应做串联连接，如图 7-37b 所示。

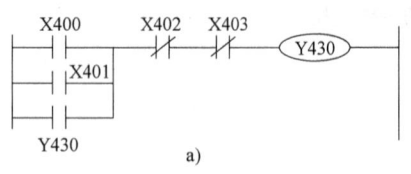 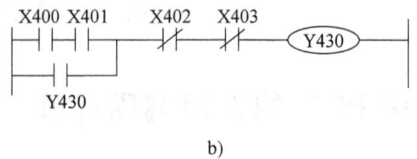

图 7-37 多地点控制电路

7.4.3 长动与点动电路

某些机床机械既需要连续运转，即所谓长动，又要求在试车调整及快速移动时能进行点动控制。点动是指手按下按钮时，电动机运转工作，手松开按钮时，电动机停止工作。如机床刀架、横梁、立柱的快速移动，机床的调整对刀等。长动可用自锁电路实现，取消自锁触头或是自锁触头不起作用就是点动。长动与点动电路如图 7-38 所示。

7.4.4 联锁和互锁电路

在机床机械的各种运动之间往往存在着某种相互协调和制约关系，一般采用联锁和互锁控制来实现。

(1) 相互禁止的互锁电路 如图 7-39 所示，为了使 Y430 和 Y431 相互禁止，选择相互制约的信号为 Y430 的常闭触头和 Y431 的常闭触头，分别串入对方 Y431 和 Y430 的控制回路中。

(2) 具有协调的联锁回路 如图 7-40 所示，Y430 的常开触头串在 Y431 的控制回路中，Y431 的接通是以 Y430 的接通为协调条件的。这样，只有 Y430 接通才允许 Y431 接通。Y430 关断后，Y431 也被关断停止。在 Y430 接通的条件下，Y431 可以自行起动和停止。

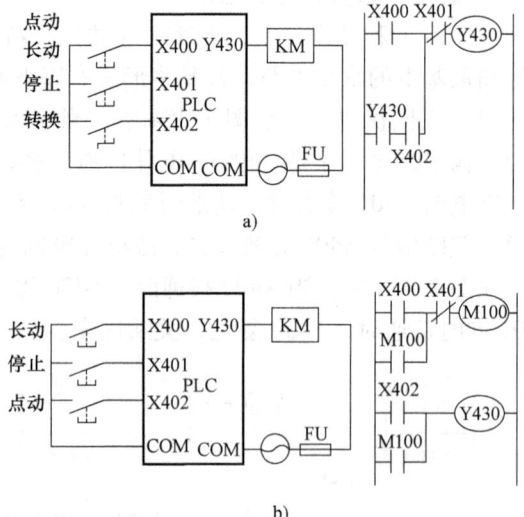

图 7-38 两种长动与点动控制电路

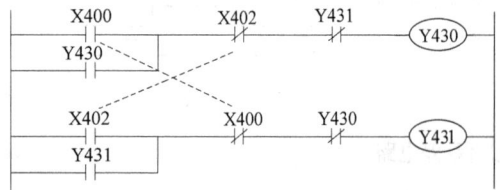 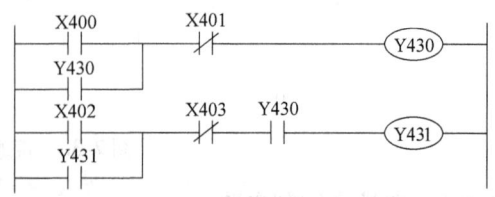

图 7-39 相互禁止的互锁电路　　　　　图 7-40 具有协调作用的联锁电路

（3）顺序步进电路　如图 7-41 所示，只有前一个运动发生了，才允许后一个运动发生；而一旦后一个运动发生了，就立即使前一个运动停止。

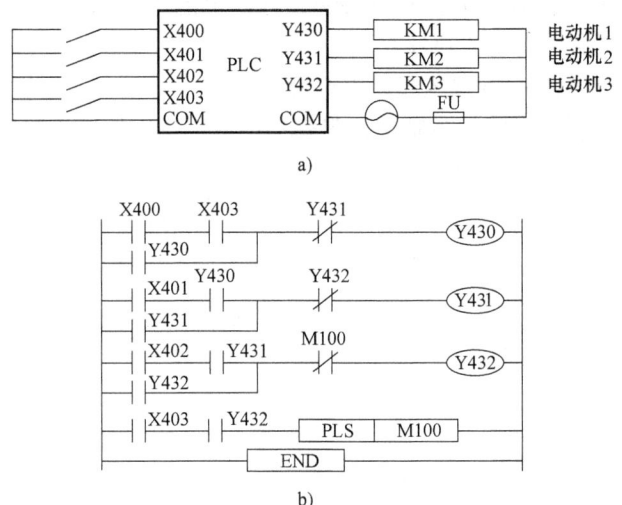

图 7-41　三台电动机顺序步进控制电路

7.4.5　定时器通电延时和延时通/断电路

PLC 中的定时器均为通电延时定时器且不带有瞬时触头，如图 7-42 所示。但通过编程可实现定时器的延时通电和延时通、延时断的功能，如图 7-43 和图 7-44 所示。

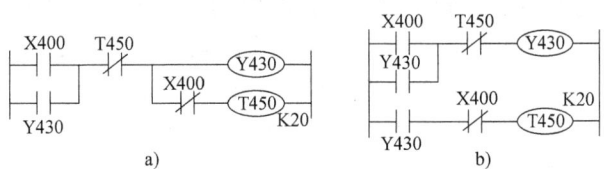

图 7-42　定时器断电延时电路

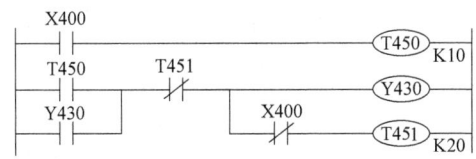

图 7-43　定时器延时通/断电路

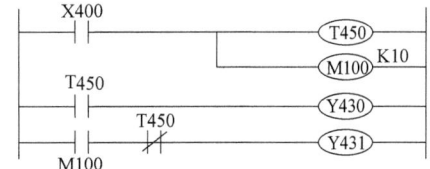

图 7-44　带瞬时触头的定时器电路

如果需要在定时器的线圈接通时就动作的瞬时触头，可以在定时器的线圈两端并联一个辅助继电器的线圈，可利用它的触头作瞬时触头，如图 7-44 所示。

7.4.6　双向控制电路

用两个输出继电器控制同一个被控对象的两种相反的工作状态。如异步电动机的正反转控制、双线圈二位电磁阀的控制都属于这种基本控制电路。

图 7-45 是异步电动机正反转控制 PLC 端子分配、外部接线及梯形图。SB2、SB3 和 SB1 分别是正反转起动和停止按钮。FR 是热继电器的保护触头，用它在 PLC 外端直接通断正反

转接触器 KM1、KM2 的电源更为可靠。X400 和 X401 的常闭触头用来实现按钮联锁，Y430 和 Y431 的常闭触头用来实现 Y430 和 Y431 的互锁。为确保在任何情况（例如某一接触器的主触头熔焊）下，两个接触器都不会同时接通，除以上的软件联锁外，还在 PLC 的外部设置由 KM1 和 KM2 常闭触头实现的硬件互锁。

7.4.7 异步电动机正反转Y—△减压起动电路设计

在电动机正反转控制梯形图的基础上，很容易设计出正反转Y—△（星形—三角形）减压起动控制梯形图，如图 7-46 所示。

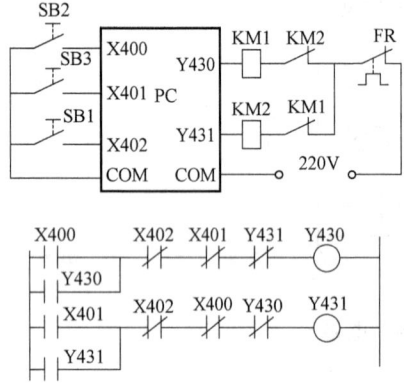

图 7-45 异步电动机正反转控制

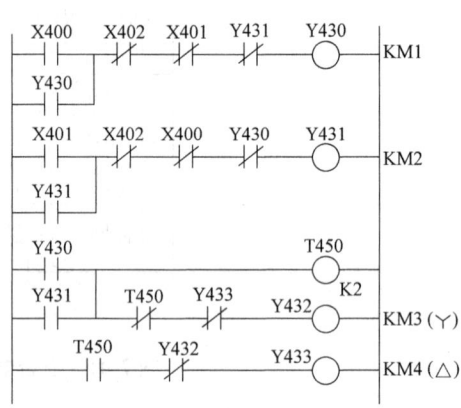

图 7-46 Y—△减压起动

当正、反转起动时由 Y430 和 Y431 的触头并联接通 Y432，使 KM3 通电实现电动机绕组的Y联结。同时 T450 线圈通电开始延时，当延时时间到（2s），T450 输出，其常闭触头打开，断开 Y432 而使 KM3 断电；T450 常开触头闭合接通 Y433 使 KM4 通电，电动机转为△联结运行。梯形图中用 Y432 和 Y433 的常闭触头实现软件联锁。由于 Y430 和 Y431 有自锁，T450 线圈接通后不会断开，能维持输出，因而 Y433 不用自锁。

7.4.8 机床电动机的反接制动控制电路

如图 7-47 所示，机床电动机在正转或反转运行时，速度继电器 KS 的正向或反向常开触

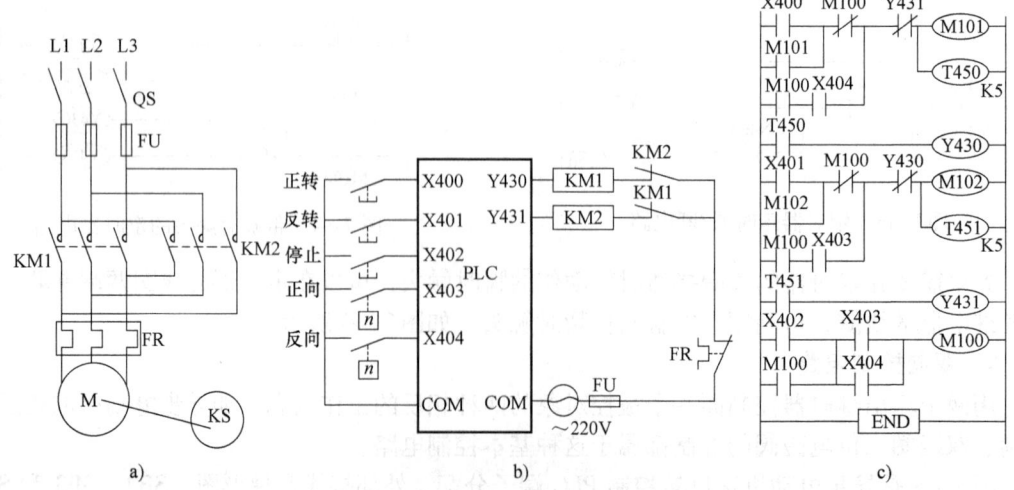

图 7-47 机床电动机的反接制动控制电路

头闭合,使 X403 或 X404 接通,为反接制动做好准备。当按下停止按钮时,X402 接通,M100 得电并自锁。这时 M101 或 M102 断电,使 Y430 或 Y431 断电;M102 或 M101 得电,延时 0.5s 后,Y431 或 Y430 得电,反接制动开始。当电动机转速迅速下降到接近零速时(约 100r/min)时,速度继电器的正向或反向常开触头断开,使 X403 或 X404 断开,这时 Y431 或 Y430 断电,正转或反转的反接制动结束。

7.5 梯形图的顺序控制设计法

用经验法设计复杂系统的梯形图难度较大,设计出的梯形图往往非常复杂。这对 PLC 控制系统的维修和改进都带来很大困难。

顺序设计法继承了顺序控制的思想,易于掌握。特别适合于生产过程按时间顺序或逻辑顺序自动进行加工的顺序控制。

7.5.1 顺序控制设计法的设计步骤

1)首先将系统的工作过程划分为若干步。步是根据输出量(输出继电器)的状态来划分的。只要系统某一输出量的通断发生了变化,系统就从一步进入了另外一步。在每一步内各输出量的状态均应保持不变。图 7-48 是步划分的示意图。

2)确定各相邻步之间的转换条件。转换条件成立使系统从当前步转入下一步。通常利用限位开关的通断、定时器或计数器的接通提供转换条件。这相当于利用行程控制原理或时间控制原理来实现自动控制。转换条件也可能是若干个信号的逻辑组合。

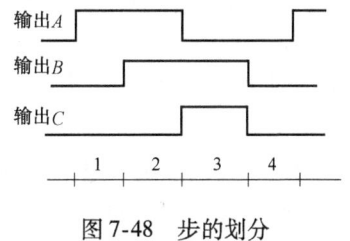

图 7-48 步的划分

3)画出功能表图(功能流程图)。功能表图又称为功能流程图或状态转移图。它是描述控制系统的控制过程、功能和特性的一种图形。

功能流程图并不涉及所描述的控制功能的具体技术。它是一种通用的技术语言,可以供进一步设计和不同专业的技术人员之间进行技术交流使用。

4)根据功能流程图,采用某种编程方式设计出系统的梯形图程序。

7.5.2 顺序设计法中功能流程图的绘制

现以送料小车的控制为例来讨论功能流程图的绘制。

图 7-49 是送料小车的工作图和功能流程图。小车在限位开关 X400 处装料,10s 后装料结束,开始右行。碰到 X401 后停止、卸料。15s 后卸料结束,左行回到 X400 处停下装料。如此循环工作。小车的起动按钮是 X500。

功能流程图由步(如 M200~M203)、有向连线(步与步之间的连线)、转换(垂直于有向连线的短横

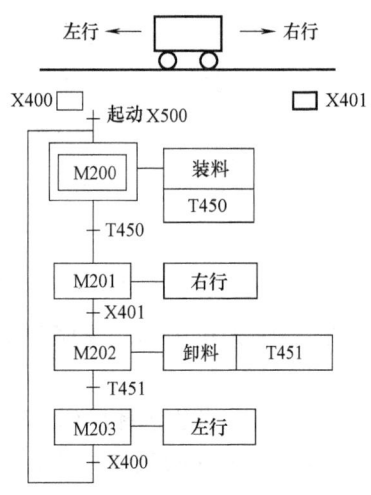

图 7-49 送料小车的工作图和功能流程图

线)、转换条件(转换旁边注明的说明)和动作组成。

(1) 步的概念 "步"用矩形方框表示,方框中是编程元件的代号,一般用辅助继电器代表步。图 7-49 中 M200 为一步,M201 为另一步。与控制过程的初始状态相对应的步称为初始步,用双线框表示。每个功能流程图至少应有一个初始步。

每一步中要完成的动作,表示在与"步"用横线相连的矩形方框中,每一步中方框的排列顺序并不表示动作的顺序。如 M200 步的动作为同时接通装料和 T450,M202 步的动作为同时接通卸料和 T451。两种画法均可,并不隐含两个动作的顺序。

当系统处于某一步所在的阶段时,叫做该步处于活动状态,该步称为"活动步"。步处于活动状态时,相应的动作被执行。

(2) 转换与有向线 步与步之间用有向线连接,并且用转换将步分开。两个步绝对不能直接相连,必须用一个转换隔开。两个转换也不能直接相连,必须用一个步隔开。

步与步之间的有向线表示步的进行方向。习惯的进行方向是从上到下或从左至右。如果不是上述的方向应在有向线上用箭头注明方向。

(3) 转换条件 转换条件可以用文字语言、布尔代数表达式或图形符号标注在表示转换的短横线旁。如图 7-50a 所示,图中转换条件成立是指 a 为"1",b 亦为"1",转换条件成立,转换实现。符号 $\uparrow a$ 和 $\downarrow b+c$ 分别表示:当 a 从 0→1 态和 $b+c$ 从 1→0 态时,转换实现。图 7-50b 中步 12 为高电平时,该步是活动的,否则是不活动的。

如果转换的前级步是活动的,并且满足相应的转换条件,则转换实现,即下一步变为活动步,上一步的活动结束。

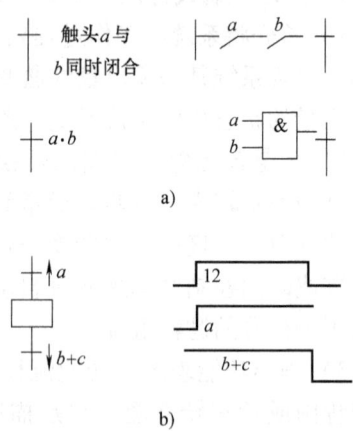

图 7-50 转换条件的表示

(4) 功能流程图的几种结构 图 7-51 表示出功能流程图的几种结构。

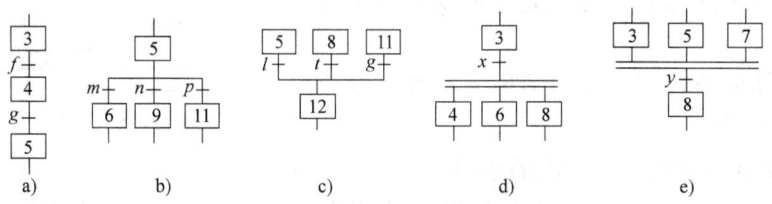

图 7-51 功能流程图的几种结构

图 7-51a 为单序列。单序列的每一步的后面只有一个转换,每个转换的后面只有一个步。

图 7-51b 为分支选择序列。转换符号只能标在水平连线以下,若步 5 是活动的,$m=1$ 则发生步 5→步 6 的进展;若 $n=1$ 则发生步 5→步 9 的进展。一般只允许同时选择一个序列。

图 7-51c 为分支合并序列。转换符号只能在水平连线以上。若步 5 是活动的,$l=1$ 则发

生步 5→步 12 的进展；若步 8 是活动的，$t=1$ 则发生步 8→步 12 的进展。

图 7-51d 为并行分支序列。若步 3 是活动的，$x=1$ 时，4、6、8 这三步均变为活动的，为了强调同步实现，水平连线用双线表示。转换只能在双线以上。

图 7-51e 为并行合并序列。必须在 3、5、7 步都为活动步时，$y=1$ 才会发生步 3、5、7 →步 8 的进展。转换只能在双线之下。

7.6 PLC 在机械控制中的应用

对于设计一个控制系统，首先应该考虑的是：是否采用 PLC。考虑的原则除控制功能外，主要是经济性和可靠性。

如果被控制系统很简单，I/O 点数很少，或者 I/O 点数虽多，但控制不复杂，特别是各部分相互联系很少，那就没有必要采用 PLC。下列情况可以考虑采用 PLC：

1）I/O 点数多，控制复杂。若用继电器控制需大量的中间继电器、时间继电器、计数器等。
2）对可靠性要求特别高，用继电器控制不能满足。
3）生产需要经常改变控制程序和修改控制参数。
4）可以用一台 PLC 控制多台设备。

7.6.1 PLC 的选型

一旦决定采用 PLC，可以从以下几个方面考虑选型。

(1) 结构形式及档次　按照物理结构，PLC 分为整体式和模块式。整体式是将 PLC 的各部分电路包括 I/O 接口电路、CPU、存储器、稳压电源均封装在一个机壳内，称为主机。主机可用电缆与 I/O 扩展单元、智能单元、通信单元相连接。整体式 PLC 结构紧凑、体积小、价格低。一般小型 PLC 采用这种结构，常用于单机控制的场合。

模块式是将 PLC 的各基本组成部分做成独立的模块，如 CPU 模块（包括存储器）、电源模块、输入模块、输出模块。其他各种智能单元和特殊功能单元也制成各自独立的模块。然后通过插槽板以搭积木的方式将它们组装在一起，构成完整的系统。其特点是对被控对象应变能力强，便于灵活组合；可随意插拔，易于维修。一般大、中型机床都采用这种结构。

按照档次可分为低档机、中档机、高档机三类。低档机具有逻辑运算、定时、计数、移位及自诊断、监控等基本功能，有的还有少量的模拟量 I/O，具有数据传送、运算及通信等功能；主要适用于开关量控制、顺序控制、定/计数控制及少量模拟量控制的场合。中档机除了进一步增加以上功能外，还具有数制转换、子程序调用、通信联网功能，有的还具有中断控制、PID 回路控制等功能；适用于既有开关量又有模拟量的较为复杂的控制系统，如过程控制、位置控制等。高档机除了进一步增加以上功能外，还具有较强的数据处理功能、模拟量调节，特殊功能的函数运算、监控、智能控制及通信联网的功能；适用于更大规模的过程控制系统，并可构成分布式控制系统，形成整个工厂的自动化网络。

(2) 容量　PLC 的容量指用户存储器容量（步数）和 I/O 点数两方面的含义。按照容量划分时，PLC 可分为超小型机、小型机、中型机、大型机四类，见表 7-4。

表 7-4 按 I/O 点数和程序容量分类

分类	I/O 点数	程序容量/B
超小型机	64 点以内	256~1000
小型机	64~256	1~3.6k
中型机	256~2048	3.6~13k
大型机	2048 以上	13k 以上

选择存储器容量可按 25% 留裕量。I/O 点数可按 10%~15% 考虑裕量。

（3）开关量 I/O 模块的选择　输入模块有交流输入和直流输入两种类型。交流输入方式接触可靠，适合在有油雾、粉尘的恶劣环境下使用。直流输入的延迟时间短，还可以与接近开关、光电开关等电子输入开关连接。输入电压为 5V、12V、24V，属低电平。传输距离不宜太远。如 5V 模块最远距离不得超过 10m，距离较远的设备应选用较高电压的模块。

输出模块中，继电器输出的价格便宜，适用的电压范围较宽，承受瞬时过电压和过电流的能力较强，对于不频繁通断的负载应优先选用（电感性负载最高通断频率不得超过 1Hz）。对于频繁通断的负载，应采用无触头开关输出，即选用晶体管输出（直流输出）或双向晶闸管输出（交流输出）。

在选用输入、输出模块时还应考虑同时接通的触头数。一般来讲，同时接通的输入或输出触头数不要超过输入或输出点数的 60%。

7.6.2 开关量 I/O 模块的外部接线

开关量输入、输出模块的外部接线分为汇点式和分离式两种，汇点式各输入、输出回路有一个公共端 COM，并共用一个电源。分离式各输入、输出回路有两个接线端，并由单独电源供电，每个触头之间是相互独立的。

（1）输入模块的外部接线　图 7-52 是输入模块的几种接线。

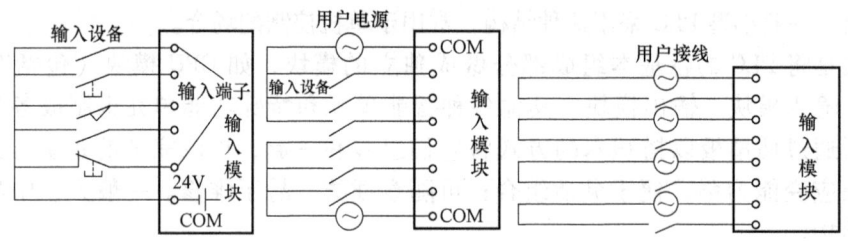

图 7-52　输入模块的接线

1）汇点式直流模块，所有的输入共用一个公共端 COM，这种模块的直流电源一般由 PLC 自身的电源供给。

2）分组汇点式交流模块。分组汇点式模块：由几个电源供电，交流电源由用户提供。

3）分离式输入模块。分离式输入用于交流供电，交流电源由用户提供。

（2）输出模块的外部接线　图 7-53 是输出模块的接线。图 7-53a 为只有一个 COM 的汇点式输出。图 7-53b 为分组式汇点输出。图 7-53c 为分离式输出。输出电源可以是交流，也可以是直流，但都必须由用户提供。

7.6.3 采用通用逻辑指令实现时间顺序控制的程序设计

所谓通用逻辑指令，是指诸如 LD、AND、OR、OUT 这类各种型号都具有的指令，因而

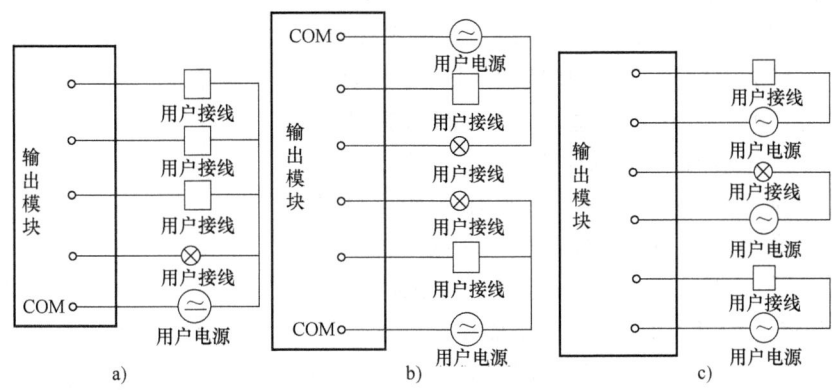

图 7-53 输出模块的接线

它适合各种型号 PLC 的编程。

按顺序控制设计法设计梯形图时，一般用辅助继电器 M 代表各步。图 7-54 是采用通用逻辑指令设计的基本电路。

若前一步 M_{i-1} 是活动的，M_{i-1} 到 M_i 步之间的转换条件 X_i 成立（即 $X_i=1$）时，M_i 步应变为活动步，同时使前一步 M_{i-1} 的活动终止。为此，应将 M_{i-1} 和 X_i 的常开触头串联来接通 M_i。又由于 X_i 一般是短信号，所以用 M_i 的常开触头自保持。M_i 的断开由下一步 M_{i+1} 的接通实现，所以将 M_{i+1} 的常闭触头与 M_i 的线圈串联。

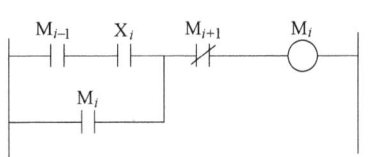

图 7-54 基本电路

现以时间控制原则实现机械手的夹紧（抓取工件）→正转→放松（卸下工件）→反转→原位停为例来讨论程序设计。

机械手由液压系统驱动，电磁铁 1DT、2DT、3DT、4DT 通电分别控制机械手夹紧、放松、正转、反转。1DT 通电后即能维持夹紧（只要 2DT 不通电），同理 2DT 通电后即能维持夹紧（只要 1DT 不通电）。机械手工作按时间原则实现自动控制，其工作循环如图 7-55 所示。

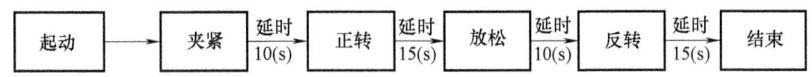

图 7-55 机械手工作循环图

首先进行输入、输出端子分配。由于自动循环按时间原则进行，输入端只设起动按钮，这样外部设备特别简单。输出端除具有 1DT~4DT 的驱动输出外，另设几个指示灯，以显示机械手的工作状态。输入、输出端子分配如图 7-56 所示。

按照机械手的工作循环图，将整个控制过程分为五步，包括一个初始步。

图 7-57 是功能流程图。按照功能流程图，利用基本电路的设计思想，很容易作出图 7-58 所示的梯形图。

以 M200 的接通为例：设 M200 = M_i，M103 = M_{i-1}，M_{i+1} = M100。转换条件 X_i = T453。当 M103 = 1 时，T453 一旦为 1 则应使 M200 接通。因而用 M103 和 T453 的常开触头串联来接通 M200，同时并联上 M200 的触头使其自保持。PLC 上电运行时亦应将 M200 接通，否则系统无法运行，因此用初始化脉冲 M71 与上述电路并联。在后续步 M100 接通时 M200 应断开，所以用 M100 的常闭触头与 M200 线圈串联。

为了避免同一线圈在梯形图中出现两次，将 Y530 的线圈用 M100、M101 触头并联驱动。将 Y531 的线圈用 M102、M103 触头并联驱动。

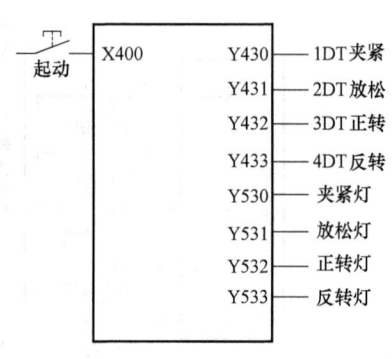

图 7-56 端子分配

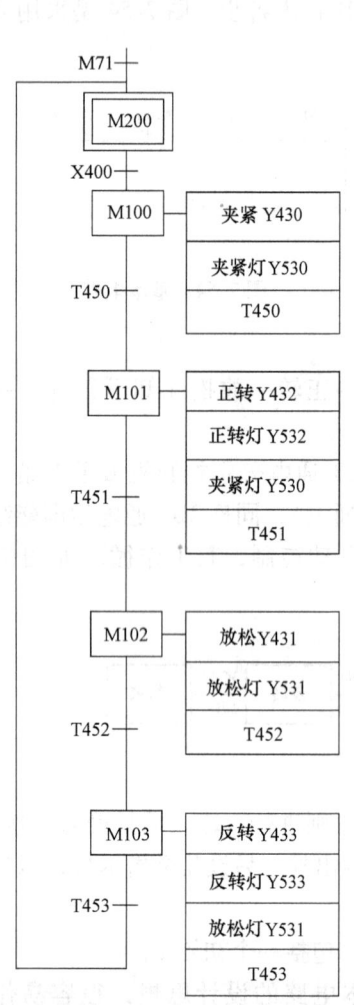

图 7-57 机械手功能流程图

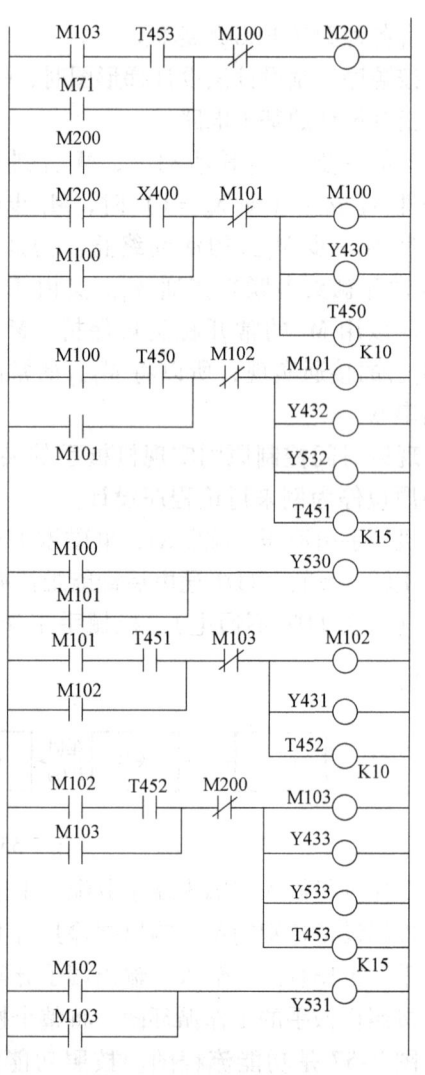

图 7-58 机械手梯形图

7.6.4 用置位（S）、复位（R）指令实现机床运动循环控制

几乎各种类型的 PLC 都具有置位、复位指令，利用该指令可以很容易地实现起、保、停控制，因而也可很方便地用来编制顺序控制程序。

现将液压滑台的快进、工进、快退的继电器控制改为 PLC 控制。图 7-59 中标出了循环控制的转换条件及输出继电器、功能流程图和梯形图。

PLC 开始运行，M71 用 S 指令将 M200 置位，该置位具有保持功能。当按下起动按钮时，X400 接通，M201 置位，同时用 R 指令使 M200 复位（并保持复位），M201 接通 Y430 和 Y431 实现快进。当快进到位时，行程开关被压动使 X401 接通，M202 置位保持，M201 复位保持，此时 Y430 断开，Y431 继续接通转为工进。工进到位 X402 接通，M203 置位使 Y432 接通，M202 复位使 Y431 断开，滑台快退回原点，压下行程开关使 X403 接通，M200 重新置位，同时 M203 复位，这时滑台停止在原点等待下一次起动。

为了不使 Y431 的线圈出现两次，用 M201 和 M202 的触头并联来驱动 Y431。

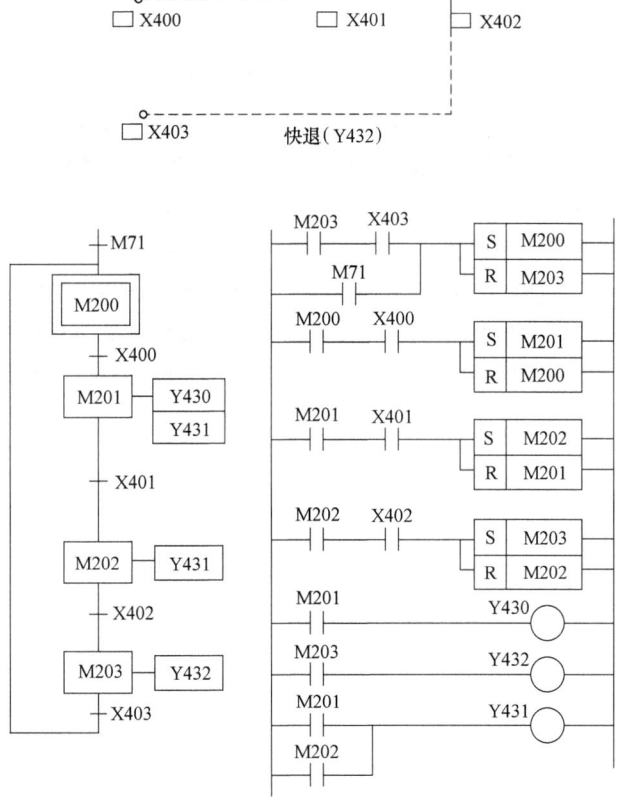

图 7-59　液压台控制的功能流程图及梯形图

7.6.5　使用移位寄存器的编程方式

对前述的液压滑台，用移位寄存器亦很容易实现控制。对应于图 7-59 的功能流程图，采用移位寄存器设计的梯形图如图 7-60 所示。

PLC 开始运行，M201～M217 为断开，M201～M204 的常闭触头闭合，首先使 M200 = 1。

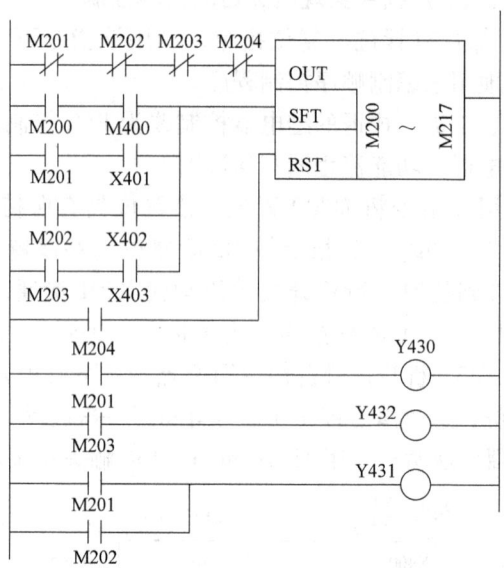

图 7-60 采用 SFT 指令的梯形图

按下起动按钮，X400 接通，移位输入端得到一个脉冲，M200 中的 1 右移一位到 M201，即 M201 = 1，同时 $\overline{M201}$ = 0，使 M200 的输入断开，在下一个扫描周期 M200 = 0。以后每出现一个转换信号（X401～X403）该 1 态逐位右移一位。用 M201～M203 的触头按规定的逻辑接通 Y430～Y432，使滑台实现快进→工进→快退→原位停。当 M204 = 1 时，对移位寄存器复位使 $\overline{M201}$～$\overline{M203}$ = 1，这时 M200 又被置为 1，为下一次循环做好准备。

用移位寄存器实现顺序控制时，辅助继电器的接通和断开是由移位功能实现的，这部分电路比较简单。如果系统的功能流程图为单序列，并且步数较多，特别适合采用这种编程方式。

第八章 机械设备电气控制实例

8.1 C650车床电气控制与PLC控制分析

8.1.1 C650的控制要求

C650车床配置三台三相笼型异步电动机,即:提供工作进给动力和主运动的主电动机M1、驱动冷却泵供给切削液的电动机M2和驱动刀架快速移动的电动机M3。电动机的控制要求如下:

1)主电动机控制要求。卧式车床的主电动机M1实现主轴运动和进给运动的拖动。电动机能够直接起动及实现正、反转,制动停车控制;为了加工和调整的方便,需具备点动功能。

2)冷却泵电动机控制要求。冷却泵电动机M2直接起动,为连续工作状态。

3)快速移动电动机控制要求。快速移动电动机M3用于拖动溜板箱带动刀架快速移动,以点动工作方式进行,可根据使用情况随时手动控制起停。

8.1.2 C650电路控制分析说明

卧式车床C650的电气控制系统电路图如图8-1所示。

(1)主电路分析 C650型卧式车床共有三台电动机。组合开关QS将三相电源引入,FU1为主电动机M1的短路保护用熔断器,FR1为M1电动机过载保护用热继电器。R为限流电阻,防止在点动时连续起动电流造成电动机过载。通过互感器TA接入电流表A以监视主电动机绕组的电流,用时间继电器KT控制电流表A躲过电动机起动电流,只检测电动机正常工作电流;主轴电动机M1由接触器KM1、KM2、KM3控制,实现正、反转控制,也可以实现点动控制,还可以实现双向反接制动控制。熔断器FU2为M2、M3电动机和电源变压器TC的短路保护,KM4为M2冷却泵电动机起动用接触器;FR2为M2电动机的过载保护;KM5为快速电动机M3的起动用接触器,因快速电动机M3短时工作,所以不设过载保护。

速度继电器KS的速度检测部分与电动机的输出轴相连,以实现正、反转的反接制动。

(2)控制电路分析

1)主电动机的起动与正、反转控制电路。虽然主电动机M1的额定功率为30kW,在车削加工时消耗功率较大,但在起动时负载很小,起动电流并不大,可采用全压直接起动,工作控制过程如下:

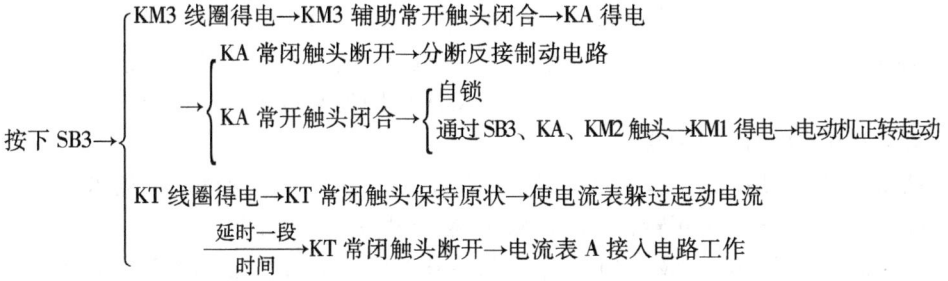

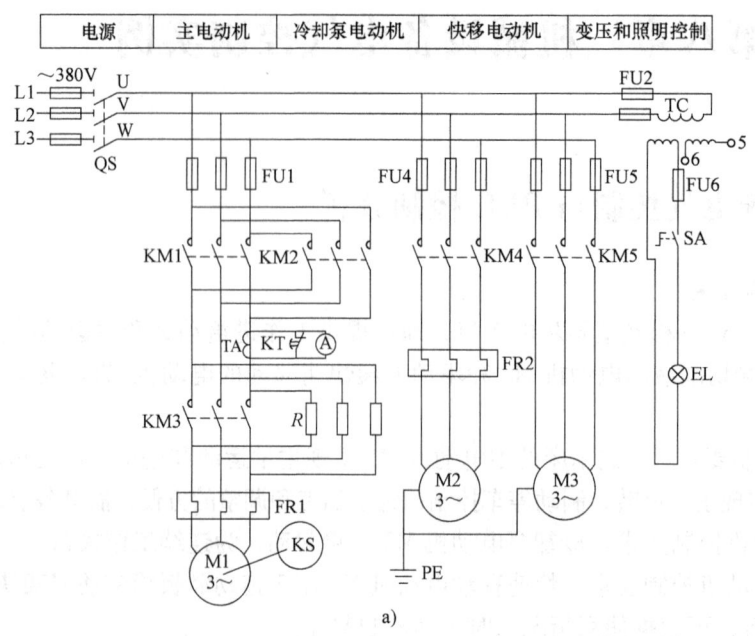

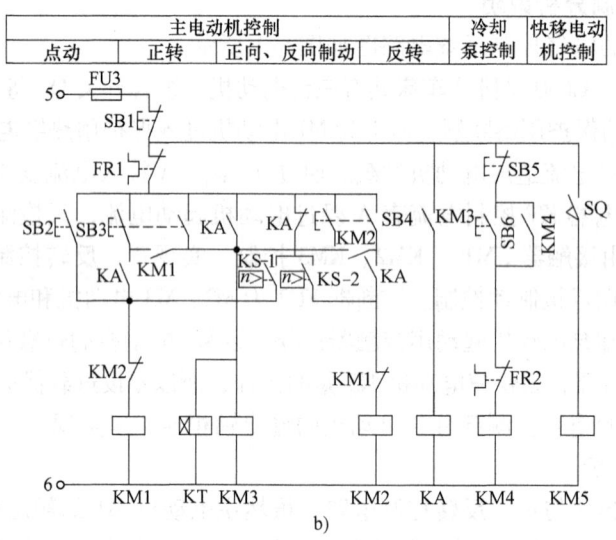

图 8-1 卧式车床 C650 的电气控制系统电路图

2）主电动机的点动调整控制。点动调整控制时，按下按钮 SB2，其工作过程如下：

按下 SB2→KM1 线圈得电→KM1 三对主触头闭合→电流流经 R→电动机减压起动
→松开 SB2→KM1 线圈失电→M1 电动机停转

这样就实现了主电动机的点动控制。

3）主电动机的反接制动控制。车床停车时采用反接制动方式，用速度继电器 KS 进行速度检测和控制。当主电动机 M1 正转运行时，KS 的常开触头 KS-2 闭合。
按下 SB1→KM1、KM3、KT、KA 线圈失电→松开 SB1→KA 常闭触头复位→KM2 线圈得电

→KM2 三对主触头闭合→电动机 M1 实现反接制动→当转速接近零速时→KS-2 常开触头断开→KM2 线圈失电→正向制动结束

反转时的反接制动过程与上述过程类似，只是在此过程中起作用的为速度继电器 KS-1 常开触头。在反接制动过程中，由于 KM3 线圈没有得电，因此限流电阻 R 被接入主电动机电路，以限制反接制动电流。

4）冷却泵电动机的控制。冷却泵电动机 M2 通过起、停按钮 SB6 和 SB5，控制接触器 KM4 线圈的得电与断电，从而实现对冷却泵电动机 M2 的控制。

5）刀架的快速移动。刀架的快速移动通过操作控制手柄压动行程开关 SQ 实现，控制接触器 KM5 线圈通电，KM5 主触头闭合，快速移动电动机 M3 起动运转，其输出动力经传动系统最终驱动溜板箱带动刀架作快速的移动。

此外，控制变压器 TC 的二次侧还有一路电压为 36V，给车床提供照明。当转换开关 SA 闭合时，照明灯 EL 点亮；转换开关 SA 断开时，EL 熄灭。

8.1.3 C650 卧式车床 PLC 控制分析

1. C650 型卧式车床 PLC 控制输入、输出点分配表（见表 8-1）。

表 8-1 C650 车床 PLC 控制输入、输出点分配表

电气元件	作 用	逻辑元件	电气元件	作 用	逻辑元件
SB1	总停按钮	X400	KS-1	速度继电器正转触头	X411
SB2	主电动机点动	X401	KS-2	速度继电器反转触头	X412
SB3	主电动机正转	X402	KM1	主电动机正接触器	Y430
SB4	主电动机反转控制	X403	KM2	主电动机反接触器	Y431
SB5	冷却泵起动控制	X404	KM3	短接限流接触器	Y432
SB6	冷却泵停止控制	X405	KM4	冷却泵接触器	Y433
FR1	热继电器触头	X406	KM5	快进电动机接触器	Y434
FR2	热继电器触头	X407	KA1	中间继电器	M100
SQ	快行程开关	X410	KT	电流表延时接通继电器	Y435

2. C650 型卧式车床 PLC 控制接线图如图 8-2 所示。

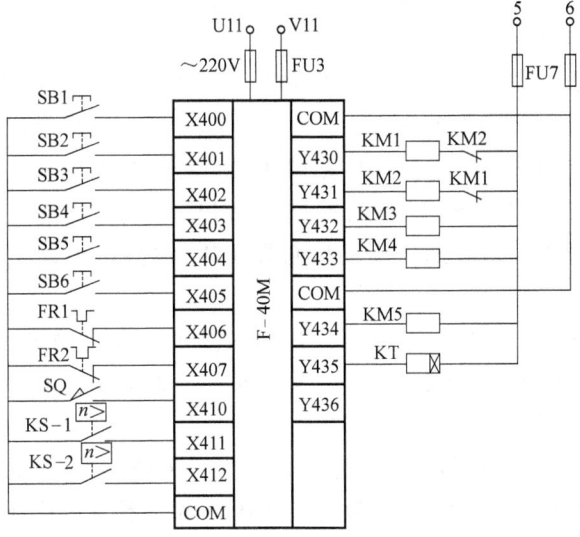

图 8-2 C650 型卧式车床 PLC 控制接线图

3. C650 程序设计与说明。

PLC 控制梯形图如图 8-3 所示。

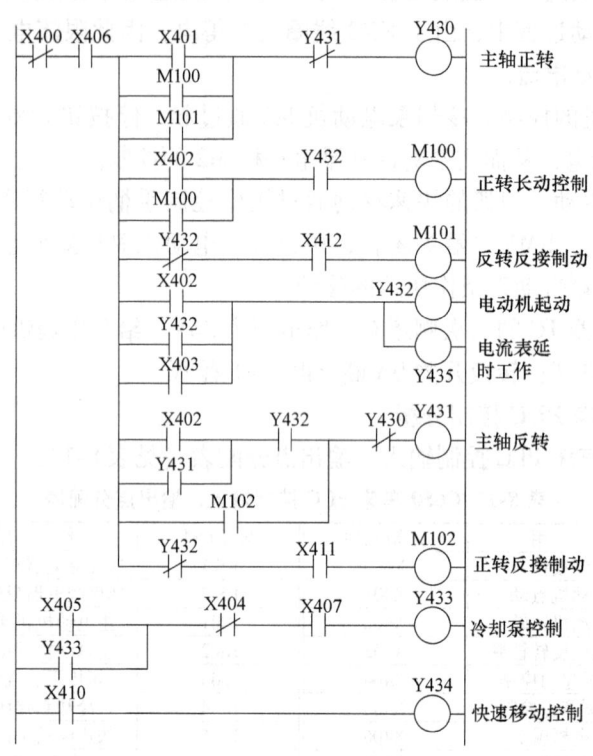

图 8-3　PLC 控制梯形图

1）点动调整。按下按钮 SB2，X401 接通，使输出继电器 Y430 线圈得电，驱动接触器 KM1 得电，主电动机 M1 正转电路接通，电动机转动。由于在梯形图中 Y 回路没有自锁，所以电动机只能作正转点动控制。

2）正、反转起动。按下正转起动按钮 SB3，X402 通电，输出继电器 Y432 线圈得电，使接触器 KM3 线圈得电，主电路中的限流电阻 R 被短接，输出继电器线圈通电，时间继电器 KT 线圈得电，计时开始，电流表电路被短接。经过延时时间后，时间继电器延时触头断开，电流表 A 开始监测主轴电动机的电流。Y432 驱动辅助继电器 M100 得电并自锁，输出继电器线圈 Y0 逻辑回路导通，驱动接触器 KM1 线圈得电，主电路闭合，电动机正转起动。

当按下反转按钮 SB4 时，输入继电器 X403 通电，首先驱动输出继电器 Y432 线圈得电，输出继电器 Y435 线圈得电并自锁，然后使 Y401 通电，驱动接触器 KM2、KM3 得电并自锁，主电路反接起动，电动机反转。

3）制动停止。电动机在正转时，速度继电器的正转触头 KS-2 闭合，输出继电器 X411 为 ON，为主轴电动机正向旋转反向制动做好准备。当按下停止按钮 SB1 后，输入继电器 X400 通电，X400 常闭触头断开，使输出继电器 Y431、Y432、Y430 线圈回路断开。当松开按钮 SB1 后，X400 常闭触头复位，通过 Y432 常闭触头，驱动辅助继电器 M102 得电，驱动输出继电器 Y431 得电，KM2 得电，主电路反接，产生制动转矩，电动机转速降低，当降到一定速度后，KS-1 触头断开，M102 变为失电，输出继电器 Y431、接触器 KM2 断电，达到制动控制的目的。

4）快速运动控制。按下快速运动按钮，使行程开关 SQ 闭合，输入继电器 X410 得电，驱动输出继电器 Y434 线圈得电，快速电动机起动接触器 KM5 得电，接通快速电动机主电路。

5）冷却泵电动机控制。按下按钮 SB6，输出继电器 X405 通电，输出继电器 Y433 回路得电并自锁。冷却泵起动接触器 KM4 得电，冷却泵主电路接通。当按下停止按钮 SB5 时，Y433 失电，冷却泵主电路断开。

8.2 Z3040 摇臂钻床的电气控制和 PLC 控制

Z3040 摇臂钻床即为常见的一种摇臂钻床，如图 8-4 所示。摇臂钻床具有下列运动：

1）主运动。主轴的旋转运动及进给运动。

2）辅助运动。摇臂沿外立柱的垂直移动，主轴箱沿摇臂的径向移动及摇臂与外立柱一起相对于内立柱的回转运动，后两者为手动。另外还需考虑主轴箱、摇臂、内外立柱的夹紧和松开。

在图 8-4 中，主轴箱上的 4 个按钮依次为主电动机停止、起动按钮，摇臂上升、下降按钮，分别对应电气原理图中 SB1、SB2、SB3、SB4。主轴箱转盘上的两个按钮为立柱、主轴箱的松开按钮及夹紧按钮，对应原理图中 SB5、SB6。转盘为主轴箱左右移动手柄，操纵杆则操纵主轴的垂直移动，两者均为手动。主轴也可机动进给。

摇臂钻床的主轴旋转运动和进给运动由一台交流异步电动机 M1 拖动，主轴的正反向旋转运动是

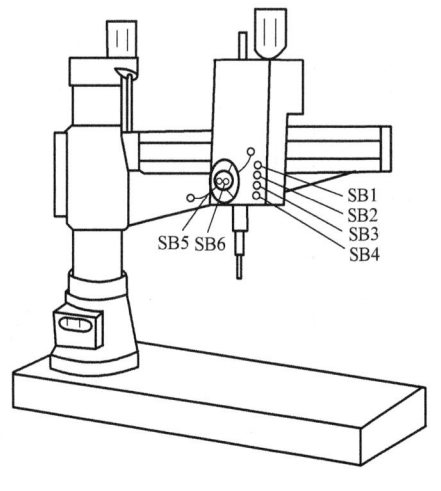

图 8-4　Z3040 摇臂钻床外形图

通过机械转换实现的，故主电动机只有一个旋转方向。摇臂钻床除了主轴的旋转和进给运动外，还有摇臂的上升、下降及立柱的夹紧和放松。摇臂的上升、下降由一台交流异步电动机 M2 拖动，立柱的夹紧放松由另一台交流电动机 M3 拖动。Z3040 摇臂钻床是通过电动机拖动一台齿轮泵，供给夹紧装置所需要的液压油。而摇臂的回转和主轴箱的左右移动通常采用手动。此外还有一台冷却泵电动机 M4 对加工的刀具进行冷却。

8.2.1 控制电路 Z3040 摇臂钻床电气控制电路分析。

Z3040 摇臂钻床电气控制电路如图 8-5 所示，M1 为主轴电动机，M2 为摇臂升降电动机。M3 为液压泵电动机，M4 为冷却泵电动机，QF1 为总电源控制开关。

（1）主轴电动机控制　主轴电动机 M1 为单向旋转，按钮 SB8、SB2 和接触器 KM1 实现

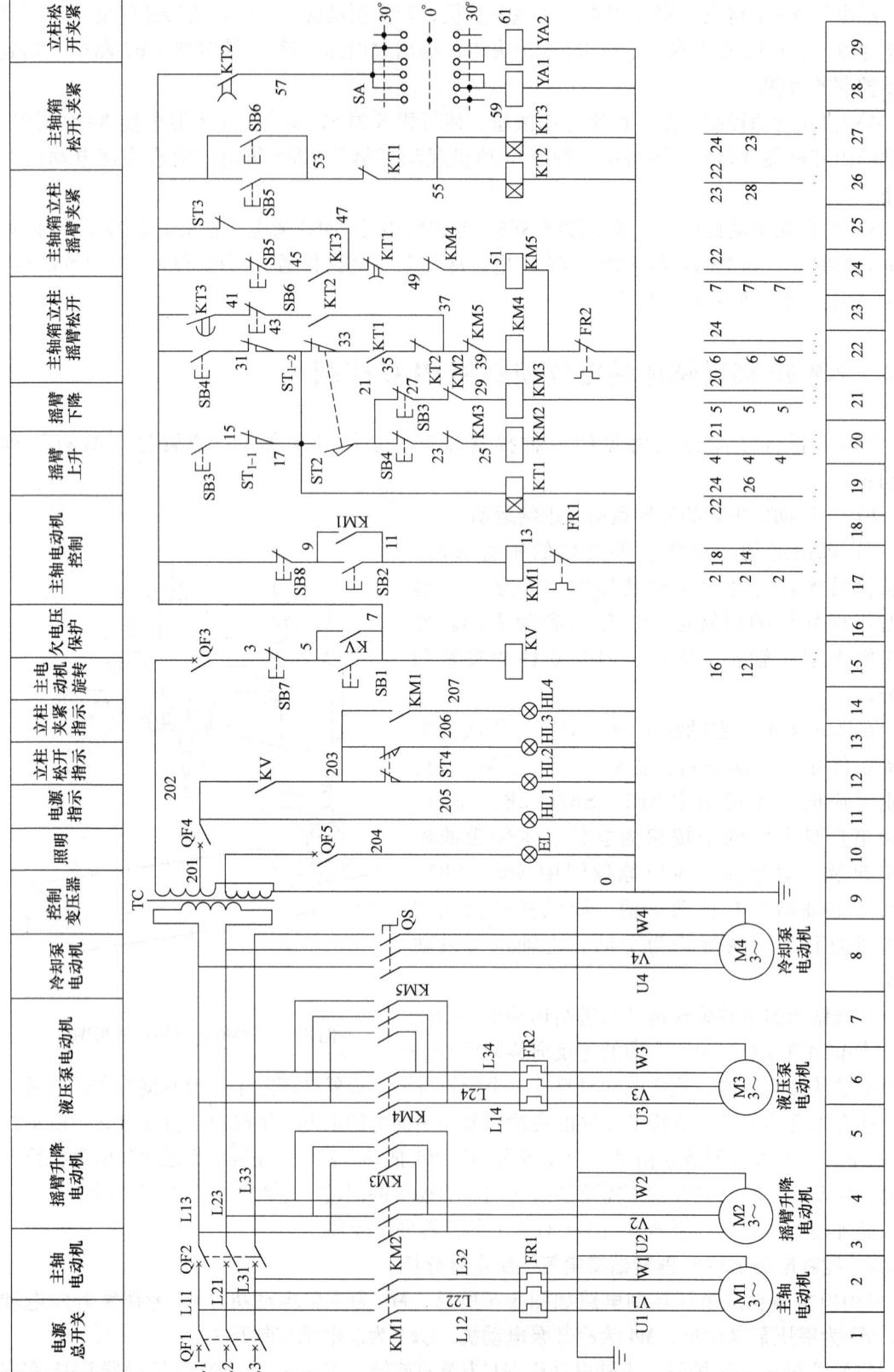

图 8-5 Z3040 摇臂钻床电气控制电路

起动、停止控制。主轴正、反转则由 M1 电动机拖动齿轮泵送出液压油,通过液压系统操纵机构,配合正、反转摩擦离合器驱动主轴正转或反转。

(2) 摇臂上升、下降控制 M2 为升降电动机,用按钮 SB3、SB4 点动控制接触器 KM2、KM3 接通或断开,使 M2 电动机正、反向旋转,拖动摇臂上升或下降移动。

M3 为液压泵电动机,通过接触器 KM4、KM5 接通或断开,使 M3 电动机正、反向旋转,带动双向液压泵送出液压油,经二位六通阀至摇臂夹紧机构实现夹紧与松开。

M4 为冷却泵电动机,由手动转换开关 QS 控制其正向旋转。

摇臂上升和下降的动作过程如下:

1) 合上断路器 QF1、QF2、QF3,按下总起动按钮 SB1,电压继电器 KV 闭合自锁,接通了控制电路的电源。

2) 当需要主轴电动机 M1 运行时,按下按钮 SB2,接触器 KM1 得电闭合自保持,主轴电动机 M1 起动运转;按下按钮 SB8,接触器 KM1 失电释放,主轴电动机 M1 停止旋转。

3) 当需要摇臂上升时,按下按钮 SB3,时间继电器 KT1 通电闭合,继而接触器 KM4 通电闭合,液压泵电动机 M3 正转,供给机床正向液压油松开摇臂。摇臂松开后,行程开关 ST2 被压下,行程开关 ST3 被复位闭合,继而接触器 KM4 断开,液压泵电动机 M3 停转,接触器 KM2 通电闭合,摇臂升降电动机 M2 正转,带动摇臂上升。当摇臂上升到一定高度时,松开按钮 SB3,接触器 KM2、时间继电器 KT1 失电释放,摇臂升降电动机 M2 停转,接触器 KM5 通电闭合,液压泵电动机 M3 反转,供给机床反向液压油夹紧摇臂。摇臂夹紧后,行程开关 ST2 复位,ST3 断开,液压泵电动机 M3 停止反转,完成摇臂上升的控制过程。

4) 当需要摇臂下降时,按下按钮 SB4,时间继电器 KT1 通电闭合,继而接触器 KM4 通电闭合,液压泵电动机 M3 正转,供给机床正向液压油松开摇臂。摇臂松开后,行程开关 ST2 被压下,行程开关 ST3 被复位闭合,继而接触器 KM4 断开,液压泵电动机 M3 停转,接触器 KM3 通电闭合,摇臂升降电动机 M2 反转,带动摇臂下降。当摇臂下降到一定高度时,松开按钮 SB4,接触器 KM3、时间继电器 KT1 失电释放,摇臂升降电动机 M2 停转,接触器 KM5 通电闭合,液压泵电动机 M3 反转,供给机床反向液压油夹紧摇臂。摇臂夹紧后,行程开关 ST2 复位,ST3 断开,液压泵电动机 M3 停止反转,完成摇臂下降的控制过程。

电路图中行程开关 ST_{1-1} 和 ST_{1-2} 分别为摇臂上升的上限位行程开关和摇臂下降的下限位行程开关。

5) 当需要对立柱松开或夹紧控制时,将转换开关 SA 扳至"左"档位置,SA 接通电磁铁 YA2 线圈。当需要对立柱放松时,按下按钮 SB5,时间继电器 KT2、KT3 通电闭合,继而接触器 KM4 通电闭合,液压泵电动机 M3 正转,供给机床正向液压油放松立柱。当需要对立柱进行夹紧时,按下按钮 SB6,时间继电器 KT2、KT3 通电闭合,继而接触器 KM5 通电闭合,液压泵电动机 M3 反转,供给机床反向液压油夹紧立柱。

6) 同理,将 SA 扳至"右"档或"中间"档位置时,按下按钮 SB5 或 SB6,即可对主轴箱或主轴箱和立柱进行放松或夹紧控制。

8.2.2 Z3040 摇臂钻床 PLC 控制分析

(1) 输入输出点分配表(见表 8-2)。

表 8-2 输入输出点分配表

输入信号			输出信号		
名称	代号	输入点编号	名称	代号	输出点编号
控制电路电源总开关	QF3	X400	电压继电器	KV	Y430
总停止按钮	SB7	X401	主轴电动机 M1 接触器	KM1	Y431
总起动按钮	SB1	X402	摇臂上升接触器	KM2	Y432
电压继电器	KV	X403	摇臂下降接触器	KM3	Y433
主轴电动机 M1 热继电器	FR1	X404	主轴箱、立柱、摇臂松开接触器	KM4	Y434
主轴电动机 M1 起动按钮	SB2	X405	主轴箱、立柱、摇臂夹紧接触器	KM5	Y435
主轴电动机 M1 停止按钮	SB8	X406	主轴箱松开、夹紧电磁铁	YA1	Y436
摇臂上升按钮	SB3	X407	立柱松开、夹紧电磁铁	YA2	Y437
摇臂下降按钮	SB4	X410			
摇臂上升上限位行程开关	ST_{1-1}	X411			
摇臂下降下限位行程开关	ST_{1-2}	X412			
主轴箱、立柱、摇臂松开行程开关	ST2	X413			
主轴箱、立柱、摇臂夹紧行程开关	ST3	X500			
液压泵电动机 M3 热继电器	FR2	X501			
主轴箱、立柱松开按钮	SB5	X502			
主轴箱、立柱夹紧按钮	SB6	X503			
主轴箱松开、夹紧	SA-1	X504			
立柱松开、夹紧	SA-2	X505			
主轴箱、立柱松开、夹紧	SA-3	X506			

(2) Z3040 摇臂钻床 PLC 控制接线图（见图 8-6）

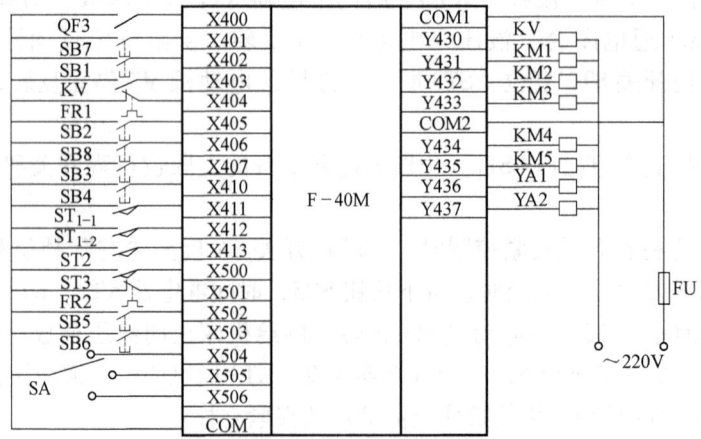

图 8-6 PLC 控制接线图

(3) Z3040 摇臂钻床 PLC 控制梯形图（见图 8-7）

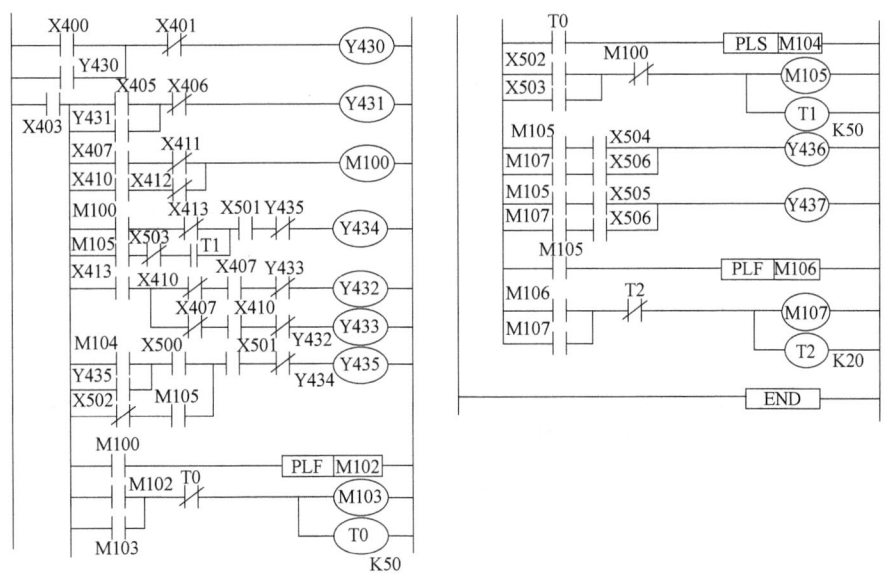

图 8-7　Z3040 摇臂钻床 PLC 控制梯形图

8.3　M1432A 万能外圆磨床电气控制与 PLC 控制分析

8.3.1　控制电路特点说明

1）砂轮架的旋转运动由交流电动机 M5 经过平带传动拖动,无齿轮变速机构,砂轮的切削速度不需要改变。

2）内圆磨具砂轮的旋转运动由电动机 M4 经过 V 带传动拖动,也不需要变速。

3）工件的旋转进给运动由电动机 M2 直接拖动,由于工作过程中有快速和慢速的需要,所以电动机 M2 需要变速,采用三角形联结和双星形联结两种不同的联结方式实现低速和高速。

4）液压泵电动机 M1 提供液压系统的液压油。

5）冷却泵电动机 M6 提供切削液。

8.3.2　控制电路分析

M1432A 万能外圆磨床的电气原理图如图 8-8 所示。

1. 主电路

M1432A 万能外圆磨床有五台电动机。液压泵电动机 M1 由接触器 KM1 控制。头架电动机 M2 为双速电动机,由接触器 KM2、KM3 控制,当 KM2 线圈得电时,KM2 的主触头闭合,头架电动机被连接成三角形,磁极对数多,转速低;当接触器 KM3 线圈得电时,其主触头闭合,头架电动机定子绕组被连接成双星形,磁极对数少,转速高。拖动内圆砂轮的电动机为 M4,由接触器 KM4 控制;拖动外圆砂轮的电动机为 M5,由接触器 KM5 控制。M6 电动机为冷却电动机,由接触器 KM6 控制。电动机 M1、M2、M4、M5、M6 由各自的热继电器 FR1、FR2、R4、FR5、FR6 进行过载保护。

2. 控制电路

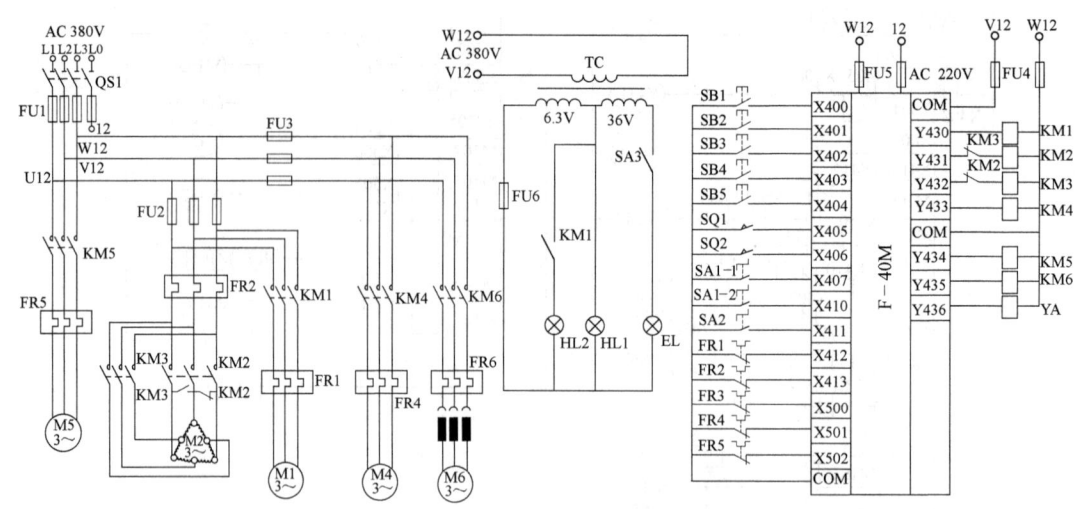

图 8-8 M1432A 万能外圆磨床的电气控制系统原理图

（1）液压泵电动机 M1　液压泵电动机 M1 提供的液压油是供给工作台的纵向进给和砂轮架的快速进退液压系统的。其工作过程如下：

按下 SB1→KM1 线圈得电→$\begin{cases} \text{KM1 三对主触头闭合→液压泵电动机起动} \\ \text{KM1 辅助常开触头闭合}\begin{cases}\text{自锁}\\\text{为其他控制电路接通做好准备}\end{cases} \end{cases}$

按下 SB2→KM1 线圈失电→M1 断电停转

（2）头架电动机 M2　M1432A 万能外圆磨床采用塔式带轮配合双速电动机，以满足所需的速度要求。在控制电路中，SA1 为速度转换开关，分成"低"、"停"、"高"三档。

1）低速工作过程如下。

SA1 置于"低速档"
M1 起动→砂轮架压下 SQ1 }→KM2 线圈得电→$\begin{cases}\text{KM2 三对主触头闭合→电动机低速运转}\\\text{KM2 辅助常闭触头断开→互锁 KM3}\\\text{KM2 辅助常开触头闭合→KM6 线圈得电}\\\text{→主电路 KM6 触头闭合→冷却泵电动机 M6 运转}\end{cases}$

2）停车，即 SA1 置于"停"位置。此时控制电路被断开，"低速"、"高速"控制都无法实现，但能够进行点动调试。其工作过程如下：

按下 SB3→KM2 线圈得电→M2 电动机低速点动

3）高速工作过程如下。

SA1 置于"高速档"
压下 SQ1 }→KM3 线圈得电→$\begin{cases}\text{KM3 互锁触头断开→锁住 KM2}\\\text{KM3 主触头闭合→M2 高速运转}\\\text{KM3 辅助常开触头闭合→KM6 线圈得电}\\\text{→冷却泵电动机 M6 运转}\end{cases}$

无论采用哪种速度，在切削完毕时应用液压手柄操作使砂轮快速退回原处，行程开关 SQ1 被释放，头架电动机停止转动。

(3) 内、外砂轮电动机　内、外砂轮分别由电动机 M4、M5 带动，由接触器 KM4、KM5 以及行程开关 SQ2 的常开、常闭触头控制，确保内外圆砂轮电动机 M4、M5 不会同时转动。

1) 外圆磨削。在进行外圆磨削时，把外圆磨具往上翻，使内圆磨具移开，压下行程开关 SQ2，其常开触头 SQ2 闭合，常闭触头 SQ2 断开，为接通接触器 KM5 线圈做好准备。按下按钮 SB5，接触器线圈 KM5 得电，其互锁触头 KM5 断开，实现对接触器 KM4 的互锁。主电路中的 KM5 的主触头闭合，外圆砂轮电动机 M5 定子接通电源，拖动外圆砂轮旋转。

2) 内圆磨削。在进行内圆磨削加工时，将内圆磨具翻下来，SQ2 被释放复位，接触器线圈 KM5 断电，不能接通，电磁铁 YA 通电吸合，其衔铁被吸下，使砂轮架不能快速移动，其原因主要在于在磨削内圆时，内圆磨头伸入工件内孔中，砂轮架横向快速移动，必然造成设备事故；如果要求砂轮架快速退回，应先将工件退下，将内圆磨砂轮架翻上去，YA 断电后才可操作液压手柄，进行砂轮架快速退回。安装好工件后，按下起动按钮 SB5，KM4 线圈得电，其自锁常开触头 KM4 闭合，实现自锁；其互锁常闭触头 KM4 断开，实现对接触器 KM5 的互锁。主电路中 KM4 的主触头闭合，电动机 M4 定子绕组接通电源，内圆砂轮电动机运转，拖动内圆磨头砂轮进行内圆磨削加工。

3) 内、外圆砂轮磨削停止。无论是在进行内圆磨削还是在进行外圆磨削时，按下停止按钮 SB4，接触器 KM4 或 KM5 线圈断电，其主触头释放，内、外圆砂轮电动机 M4 或 M5 断电停止转动。

(4) 冷却泵电动机　头架电动机 M2 在拖动工件旋转时，不论是高速还是低速运转，都需要冷却泵提供切削液。这时由接触器 KM2 或 KM3 的常开触头接通 KM6，KM6 的主触头闭合使冷却泵电动机 M6 得电，便可提供切削液。此外，在修整砂轮时，电动机 M2 不需要起动，但需要提供切削液，此时可以通过手动开关 SA2 接通 KM6 线圈，使电动机 M6 得电运转。

(5) 照明与指示电路　照明灯 EL、刻度盘照明灯 HL1、液压泵起动指示灯 HL2 由变压器 TC1 降压供电。照明灯 EL 电源电压为 24V，由开关 SA2 控制。液压泵起动指示灯由 KM1 控制，供电电压 6.3V，指示液压泵电动机是否正常运转。

8.3.3　M1432A 万能外圆磨床电气控制 PLC 改造

1. PLC 元件分配表（见表 8-3）

表 8-3　C650 车床 PLC 控制输入输出点分配表

电气元件	作　用	逻辑元件	电气元件	作　用	逻辑元件
SB1	总停按钮	X400	FR2	热继电器常闭触头	X413
SB2	液压泵起动按钮	X401	FR3	热继电器常闭触头	X500
SB3	低速起动按钮	X402	FR4	热继电器常闭触头	X501
SB4	内、外砂轮停止按钮	X403	FR5	热继电器常闭触头	X502
SB5	内、外砂轮起动按钮	X404	KM1	液压泵起动接触器	Y430
SQ1	行程开关	X405	KM2	M2 低速控制器	Y431
SQ2	位置开关	X406	KM3	M2 高速控制器	Y432
SA$_{1-1}$	低速调速开关	X407	KM4	内圆砂轮控制接触器	Y433
SA$_{1-2}$	高速调速开关	X410	KM5	外圆砂轮控制接触器	Y434
SA2	转换开关	X411	KM6	冷却泵控制接触器	Y435
FR1	热继电器常闭触头	X412	YA	联锁电磁铁	Y436

2. M1432A 程序设计与说明

M1432A 万能外圆磨床 PLC 接线图如图 8-9 所示，其梯形图如图 8-10 所示。

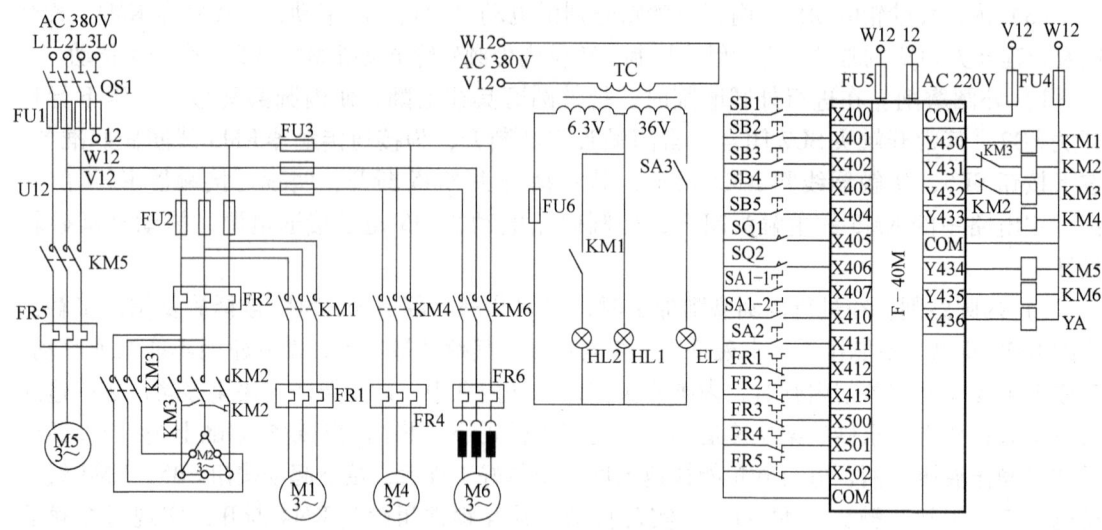

图 8-9 PLC 电气原理及接线图

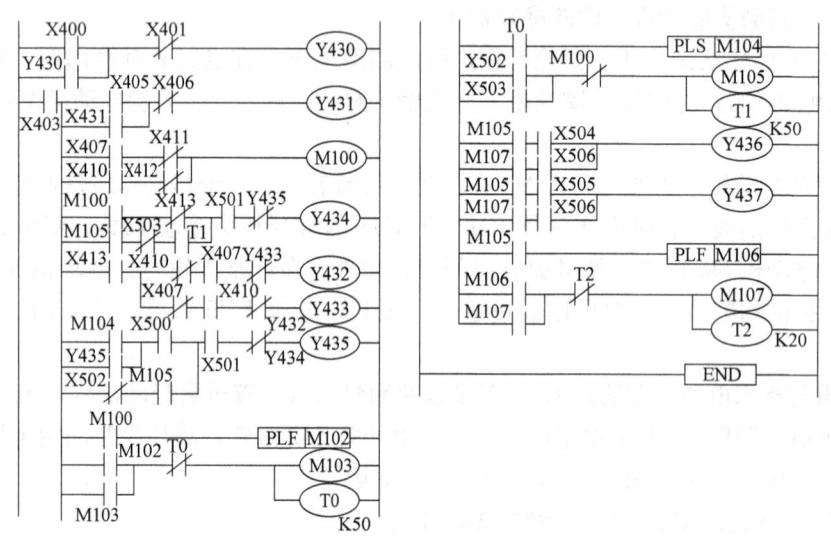

图 8-10 PLC 梯形图

（1）液压泵电动机的起动与停止 按下按钮 SB2，输入继电器 X401 通电，使输出继电器 Y430 线圈导通，Y430 闭合，驱动接触器 KM1 线圈得电并自锁，液压泵电动机 M1 主电路接通连续运转，KM1 的常开触头闭合，接通液压泵指示灯电路，指示灯亮。

按下按钮 SB1，输入继电器 X400 通电，X400 的常闭触头断开，输出继电器 Y430 逻辑回路断开，接触器 KM1 断电，电动机 M1 停止转动。

（2）头架电动机的起停

1）点动控制。在液压泵电动机起动的前提下，按下按钮 SB3，输入继电器 X402 为 ON，输出继电器 Y431 线圈逻辑回路导通，Y431 常开触头闭合，驱动接触器 KM2 线圈得电，头架电动机主电路闭合，电动机 M2 低速点动运转。

2）低速控制。在液压泵电动机起动的前提下，操作液压手柄使砂轮架快速接近工件，砂轮架压下行程开关 SQ1，输入继电器 X405 通电。此时拨动转换开关 SA_{1-1}，X407 通电，输出继电器 Y431 线圈逻辑回路导通，驱动接触器 KM2 线圈得电，主触头闭合，头架电动机 M2 主电路接通，定子绕组呈三角形联结，电动机低速转动。同时输出继电器 Y431 常闭触头断开，输出继电器 Y432 不能接通，实现与高速转动的互锁。

3）高速控制。在液压泵电动机起动的前提下，操作液压手柄使砂轮架快速接近工件，砂轮架压下行程开关 SQ1，输入继电器 X405 通电。此时拨动转换开关 SA_{1-2}，X410 为 ON，输出继电器 Y432 线圈逻辑回路导通，Y432 得电，驱动接触器 KM3 线圈得电，主触头闭合，头架电动机定子绕组成双星形联结，头架电动机高速转动。同时输出继电器 Y432 常闭触头断开，Y431 线圈不能接通，实现与低速转动的互锁。

4）停止控制。无论头架电动机是在高速运转还是在低速运转，拨转换开关 SA1 至停止位置，X410、X407 断电，输出继电器 Y431、Y432 线圈均不能导通，接触器 KM2、KM3 断开，头架电动机停止转动。

(3) 内圆砂轮电动机的起动与停止　在液压泵电动机起动的前提下，将内圆磨具翻下来，压住位置开关 SQ2，输入继电器 X406 通电。按下按钮 SB5，输入继电器 X404 通电，输出继电器 Y431 回路导通，驱动接触器 KM4 线圈得电，其主触头闭合，内圆砂轮电动机起动。同时输出继电器 Y433 常闭触头断开，输出继电器 Y404 不能得电，实现与外圆砂轮电动机的互锁。

按下按钮 SB4，输入继电器 X403 通电，其常闭触头断开，输出继电器 Y433 断电，接触器 KM4 断电，内圆砂轮电动机停止转动。

(4) 外圆砂轮电动机的起动与停止　在液压泵电动机起动的前提下，将外圆磨具翻下来，位置开关 SQ2 被释放，输入继电器 X406 常闭触头闭合。如按下按钮 SB5，X404 通电，输出继电器 Y434 逻辑回路导通，驱动接触器 KM5 线圈得电，外圆砂轮电动机起动运转。同时 Y434 常闭触头断开，输出继电器 Y433 不能导通，实现与内圆砂轮电动机的互锁。

按下按钮 SB4，输入继电器 X403 通电，其常闭触头断开，输出继电器 Y434 回路断电，使接触器 KM5 断电，外圆砂轮电动机停止转动。

(5) 冷却泵的起动与停止　头架电动机起动时，KM2 或 KM3 得电，输出继电器 Y435 通电，驱动接触器 KM6 得电，冷却泵电动机起动。头架电动机未起动时，转动转换开关 SA2，输入继电器 X411 通电，输出继电器 Y435 逻辑回路导通，驱动接触器 KM6 得电，冷却泵电动机起动。

在头架电动机未起动和拨动转换开关 SA2 至空位时，输出继电器 Y435 逻辑回路断开，Y435 失电，接触器 KM6 断电，冷却泵电动机停止转动。

8.4　X62W 电气控制与 PLC 控制分析

8.4.1　X62W 电路控制分析

X62W 的电气控制原理图如图 8-11 所示。

1. 主电路分析

主电路共有三台电动机，M1 为主电动机，其正、反转通过转换开关 SA5 手动切换，交流接触器 KM1 的主触头只控制电源的接入和断开。SA5 在切换时 KM1 主触头没有闭合，不会直接切断或者接通电流。

M2 为进给电动机，在工作过程中需要频繁变换转动方向，采用正、反转接触器 KM2、

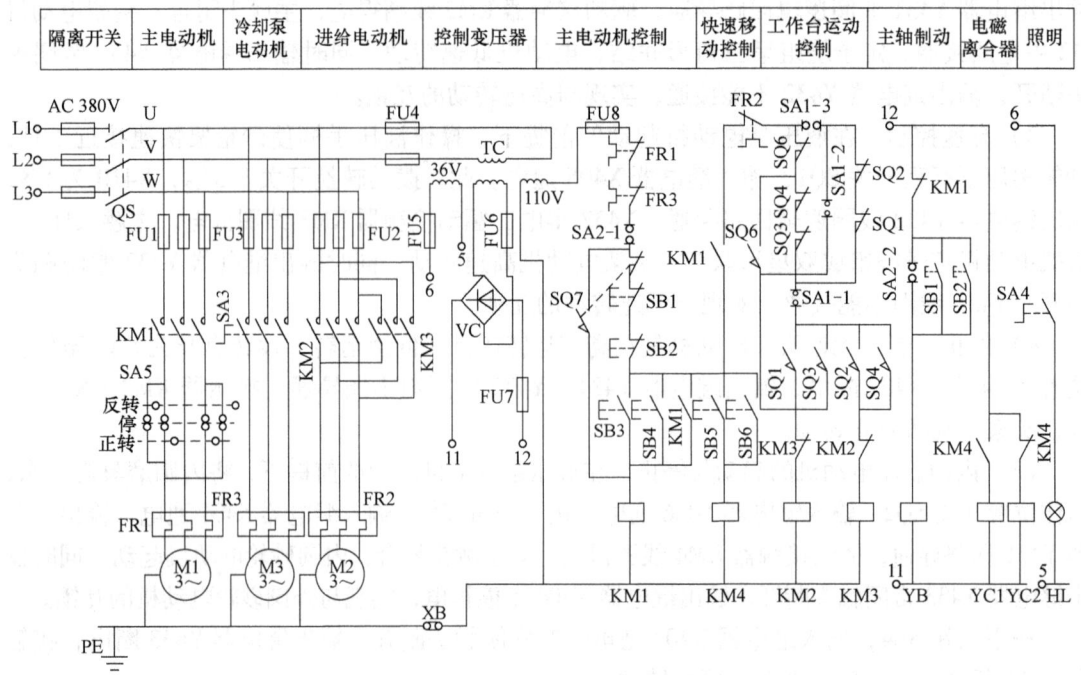

图 8-11　X62W 铣床电气原理图

KM3 主触头构成正、反转接线电路。

M3 为冷却泵电动机，主电路中采用转换开关 SA3 直接控制冷却泵电动机的起动和停止。

2. 主电动机的控制电路分析

（1）主电动机的起动控制　主电动机起动前，应首先选择好主轴的转速，需要根据所选择的铣削方式，由转换开关 SA5 选定电动机的转向，并将控制电路中的转换开关 SA2 扳到主电动机正常工作的位置（非制动状态）。按下起动按钮 SB3 或按钮 SB4（多点起动），接触器 KM1 得电吸合，KM1 的主触头闭合，接通电动机的定子绕组，主电动机起动。KM1 的辅助常开触头的闭合将线圈自锁，辅助常开触头的闭合为工作台进给电路提供了电源。

（2）主电动机的制动　采用电磁离合器的制动方式。电磁离合器的直流由整流变压器 TC 的二次侧经桥式整流获得。当主轴制动停车时，按下 SB1（机床正面的床鞍处）或 SB2（机床侧面），接触器 KM1 线圈断电，M1 的定子绕组脱离电源，离合器 YB 线圈通电，主轴制动停车。

（3）主轴变速时的瞬时点动控制　变速时，将变速手柄拉出，啮合好的齿轮脱离，转动蘑菇形变速手轮，当选好合适的转速后，将变速手柄复位，使改变传动比的齿轮重新啮合。由于两啮合齿轮的齿与齿之间的位置没有错开，常常造成啮合困难。当齿轮没有进入正常啮合状态时，则需要主轴有瞬时点动的功能，以调整两个齿轮的相对位置，使齿轮进入正常的啮合。实现瞬时点动是由复位手柄与行程开关 SQ7 共同控制的。在手柄复位的过程中，压动行程开关 SQ7，接触器 KM1 线圈瞬时接通，主电动机作瞬时点动，以达到齿轮的良好啮合。当手柄复位后，SQ7 恢复到常态，断开了主轴瞬时点动电路。在手柄复位时要迅速、连续，以免电动机的转速升得很高，在齿轮没有啮合好时可能使齿轮撞击损坏。当瞬时点动没有实现良好啮合时，可以重复进行瞬时点动动作。

（4）主轴换刀制动控制　主电动机停车时须有制动控制，控制电路采用电磁制动器 YB 对主轴进行停车制动。在停车时，按下按钮 SB1 或 SB2，其常闭触头（常闭触头）断开，使得接触器 KM1 线圈断电，KM1 触头断开，切断电动机电流，同时常开触头闭合，接通电磁制动器 YB 的线圈电路，使制动器中的闸瓦迅速抱住闸轮，主轴电动机立即停止运转。主轴停车后，才可以松开按钮 SB1 或 SB2。在主轴上刀或换刀时，主轴的意外转动都将造成人身事故。因此在上刀、换刀时，应使主轴处于制动状态。此时，可以将开关 SA2 由工作位置扳到制动位置，切断了接触器 KM1 线圈电路，使主电动机不能起动，同时 SA2 切断了电磁制动器 YB 的线圈电路，使得主轴处于制动状态不能转动，保证换刀工作的顺利进行。当上刀、换刀结束后，将 SA2 扳到闭合位置，为主轴起动做好准备。

3. 进给运动的控制

（1）顺序控制　为防止刀具和机床的损坏，要求主轴电动机旋转后，才能进行进给运动。在进给接触器回路中串入接触器 KM1 的常开触头，保证主轴起动后方可起动进给电动机。

（2）工作台运动控制　工作台的左、右、上、下、前、后运动是通过操纵手柄和机械联动机构控制相应的行程开关使进给电动机正转或反转来实现的。行程开关 SQ1 和 SQ2 控制工作台的向右和向左运动，SQ3 和 SQ4 控制工作台的向前、向下和向后、向上运动。

1）工作台的左、右（纵向）运动：工作台的左、右运动由纵向手柄操纵，当手柄扳向右侧时，通过联动机构接通了纵向进给离合器，同时压下了行程开关 SQ1 的常开触头，使进给电动机的正转接触器 KM2 线圈得电，进给电动机正转，带动工作台向右运动。当纵向进给手柄扳向左侧时，行程开关 SQ2 被压下，行程开关 SQ1 复位，进给电动机反转接触器 KM3 线圈得电，进给电动机反转，带动工作台向左运动。SA1 为圆形工作台转换开关，这时的 SA1 处于断开位置。

2）工作台的上、下（垂直）运动和前、后（横向）运动：工作台的上、下和前、后运动由垂直和横向进给手柄操纵。该手柄向上或向下时，接通了垂直进给离合器；当手柄向前或向后时，接通了横向进给离合器；手柄在中间位置时，横向和垂直进给离合器均不接通。

在手柄扳到向下或向前位置时，手柄通过机械联动机构使 SQ3 被压下，SQ3 的常开触头接通，常闭触头断开。这时进给电动机正转接触器 KM2 线圈接通得电，电动机正转，带动工作台向下或向前运动。

当手柄扳到向上或向后位置时，SQ4 被压下，SQ3 复位，SQ4 的常开触头接通，进给电动机反转接触器 KM3 线圈接通得电，电动机反转带动工作台向上或向右运动。手柄扳到向下或向前时压动行程开关 SQ3，扳到向上或向后时压动行程开关 SQ4 均是通过机械联动机构实现的。

（3）进给变速时的瞬时动点　和主轴变速一样，进给变速时，为使齿轮进入良好的啮合状态，必须做变速后的瞬时点动。手柄拉出时，行程开关 SQ6 被压动，SQ6 的常开触头接通，常闭触头断开，进给电动机正转接触器 KM2 线圈得电，进给电动机瞬时正转；在手柄推回原位时 SQ6 复位，进给电动机停止。一次瞬时点动齿轮仍未进入啮合状态，可以再重复进行一次，直到进入良好的啮合状态为止。

（4）进给方向的快速移动　水平工作台在进给方向选定后，是快速移动还是进给运动，取决于电磁离合器 YC1、YC2 的得电与断电。六个方向的进给快速移动是通过相应的手柄和快速按钮配合实现的。当在某一方向有进给运动后，按下快速移动按钮 SB5 或 SB6，快速移动接触器 KM4 动作，接触器 KM4 的常开触头闭合，接通快速离合器 YC1，工作台在原方向上作快速移动，松开按钮快速移动停止。水平工作台以原来的方向继续工作进给。

4. 圆形工作台的控制

为了扩大机床的加工能力，可在机床工作台上安装附件圆形工作台，这样就可以进行圆弧或凸轮的铣削加工。圆形工作台可以手动也可以自动,当需要用电气方法自动控制时,应首先将圆形工作台开关 SA1 扳到接通位置,按下起动按钮 SB1 或 SB2,主轴电动机起动。接着进给电动机 M2 的正转接触器 KM2 线圈得电,电动机 M2 起动,带动圆形工作台作旋转运动。

圆形工作台的运动必须和六个方向的进给运动有可靠的互锁,否则会造成刀或机床的损坏。为避免这种事故发生,从电气上保证了只有纵向、横向及垂直手柄放在零位时才可以进行圆形工作台的旋转运动。如果某一手柄不在零位,行程开关 SQ1~SQ4 就有一个被压下,它所对应的常闭触头断开,断开了 KM2 线圈的通电回路。所以在圆形工作台工作时,扳动任何一个进给手柄,KM2 线圈将断电,电动机 M2 自动停止。

8.4.2 X62W 铣床 PLC 控制分析

X62W 铣床电气元件分配表见表 8-4,其 PLC 接线图如图 8-12 所示,梯形图如图 8-13 所示。

表 8-4 X62W 铣床电气元件分配表

电气元件	作 用	逻辑元件	电气元件	作 用	逻辑元件
SB1	主轴起动按钮	X400	FR1	主轴电动机热继电器	X501
SB2	主轴起动按钮	X401	FR2	进给电动机热继电器	X501
SB3	主轴停止按钮	X402	FR3	冷却泵电动机热继电器	X502
SB4	主轴停止按钮	X403	SA1	圆形工作台转换开关	X503
SB5	工作台快速按钮	X404	SA2	主轴上刀控制开关	X504
SB6	工作台快速按钮	X405	KM1	主电动机起动接触器	Y430
SQ1	工作台向右进给行程开关	X406	KM2	正向进给电动机起动接触器	Y431
SQ2	工作台向左进给行程开关	X407	KM3	反向进给电动机起动接触器	Y432
SQ3	工作台向前、向下进给行程开关	X410	KM4	快速接触器	Y433
SQ4	工作台向后、向上进给行程开关	X411	YB	主轴制动电磁离合器	Y434
SQ6	进给变速瞬时点动开关	X413	YC1	进给电磁离合器	Y435
SQ7	主轴变速瞬时点动开关	X500	YC2	快速电磁离合器	Y436
—	工作台变速点动用辅助继电器	M100	—	圆形工作台控制辅助继电器	M101

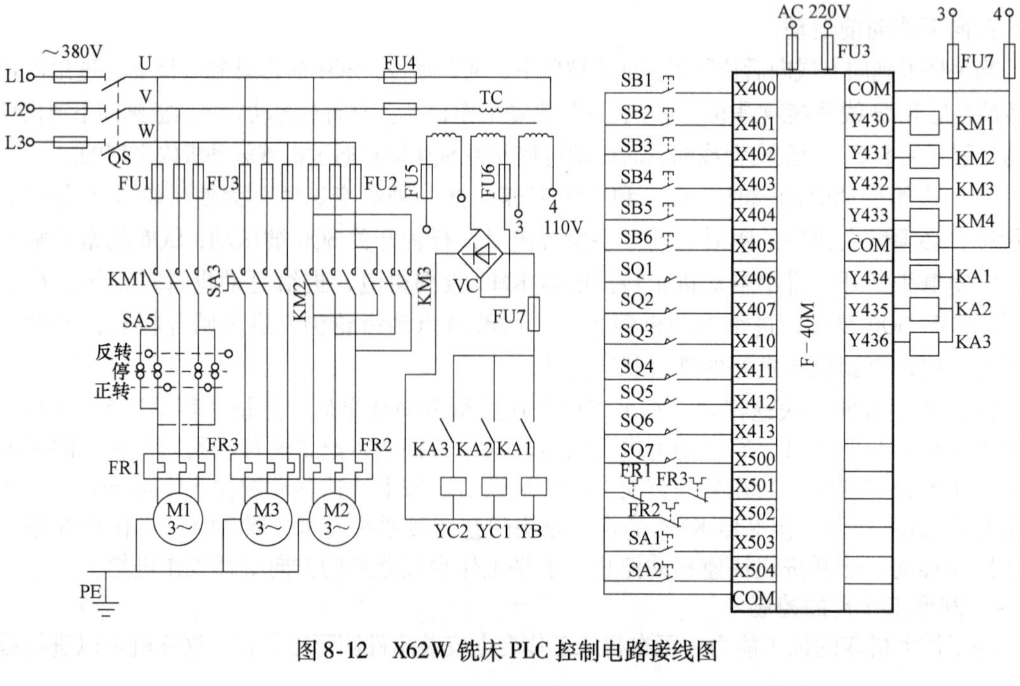

图 8-12 X62W 铣床 PLC 控制电路接线图

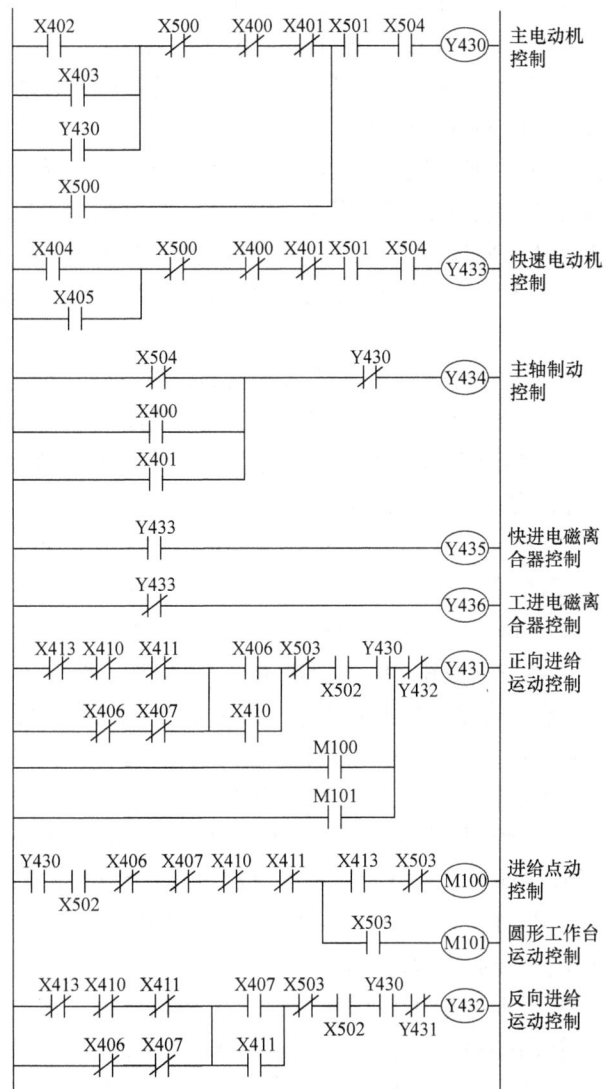

图 8-13 X62W 铣床 PLC 梯形图

(1) 主电动机控制　当主轴换刀制动开关 SA2 闭合时,输入继电器 X504 为 ON。按下多点控制按钮 SB3 或 SB4,则输入继电器 X402 或 X403 变为 ON,使输出继电器 Y430 线圈逻辑回路导通自锁,Y430 为 ON,驱动与端口 Y430 相连接的接触器 KM1 线圈电路导通,KM1 线圈得电,其主触头闭合,使电动机 M1 得电转动。当按下停止按钮 SB1 或 SB2 时,输入继电器 X400 或 X401 得电,其常闭触头断开,切断输出继电器 Y430 线圈逻辑回路,KM1 线圈回路断开,主触头断开,电动机断电。同时 X400 或 X401 接通了输出继电器 Y434 的逻辑回路,Y434 驱动负载中间继电器 KA1 线圈得电,常开触头闭合,接通电磁制动器 YB,实现制动控制。

在换刀时需要主轴停止,则将转换开关 SA2 断开,X504 断开,它串接在 Y430 逻辑回路中,输出继电器 Y430 无法得电,主电动机不能起动,能够安全地进行换刀。

在主轴变速时,通过变速盘压动行程开关 SQ7 使输入继电器 X500 闭合,当扳动手柄压下行程开关 SQ2 或 SQ4 时，一方面接通了对应方向的传动链，另一方面，驱动输入继电器 X407 或 X411 得电，在主轴已经转动的情况下，输出继电器 Y432 线圈回路导通得电，驱动接触器 KM3 线圈回路闭合得电，主触头闭合，接通电动机 M2 主电路，电动机反转，通过机械传动链带动工作台在相反的方向运动。

如果需要进行变速点动，则通过变速盘压下行程开关 SQ6，输入继电器 X413 得电。由于操作手柄必须都停留在中间位置，行程开关 SQ1、SQ2、SQ3、SQ4 触头断开，输入继电器 X406、X407、X410、X411 常闭触头复位，辅助继电器 M100 得电，使输出继电器 Y431 逻辑回路导通，驱动接触器 KM2 线圈得电，电动机 M2 点动正转，进给变速齿轮能够正常进入啮合。

当需要圆形工作台工作时，转换开关 SA1 置于接通位置，输入继电器 X503 得电，同样进给操作手柄在中间位置，行程开关 SQ1~SQ4 断开，则辅助继电器 M1 得电，满足圆形工作台工作条件，用 M1 驱动输出继电器 Y431 线圈逻辑回路导通，负载接触器 KM2 线圈得电，进给电动机 M2 旋转，带动工作台转动。

继电器 Y430 线圈瞬时接通，驱动接触器 KM1 得电，电动机作点动旋转（X500 逻辑回路不构成自锁），以调整两个变速齿轮之间的相对角位置，当位置正确后推入变速盘，齿轮啮合，SQ7 断开，X500 为 OFF，Y430 逻辑回路断电，主电动机停止转动。

（2）快速移动控制　当按下按钮 SB5 或 SB6 时，输入继电器 X404 或 X405 通电，输出继电器 Y430 逻辑回路导通，其常开触头驱动输出继电器 Y435 逻辑回路导通，Y436 逻辑回路断开，驱动中间继电器 KA2 线圈得电，其常闭触头闭合，接通对应的电磁离合器 YC1 电路，Y436 驱动对应的中间继电器 KA3 线圈电路断开，其常开触头不能闭合，电磁离合器 YC2 电路断开，使由进给电动机提供的运动经过快速传动链到达工作台，带动工作台在原来的进给运动方向上作快速运动。由于 Y433 回路没有自锁，所以快速运动也是一个点动控制。当松开快速按钮 SB5 或 SB6 后，Y433、Y435、KA2 断电，Y436、KA3 通电，对应的离合器 YC1 断电，YC2 得电。接通正常进给传动链，断开快速进给传动链。

（3）工作台进给　当扳动手柄压下行程开关 SQ1 或 SQ3 时，驱动输入继电器 X406 或 X410 得电，在主轴已经转动的情况下，输出继电器 Y431 线圈回路导通，驱动接触器 KM2 线圈回路闭合得电，主触头闭合，接通电动机 M2 主电路，电动机正转，通过机械传动链带动工作台在相应方向运动。

8.5　机械手电气控制电路分析

机械手和机器人是车间物流自动化中的重要装置之一。机器人是当今世界新技术革命的一个重要标志。

机械手的全称是工业机械手或操作机，国外把抓取传送用机械手，或者直接从事焊接、喷漆、装配等工艺操作的机械手，甚至带一定智能、感觉的机械人都统称为机器人。国内名称不够一致，但近年来已逐渐把工业用带示教功能的，或带感觉、智能的机械手称为工业机器人，而其余的则称为机械手，但有时也统称为机器人。

所谓机器人，指的是机械—电子结合的一种高级的、灵活的机器；它具有类似人的部分功能，大都带有操作的机械手或行走的小车，高级的还具备一定的感觉和思维能力。在机械制造厂中，工业机械手常用于在单机或自动线上抓取传送工件、刀具、材料等，可以使操作工人从笨重、单调、重复的体力劳动中解放出来。特别是在高温、危险有害的作业环境（放射性、有毒气体、粉尘、易燃易爆、强噪声等）中代替人的部分操作，不仅能大大减轻劳动强度，提高产品质量和生产效率，而且保证了人身安全。

目前，机械手已用于铸造、锻造、冲压、切削加工、喷漆、装配等各种工艺过程中。

8.5.1 概述

机械手主要由执行机构、驱动系统、控制系统以及位置检测装置等组成。人的动作是由大脑支配的，而机械手的控制系统在某种意义上来讲，起着与人脑相类似的指挥作用，如手臂上下移动、伸缩回转及摆动，手腕的上下左右摆动与回转，手指的开闭动作，以及各个动作的位置、时间和速度等，都是由控制系统按照预先设定好的程序进行指挥和操纵。从其电气控制系统看，采用了由普通电器组成的程序控制装置、顺序控制器、数字程序控制装置及计算机控制。

不论自动控制装置复杂程度如何，对于生产线及各种功能的机械手来说，就其控制方式可分为分散控制与集中控制两种类型；若按所控制的运动轨迹来分，则可分为点位控制与连续控制。

分散控制方式是在前一个程序动作执行完毕后，直接发出一个信号控制下一个程序动作，即依次进行控制。而集中控制方式是每一个程序动作执行完毕后，均发回一个信号给控制器，由控制器发出下一个程序的动作指令，进行集中控制。由于分散控制方式具有结构简单、维护方便、价格便宜等优点，因此用其控制动作不太多、而且并不复杂的专用机械手是较为实用的。对于控制点较多、动作较复杂的机械手来说，单靠逻辑的组合来编排和改变比较麻烦，使用起来也不方便，最好采用集中控制方式。

所谓点位控制方式，其特点是只要求控制从一点至另一点的位移，不要求控制其移动的轨迹，而连续控制是依照连续运动的轨迹进行控制。机械手的手部可按给定的速度并沿给定的路线轨迹实现平稳而准确的运动。

目前国内试制成功并实际应用的机械手，分散控制与集中控制方式两者均有采用，而总的趋向是采用集中控制，但点位控制多于连续控制方式。

本节仅介绍点位控制方式、普通电器组成的电气程序控制的机械手。可以按行程原则或时间原则来进行控制，也可以按一定的物理量如电流、电压、速度，温度、压力等来进行控制。下面举一个实例进行分析。

8.5.2 上下料机械手电气控制电路

此处以镗深孔专用机床的上料和下料机械手为例进行分析。该机械手用于汽车底盘厂自卸车举升液压缸的专用深孔镗床的上料和下料，以实现单机自动化。

上下料机械手的主要规格参数如下：

机械手的抓重：最大 60kg；坐标型式：关节式；手臂运动参数：大臂摆动角度 90°；小臂摆动角度 0°；小臂伸缩行程 $x = 150mm$；手腕横移行程 $y = 30mm$；手指夹持缸筒直径最大为 200mm，最小为 140mm。

本机械手采用液压驱动、按时间原则控制的电气控制系统。

1. 机械手的机械结构及其运动

上下料机械手的外形及其料架的配置如图 8-14 所示。

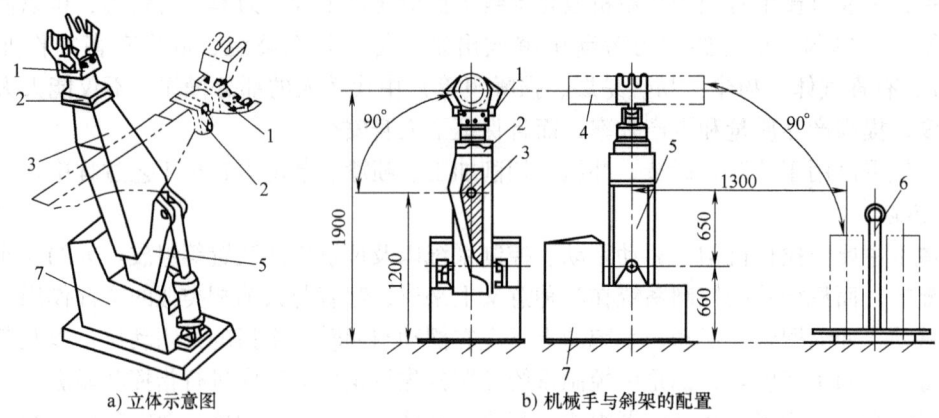

a) 立体示意图　　　　b) 机械手与斜架的配置

图 8-14　机械手的外形及其与料架的配置

机械手主要由手部1、手腕2、小臂3和大臂5等组成。料架6为旋转式的,它由托料盘和棘轮机构等组成。托料盘上能放六个待加工的缸筒4,由吊车将托料盘吊装在料架上,并由定位销定位,以保证有一个缸筒正对着机械手的手部。料架每送一次料要单向转动60°,以实现待加工缸筒的转换。图8-14中7是油箱及底座。

手部的夹紧和松开动作是由双作用式活塞液压缸驱动齿条齿轮机构实现的,手腕横移机构是由无杆活塞液压缸和四个滚动轴承构成的滚动导轨等组成的。小臂通过双作用活塞液压缸进行伸缩运动,并采用铰链联接的双作用活塞液压缸推动杠杆支架来使小臂摆动。

大臂的摆动亦采用铰链连接的双作用活塞液压缸,推动大臂杠杆实现。而大、小臂分别在互相垂直的两平面内摆动。

2. 上、下料机械手的液压系统

上、下料机械手的各个运动部分均由液压直接驱动,其液压系统原理图如图8-15所示。该机械手要抓取重40~50kg的举升缸筒,故要求有足够大的握力,通常采用双联叶片泵 YB – 5/18 ×63,使用5L/min流量泵对机械手手指夹紧液压缸单独供油,这样可以排除其他液压缸对手指夹紧液压缸的干扰。

大、小臂上下摆动采用4只单向调速阀分别调节速度。手指夹紧液压缸的左腔及大、小臂液压缸的下端进油腔分别接入液控单向阀,以防止突然断电时手指松开和大、小臂倒下来。

在系统的回油路设置了单向阀,使系统在液压缸停止工作时,不致因油液流空而进入空气,以保证起动平稳。

通过电气控制液压系统的电磁换向阀,使机械手按以下顺序动作:原始位置→卸料→装料动作。具体动作顺序为:原始位(大臂竖立、小臂伸出并处于水平、手腕横移向右、手指松开)→手指夹紧(抓住卡盘上的工件)→手腕横移向左(从卡盘上卸下工件)→小臂上摆→大臂下摆→手指松开(将工件放在料架上)→小臂收缩→料架转位→小臂伸出→手指夹紧(抓住待加工的工件)→大臂上摆(由料架上取走)→小臂下摆→手腕横移向右(机械手把工件装到深孔镗床的主轴卡盘上)→手指松开(原位)。

3. 上、下料机械手电气控制系统

上、下料机械手用晶体管时间继电器实现自动程序动作,其电气控制电路如图8-16所示。图8-17是上、下料机械手电气控制原理图。由按钮SB起动液压泵电动机后,再用开关

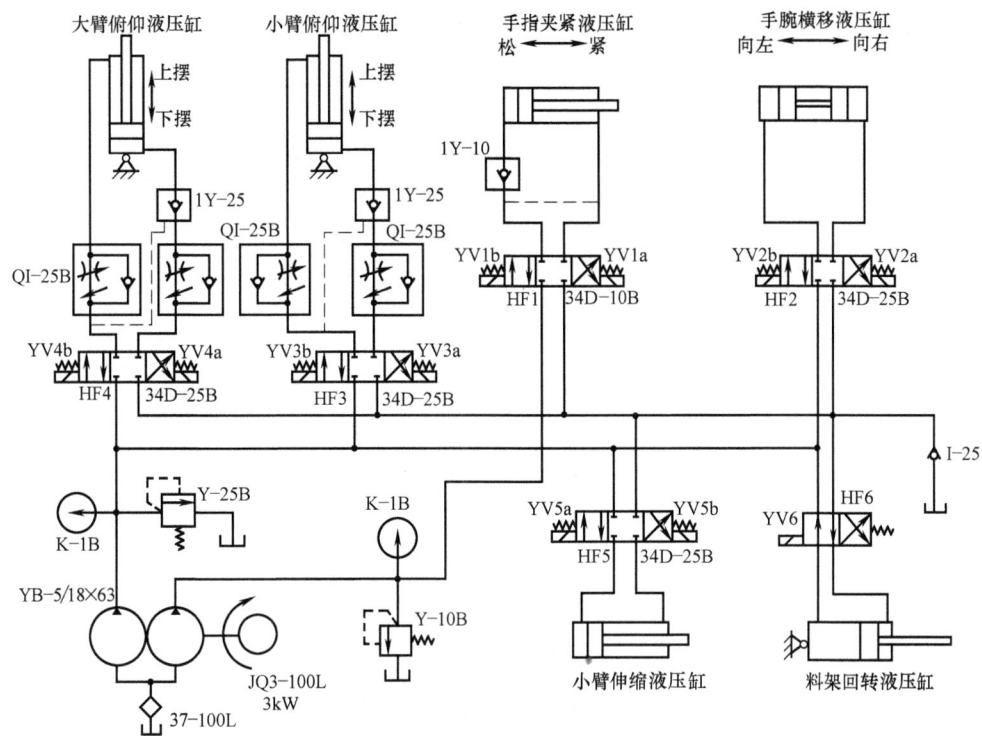

图 8-15 液压系统原理图

SA 选择自动或手动调整的工作方式。若将 SA 扳到手动位置，分别按下按钮 SB1～SB11，使换向阀的电磁铁 YVa～YVb 分别通电控制上、下料机械手各液压缸动作，以实现手指的夹紧与松开、手腕左右横移、小臂伸缩上下摆动、大臂上下摆动及料架转位等独立的调整工作。

若将 SA 扳到自动位置，按一下 SB12 起动按钮，上、下料机械手就能按顺序自动工作，自动循环控制过程如下。

（1）卸料过程

1）抓住加工完毕的工件。按动 SB12 按钮，相继使 KA14、KT1、KA1 和 YVb 的线圈得电。在原始位置（待卸料位置），手指夹紧液压缸使手指夹紧加工后的工件，并通过 KA1 常闭触头使手指松开与夹紧互锁。

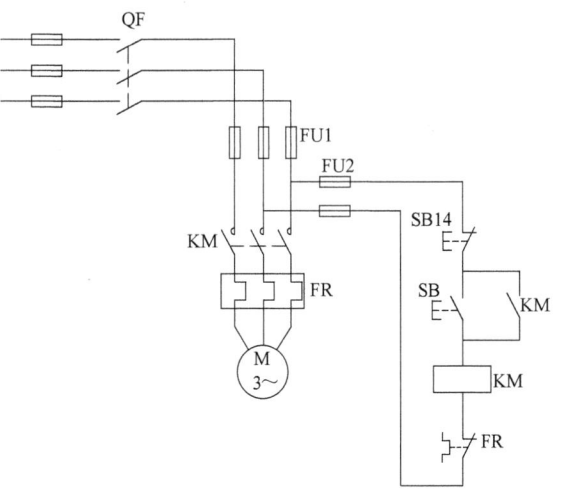

图 8-16 液压泵电动机电气控制电路图

2）从卡盘上卸下工件。当达到 KT1 的延时时间后，相继使 KT2、KA2 和 YV2a 的线圈得电，手腕横移向左，并从卡盘上拔出工件。

3）小臂上摆。当达到 KT2 的延时时间后，先使 KA2 和 YV2a 断电，手腕横移停止；然后又相继使 KT3、KA3 和 YV3a 的线圈得电，小臂上摆。

· 168 ·　机械电气控制及自动化

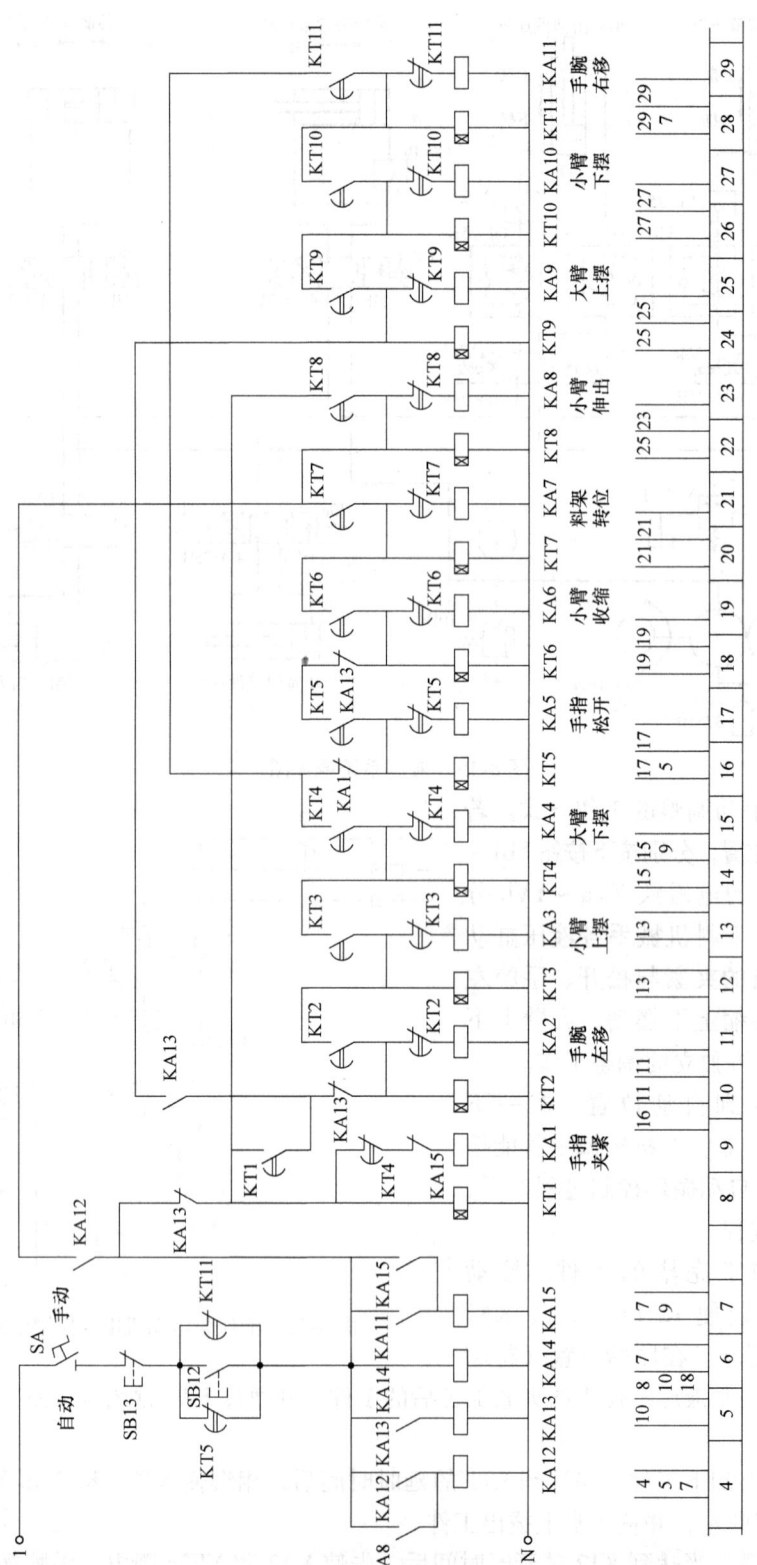

图 8-17　上、下料机械手电气控制原理图

b) 机械手手动控制电气系统图

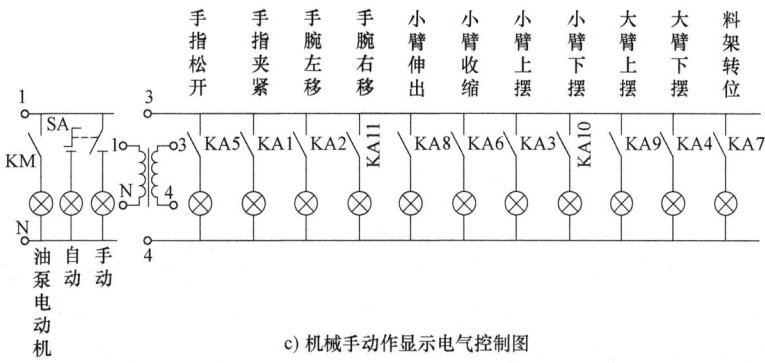

c) 机械手动作显示电气控制图

图 8-17 上、下料机械手电气控制原理图（续）

4）大臂下摆。当达到 KT3 的延时时间后，先使 KA3 和 YV3a 断电，HF3 换向阀处于中间位置使小臂保持上摆状态；然后又相继使 KT4、KA4 和 YV4b 的线圈通电，大臂下摆。当达到 KT4 的延时时间后，相继使 KA4、YV4b、KA1 和 YV1b 线圈断电，而使 KT5、KA5 和 YV1a 线圈通电，则手指松开，使加工后的工件放在料架上。

5）小臂收缩。当达到 KT5 延时时间，先使 KA5、YV1a 断电，HF1 换向阀处于中间位置，则手指仍处于松开状态；然后又使 KT6、KA6 和 YV5b 通电，小臂收缩，等待抓取新工件。

(2) 料架转位　当达到 KT6 的延时时间后，使 KA6 和 YV5b 断电，HF5 换向阀处于中间位置，则小臂保持收缩状态；然后使 KT7、KA7 和 YV6 线圈通电，料架转位。

(3) 装料过程

1）小臂伸出。当达到 KT7 的延时时间后，KT7 延时常闭触头断开，于是 KA7 和 YV6 断电，驱动料架转位液压缸的活塞复位；KT7 延时常开触头闭合，使 KT8 和 YV5a 的线圈通电，小臂伸出，KA8 常开触头闭合又使 KA12 通电并自锁，保持 KT6～KT8 和 KA8 通电；KA12 常开触头闭合，则 KA13 通电，相继使 KT1～KT5 和 KA1～KA5 均断电，并为 KT9 通电做好准备。

2）抓持加工工件。当达到 KT8 的延时时间后，KA8 和 YV5a 断电，则小臂保持伸出状态；同时使 KT1、KA1 和 YV1b 通电，则手指夹紧工件。

大臂上摆、小臂下摆、手腕横移向右，即机械手把工件装到主轴卡盘上以及松开工件，分别由 KT9～KT11 和 KT5、KA5 和 KA9～KA11、YV4a、YV3b、YV2b 和 YV1a 控制完成。其控制过程与上述类同，不再详述。

当达到 KT5 的延时时间后，KT5 延时常闭触头断开，使上、下料机械手电气控制电路与电源断开，则上、下料机械手完成一个自动循环，这时机械手处于原始位置。此后，深孔镗床开始加工，待加工完毕，再按自动按钮 SB12，上、下机械手又重复上述动作。

机械手电气控制电路还有显示电路，分别由相应的 KM、SA、KA1~KA11 加以控制。

8.6 钻孔动力头的控制分析

8.6.1 工艺流程图与动作顺序表

图 8-18 所示的流程图表示某机械加工自动线中一个钻孔动力头的工艺流程。SQ1~SQ3 为限位开关，SB 为起动按钮，YA1~YA3 为电磁阀，KT 为延时继电器。

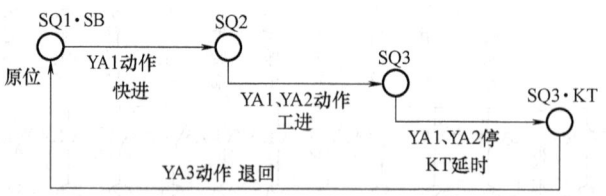

图 8-18 钻孔动力头工艺流程图

开始时，动力头在原位，压下限位开关 SQ1。当按下起动按钮 SB 后，电磁阀 YA1 动作，动力头快进；接近工件时，压下位置开关 SQ2，电磁阀 YA2 得电动作，动力头转为工进；当工进到位时，压下行程开关 SQ3，使 YA1、YA2 断电，动力头停止前进；延时继电器 KT 接通，延时 1s 后，电磁阀 YA3 得电，动力头退回，当退回到原位处，压下 SQ1，使 YA3 断电，动力头停止在原位上。每按一次起动按钮，重复一次上述循环过程。

钻孔动力头的动作顺序见表 8-5。输入条件中 SQ1·SB 表示 SQ1 与 SB 同时闭合；在输出栏中，"+"表示电磁阀得电，"-"表示失电。

表 8-5 动力头动作顺序表

步 序	输入条件	输出		
		YA1	YA2	YA3
原 位	SQ1	-	-	-
快 进	SQ1·SB	+	-	-
工 进	SQ2	+	+	-
延 时	SQ3	-	-	-
退 回	SQ3·KT	-	-	+
原 位		-	-	-

8.6.2 元器件及继电器分配表

根据动作顺序表选定与各开关、电磁阀等现场器件相对应的 PLC 内部等效继电器地址号，其对照表见表 8-6。

表 8-6 元器件及继电器分配表

现场器件		内部等效继电器地址号	说 明
输入	SQ1	X400	动力头原位
	SQ2	X401	动力头快进到位
	SQ3	X402	动力头工进到位
	SB	X403	起动按钮
输出	YA1	Y431	动力头快进、工进
	YA2	Y432	动力头工进
	YA3	Y433	动力头退回

8.6.3 PLC 外部接线图（见图 8-19）

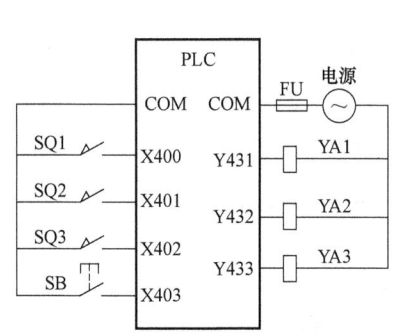

图 8-19 PLC 外部接线图

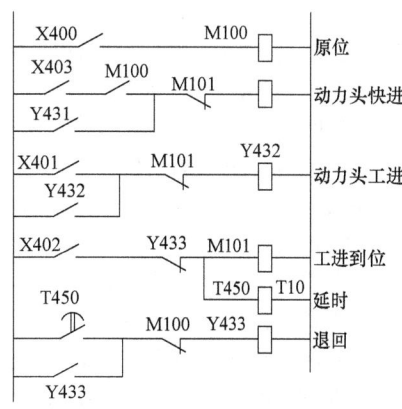

图 8-20 PLC 梯形图

8.6.4 PLC 梯形图（见图 8-20）

图 8-20 为 PLC 的梯形图。动力头在原位时，压下 SQ1，输入继电器常开触头 X400 闭合，辅助继电器 M100 得电，其常开触头闭合，常闭触头断开。按下起动按钮 SB，X403 闭合，输出继电器 Y431 得电，驱动电磁阀 YA1，使动力头快进，同时，输出继电器 Y431 的常开触头闭合实现自锁。快进到位时，压下 SQ2，X401 闭合，输出继电器 Y432 得电并自锁，驱动电磁阀 YA2 使动力头工进。工进到位时，压下 SQ3，X402 闭合，中间继电器 M101 得电，其常闭触头断开，电磁阀 YA1、YA2 失电，动力头停止前进，同时定时继电器 T450 开始延时，延迟时间到，定时器的常开触头闭合，输出继电器 Y433 得电，驱动电磁阀 YA3，动力头退回。当动力头回到原点时，X400 闭合，辅助继电器 M100 再次得电，其常闭触头断开，输出继电器 Y433 失电，动力头停止在原位上。再按下起动按钮 SB 后，又重复上述过程。

8.6.5 指令程序（见表 8-7）

根据梯形图写出指令程序，其指令语句表见表 8-7。

表 8-7 指令语句表

步序	指令	说明	步序	指令	说明
1	LD X400	原位起动按钮	12	LD X402	工进到位
2	OUT Y100		13	ANI Y433	
3	LD X403		14	OUT M101	动力头停止前进
4	AND M100		15	OUT T450	起动延时继电器
5	OR X431		16	K 10	延时 1s
6	ANI M101		17	LD T450	
7	OUT Y431	动力头快进	18	OR Y433	
8	LD X401	快进到位	19	ANI M100	
9	OR Y432		20	OUT Y433	动力头退回
10	ANI M101		21	END	
11	OUT Y432	动力头工进			

参 考 文 献

[1] 陈远龄，黎亚元，傅国强. 机床电气自动控制 [M]. 重庆：重庆大学出版社，2004.
[2] 齐占庆. 机床电气控制技术 [M]. 北京：机械工业出版社，2001.
[3] 王兆明. 电气控制与 PLC 技术 [M]. 北京：清华大学出版社，2006.
[4] 何国金. 机械电气自动控制 [M]. 重庆：重庆大学出版社，2002.
[5] 许翏，王淑英. 电器控制与 PLC 控制技术 [M]. 北京：机械工业出版社，2005.
[6] 吕厚余. 电工电子学 [M]. 重庆：重庆大学出版社，2001.
[7] 朱朝宽，张勇. 典型机床电气控制解析与 PLC 改造实例 [M]. 北京：机械工业出版社，2011.
[8] 宋昌才. 常用机床电气控制电路 [M]. 北京：化学工业出版社，2010.
[9] 黄海平. 电气控制线路速学速用 [M]. 北京：科学出版社，2009.
[10] 马应魁. 电气控制技术实训指导 [M]. 北京：化学工业出版社，2006.
[11] 郁汉琪. 机床电气控制技术 [M]. 北京：高等教育出版社，2010.
[12] 阮友德. 电气控制与 PLC 实训教程 [M]. 北京：人民邮电出版社，2006.
[13] 曲尔光，弓锵. 机床电气控制与 PLC [M]. 北京：电子工业出版社，2010.
[14] 鲁远栋，机床电气控制技术 [M]. 北京：电子工业出版社，2007.
[15] 高安邦，智淑亚，徐建俊. 新编机床电气与 PLC 控制技术 [M]. 北京：机械工业出版社，2008.
[16] 雷冠军，孔祥伟. 典型机床电气控制解析与 PLC 改造实例 [M]. 北京：北京理工大学出版社，2010.